KB102502

수학의 역피라미드를

함께 오르는 여러분께

김민형

다시, 수학이 필요한 순간

다시, 수학이 필요한 순간

김민형 지음

질문은 어떻게 세상을 움직이는가

INFLUENTIAL
인 플 루 엔 셜

한낮의 열기가 채 가시지 않은 2019년 7월의 저녁, 서울 동대문구 회기동에 자리한 한국과학기술원 부설 고등과학원 수학난제 연구센터에 낯선 이들이 하나둘 모여들기 시작했습니다. 중·고등학생부터 20대 취업 준비생, 기자, IT개발자, 미술작가, 그리고 현직 수학교사까지 총 일곱 사람. 성별과 출신이 서로 다른 이들이 한자리에 모인 이유는 무엇일까요? 발랄게 상기된 얼굴의 참가자들 앞에 세계적인 수학자 김민형 교수가 등장하며 약 2개월, 9주 동안의 '여름 수학 학교'의 시작을 알렸습니다.

이 특별하고 비밀스러운 모임은 김민형 교수의 전작《수학이 필요한 순간》(2018)이 계기가 되었습니다. '문과생도 끝까지 읽을 수 있는 수학책'을 만들자는 제안에서 시작된 김민형 교수의 1년여의 강의는, 복잡한 수식이 아닌 상식의 언어만으로도 수학적 사고의 아름다움을 느낄 수 있다는 걸 알려준 뜻깊은 시간이었습니다. 이 강의를 옮긴 전작은 지금까지 8만 명이 넘는 독자를 만나며 보기 드문 큰 사랑을 받았고, 저자 역시 대중 강연을 포함하여 팟캐스트와 방송 출연 등을 제안받으며 수많은 '수포자'를 만나 교감했습니다.

이후 수학적 사고방식으로 세상의 문제와 현안을 이해하려는 독자들이 대거 등장하며 바야흐로 '수학 교양서 전성시대'가 열렸습니다. 이에 2020년 다시 여러분을 찾아온 이 책 《다시, 수학이 필요한 순간》은 《수학이 필요한 순간》을 통해 수학의 세계에 막 발 딛기 시작한 독자이자, 스스로 수포자라 자처하지만 여전히 수학을 사랑하는 다양한 사람이 김민형 교수와 함께 수학을 통해 인간의 사고능력과 자연에 대해 탐구했던 아홉 번의 특별한 세미나를 생생하게 옮겼습니다.

이 세미나를 통해 우리는 중학교 때 배운 피타고라스의 정리에서 시작해 각종 공식에 대한 기억을 되짚어보기도 하고, 문과생은 전혀 배우지 못한 벡터나 미적분의 개념을 익혔습니다. 그러다가 어느 순간 대학 학부 과목인 해석학과 선형대수로 튀기도 하고, 갑자기 미술과 음악 이야기를 했다가, 우주 공간으로 떠났다가, 다시 수학으로 돌아오곤 했습니다.

이 책의 내용이 쉽다고 말하기는 어렵습니다. 배우지 않거나 이해할 수 없었던 개념과 수식 들이 툭툭 튀어나와 당혹

스러울 수도 있습니다. 하지만 수식과 도형으로 된 낯선 수학의 언어들을 차근차근 훈련하며 결국 어려운 수학의 개념들에 정면돌파하게 될 것입니다. 그리고 익숙한 사고의 틀에서 벗어나 함께 질문을 찾아나갈 때만 누릴 수 있는 기쁨, 생각의 가장 깊은 곳까지 도달하는 지적 즐거움을 발견하게 될 것입니다.

낯선 언어를 배울 때 우리는 비로소 보지 못한 세상을 발견하게 됩니다. 여행길에서 마주한 이국의 언어나 악보의 음표, 시집의 시어처럼, 수학의 언어는 우리 곁에 있으나 보지 못한 것들을 서서히 선명하게 드러내곤 합니다. 어떤 순간의 대화나 누군가의 우연한 질문 역시 그렇습니다. 이 책과 함께하는 동안 수학에 관한 깊은 대화와 질문이 우리를 어디로 데려갈지, 그 무궁무진한 가능성에 대해 상상해보는 시간이 되기를 바랍니다.

2020년 7월
인플루엔셜 편집부

《수학이 필요한 순간》이 출간된 뒤 많은 독자가 보내온 고마운 피드백 덕분에, 비전문가에게 수학적 사고를 설명하는 과제에 대해서 나름대로 숙고할 기회가 여러 번 있었다. 책을 다시 뒤지면서 '앗, 이것은 왜 이렇게 썼지?' 하는 후회도 많았고, 포함했으면 좋았을 내용도 여러 번 상상해보았다. 때로는 책에 쓰인 문장을 보면서 향상시킬 방법을 탐구하고, 대중 강연에서 이런저런 시도를 해보기도 했다. 불행히도 많은 생각이 좋은 결과로 이어진다는 보장은 없었다. 나 스스로의 습성을 봤을 때 생각을 하면 할수록 자신만의 사색의 구멍으로 빠져들어가서, 의사소통을 제대로 할 능력이 점점 떨어진다는 느낌이 든다. 어떤 때는 열심히 준비한 설명에 어리둥절한 관중의 모습을 마주치게 되고 때로는 별 생각 없이 한 이야기가 꽤 성공적인 강의로 이어지기도 한다.

요즘 들어 나는 생물학자 프랑수아 자코브Francois Jacob
의 말을 자주 떠올린다. 자코브는 세포 내 효소의 발현량이 유
전자의 전사율을 제어함으로써 정해진다는 이론을 제시해서
1965년 노벨의학상을 받았다. 그는 1977년에 쓴 〈진화와 땜
질Evolution and Tinkering〉이라는 논문에서 과학적 사고의 형성
에 대한 의견을 표명했다. 그는 보편적인 질문에 대한 집착이
구체적인 질문의 탐구로 바뀌는 과정에서 현대 과학이 탄생
했음을 강조한다. 반대로 신화적인 시대의 세계관은 가장 큰
질문을 단번에 답하려는 충동이 강했다는 것이다. '우주는 어
디서 오는가', '생명의 본질은 무엇인가?', '인생의 의미는 무
엇인가?'와 같은 질문의 답은 누구나 알고 싶어 한다. 그러나
과학의 발전은 그런 종류의 질문이 '관을 통해서 물은 어떻게
흐르는가', '던져진 돌은 어떤 궤적을 그리는가', '몸속의 혈
액은 어떻게 순환되는가'와 같은 구체적인 질문으로 대체되면
서 일어났다는 것이다. 일상적인 작업을 해가는 학자들의 특
화된 노력을 역사의 지혜가 서로 연결시켜주면서 우주에 대
한 인류의 이해는 깊어져가고 보편적인 지혜가 늘어난다는
이야기이기도 하다.

그런 면에서 나는 일생 동안 한 번도 제대로 된 탐구를
해보지 못한 것 같다. 구체적인 작업을 하다 보면 뭔가 답답하
고, 큰 그림이 파악되지 않으면 작은 문제 하나에도 집중을 못

하는 약점을 안고서 수학을 해왔다. 그 때문에 학부 시절부터 말도 안 되는 질문을 많이 하고, 교과서의 연습 문제를 제대로 풀지 못하기 일쑤였다. 항상 이것을 조금 보면 저것이 재미있을 것 같고, 책의 1장을 읽다가 참을성이 없어져서 마지막 부분으로 건너뛰기도 하고, 그러면 너무 어려워서 포기해버린 일이 한두 번이 아니다. 이런 나는 뛰어난 과학자가 될 수 없는 운명이었다. 달리 말하면 나는 아직도 어마어마한 질문만 하고 미신과 신화의 시대를 벗어나지 못하는 사고를 하면서 과학자의 행세를 하고 있다는 이야기다. 더 큰 문제는 그런 식으로 생각이 흐리멍덩하면 선생이나 저자로서도 제 역할을 하기 어렵다는 것이다.

2019년 여름, 약 두 달에 걸쳐서 일반인을 위한 수학세미나를 조직했다. 매주 금요일 저녁 상당히 다양한 배경을 가진 참여자 일곱 분을 만나 함께 공부하며 더운 날씨에도 불구하고 밤늦게까지 심도 있는 이야기를 (적어도 나는) 즐겁게 나누었다. 그들은 번갈아가며 끈질기게 질문도 하고 담론의 방향을 요구하면서, 선생인 나를 채찍질해가며 수학數學의 수학修學에 열중했다. 질문에 질문이 꼬리를 물고 이어지다 보면 내용이 두서없이 흘러간다는 느낌을 줄 수 있지만, 참여자들의 열의 덕분에 시간이 흐르자 점점 짜임새 있는 이야기가 엮여져 나갔다(고 나는 생각했다). 물론 책으로 만드는 과정에서 녹

취록을 살펴보니 역시 나의 부족한 점들이 적나라하게 드러났다. 구체적인 질문을 모호한 철학으로 답하고 수시로 원론적인 이야기에 빠져드는 습관을 발휘해서 참가자들을 괴롭히는 대목이 너무 많았다.

결국 나는 '수학이란 무엇인가'라는 큰 질문에 너무 집착한 것 같다. 전작에서 'X는 무엇이냐'는 질문은 답하기 어렵고 대체로 답할 필요가 없다고 계속 강조했으면서도 기어코 답하려는 시도를 한 것이다. 이런 시도는 대부분의 직업 수학자들에게 우습기 짝이 없을 것이다. 그렇다고 뾰족한 답이 나왔느냐, 당연히 아니다. 수학의 기반에 대한 이야기를 계속 밀어붙이다가 너무 어려워지는 것 같아서 말을 돌리고, 예시를 주어야 할 것 같아서 이것저것 해보다가 주제를 잊어버린 적도 여러 번이다.

담당 편집자인 정다이 차장은 나에게 공식과 계산이 너무 많다는 정당한 꾸중(?)을 여러 번 했다. 나는 그때마다 사과하는 척하다가 수학 공식으로 금방 돌아가곤 했다. 스티븐 호킹은 유명한 저서 《시간의 역사》에서 이렇게 말한다. '출판사에서 지적하기를 공식 하나 나올 때마다 판매량은 반으로 줄어든다고 했다. 그래서 공식을 하나도 안 넣기로 마음먹었다.' 그렇다면 나는 판매에 대해서 관심 없는 고상한 사람인가? 당연히 아니다. 그러나 나 자신은 호킹의 책을 보면서 무언가 답

답하고 이해할 수 없었다. 그것은 공식이 없었기 때문이다. 알프스 산맥 골짜기의 전경을 말로만 표현하려고 할 때의 느낌과 유사하다. 갈릴레오의 말대로 우주는 수학의 언어로 쓰여 있는데, 수학을 피하면서 자연을 묘사하는 것이 가능한가? 그래서 나는 오만하게 자꾸 공식을 고집하고 계산도 해보면서 난해한 길목으로 세미나 동료들을 끌고 다녔다. 물론 같은 방법으로 이 책을 읽고 있는 독자들도 고생시킬 것이다.

공식을 넣어서 무엇이 좋아졌을까? 이성적인 사람은 모두 회의적이겠지만 그래도 희망을 가져본다. 영미권 독자들과 달리 우리나라 독자들은 수학적 수준이 높고 나와 다르게 참을성이 많기 때문이다. 특히 7장은 한탄이 나올 것이다. '이제 계산은 그만 좀 하시오.' 그럼에도 결국 계산 없이 내 뜻을 표현할 수 있을 만큼 나는 생각이 명료하지 못하다.

사실 수학에서의 계산은 수학적 실험과 겹치는 바가 많다. 과학철학자 토머스 쿤Thomas Kuhn은 〈물질과학의 발전에서 수학적 전통과 실험적 전통〉이라는 1976년 논문에서 '수학'과 '이론'을 거의 동일시한다. 특히 천문학, 역학, 광학 같은 고전 물질과학은 그리스 시대부터 수학과 함께 이론이 발전했고, 현대적인 의미의 실험과학은 17세기부터 개발된 것으로 해석한다. 나도 다분히 그런 구분에 동의를 하면서도 약간 망설여지는 것은 수학 내에서도 이론과 실험이 있기 때문이다. 간단하게는 피타고라스의 정리를 알고 나서 직각삼각형을 가지고 실험해볼 수 있다. 혹은 이전 책에서 소개한 오일러 수를 각종 다면체에 대해서 계산하는 실험을 할 수도 있다. 19세기 제일의 수학자라고 지칭할 만한 카를 프리드리히 가우스 Carl Friedrich Gauss는 수학적 이론을 개발하는 과정에서 엄청나게 많은 계산으로 데이터를 축적하면서 구조의 패턴을 파악해갔다고 한다.

즉, 수학에서의 실험이란 이론적인 정리나 가설이 예측하는 패턴을 직접 계산해보는 것과 관계가 깊다. 특히 21세기에는 상당히 추상적인 정리도 컴퓨터 실험을 통해서 검증 가능하게 만들어야 한다는 풍토가 만연하다. 이미 짐작한 사람도 있겠지만 나는 실험도 계산도 다 못한다. 그래서 지난 10년 동안 계산과학을 잘하는 동업자를 찾아야만 했다.

그래서 어떻게 해야 하나? 내가 정직한 사람이라면 이 책을 사지 말라고 권장할 것이다. 그러나 그러기에는 세미나에 참석했던 동지들, 그리고 특히 이 책이 완성되게끔 처음부터 끝까지 희생적인 노력을 해준 출판사 여러분들께 죄송하다. (솔직히 내 욕심도······.) 또 하나 걱정되는 것은 지금 쓰는 문장들 자체가 일종의 기만임을 알아차리는 사람이 많을 것이라는 사실이다. 자아비판을 하는 척하면서 기대 수준을 낮추면 문제가 많은 글을 용서받을 수 있지 않을까 하는 실낱 같은 희망을 품고 있다는 것을 부인할 수 없다.

　이런 식으로 계속 귀납적인 기만을 쌓아 올릴 수도 있다. 그런데 그것보다는 책을 사서 미흡한 글을 너그럽게 읽어달라고 솔직하게 부탁하는 것이 더 나은 책략일 것이다. 책 전체를 둘러볼 때 1부에서는 첫 번째 허점, 즉 수학의 일반론이 많고, 2부에서는 두 번째 문제점, 수학 공식이 많이 등장한다. 그래서 특히 2부는 대충 읽을 것을 권한다. 공식이 나오는 부분은 그런가 보다 하고 건너뛰면 뒤에 다시 그럴싸한 이야기로 이어질 가능성이 없지 않기 때문이다.

　하여튼 이런 여러 이유로 작년 여름부터 1년 정도의 시간을 또다시 '수학이란 무엇인가'의 질문에 허비했다. 그리하여 여러분이 다시 수학이 필요한 순간을 느낄 수 있을까? 이제 남은 것은 신비주의자의 비이성적인 기도밖에 없다.

2020년 7월

김민형

세미나를 시작하며 : **수학이란 무엇인가** · 20

간단한 수학 활동으로 시작해봅시다 | 모양을 계산하기 | 수학에 증명이 꼭 필요할까? | 수학일까, 물리학일까

1부 | 수학의 토대

제1강 **수 체계에 찾아온 위기** · 46

수의 발견은 인간의 사고를 어떻게 바꿔놓았을까요? 키, 지능, 주소, 위도 경도, 기온과 습도…… 시간과 공간, 그리고 우리의 정체성을 표현하는 모든 것이 수입니다. 이처럼 지금 우리에게 기하학보다 수를 이용한 수학이 더 익

숙한 것을 보면, 우리의 사고는 점점 컴퓨터화되고 있는 것 아닐까요?

수학의 전통을 만든 어느 수학자들 | 피타고라스와 수의 발견 | 수의 위기 | 적분의 기원 | 현대판 제논의 역설 | 다시 기하로

제2강 **본질을 향한 길고 긴 생각** · 92

'X는 무엇이다' 처럼 정의를 내리는 일은 항상 어렵습니다. 불확실한 세계에 수학만큼은 확실하기를 바랐던 19세기의 수학자들은 수학의 모든 개체를 하나하나 정의함으로써, 무너뜨릴 수 없는 토대를 세우려고 했습니다.

수학은 명료한 사고다? | 수에 관한 극단적인 원론 | 확실한 것에 대한 집착

제3강 **답을 찾는 기계 만들기** · 118

문명의 발전은 아무 생각 없이 자동으로 할 수 있는 작업의 수를 늘려 가면서 일어난다는 말이 있습니다. 기계적으로 계산하는 능력은 수학에서 굉장히 중요합니다. 그렇다면 세상 모든 방정식의 답을 기계적으로 찾는 알고리즘도 만들 수 있을까요?

기계적으로 계산하는 능력 | 세상을 뒤흔든 수학의 난제 | 모든 계산이 가능한 알고리즘 | 그런 알고리즘은 없다 | 질문을 찾기 위한 질문

제4강 **논리적 사고와 수학적 사고** · 154

"이 문장이 참이면 김민형은 억만장자다." 이 문장은 참입니까 거짓입니까? 맞고 틀리다는 판단은 무엇에 근거하며, 논리적으로 올바른 사고란 무엇일까요? 명제의 참·거짓을 모르는 상태에서도 정확한 추론을 하는 실력은 수학적 사고에 있어 매우 중요합니다.

대화로 하는 수학 | 이 문장이 참이면 김민형은 억만장자다 | 논리란 무엇인가 | 이상한 나라의 대화법

2부 | 수학의 모험

제8강 **우주의 모양을 찾는 방정식** · 330

아인슈타인의 방정식은 우주의 깊은 현상을 파악하는 데 중요한 지표를 제시함으로써 과학의 조류를 뒤바꿨습니다. '시간이 상대적이다', '시공간이 휘어져 있다'와 같은 말은 구체적인 수학을 모르더라도 당대 예술가들의 심금을 울리기에 충분했습니다.

로저 펜로즈의 거시적인 마음 | 우주의 모양 | 음악과 수학, 그리고 현대주의 | 선형함수 | 시간의 선형성 | 법칙과 방정식

제9강 **수학으로 세상을 본다는 것** · 380

'본다는 것'은 모양과 실체를 파악한다는 의미입니다. 그리고 이는 곧 빛이나 초음파, 그리고 중력 등과의 상호 작용을 발견하는 일입니다. 수학적 문명 역시 세상의 실체를 보기 위해 기하 뒤의 대수, 그 뒤의 기하, 그 뒤의 대수를 끊임없이 발견하는 여정일 것입니다.

다시 공리로 | 우주의 모양을 볼 수 있는가 | 인간의 뇌에서 벌어지는 일 | 세상을 '본다'는 것 | 기하 뒤에 대수 뒤에 기하 뒤에 대수···

"과학자가 되고 싶은데, 수학 점수가 바닥입니다"

수학은 우리가 사는 세상을 수와 등식으로 설명하는 학문이라고 생각합니다. 통계가 어떤 현상을 설명할 자료를 찾는 데서 처음 시작되었고, 기하학이 땅을 측정하는 일에서 시작된 것처럼, 수학은 우리가 일상에서 만난 문제들을 해결하기 위해 시작된 것 같습니다. 그러다가 더 복잡한 문제들을 해결하기 위해 경계를 넓혔고, 결국 이 세상이 어떻게 돌아가는지를 설명하게 된 것 아닐까요? 저는 수학이 너무 힘들고, 늘 어려운 숙제로 느껴지만, 수학의 세계에 대한 환상이 있습니다. -고등학생

"수학이란 무엇

Pre-talk! 본격적으로 세미나를 시작하기 전에 이런 질문을 던졌습니

"수학 시간은 늘 질문하기가 두려웠습니다"

저는 이렇게 답하고 싶습니다. '수학은 창의적 사고활동이다.' 보통 사람들은 자신의 주장이 맞다는 전제를 가지고 문제에 임하는 것 같습니다. 하지만 수학에서는 질문이 틀릴 가능성을 염두에 두고 예외를 찾고 반증을 하는 듯합니다. 이를 통해 답을 찾아내는 과정이 저는 매우 창의적인 사고 활동으로 느껴집니다. -20대 취업 준비생

"수포자를 양산하는 교육자가 되고 싶지 않습니다"

수학은 역피라미드 같습니다. 초등학교 때부터 학부에 이르기까지 배우면 배울수록 그 세계가 점점 확장되고 차원은 더 올라가니까요. 과연 그 끝이 있는 것인지도 모르겠습니다. 또한 자연과 사회 및 세상의 밑바탕에 깔려 있는 하나의 커다란 원리이기도 한 것 같습니다. 무엇보다 수학은 저에게 좌절감과 고통을 준 학문입니다. 수학 교사로서 복잡한 계산과 분절적 개념으로 수포자를 양산하는 수학 말고, 수학의 원리를 이해하고 생활 속에 숨어 있는 수학을 발견하는 안목을 키우고 싶습니다. -30대 고등학교 수학교사

"문제를 못 풀어도 수학적 사고가 가능한가요?"

저는 수학이 자연을 알기 위해 필요한 언어라고 생각합니다. 고교시절 문과 출신으로 수학을 공부한 게 마지막 접점이었던 제가 약 7~8년 전부터 과학책을 읽기 시작하면서 새로운 세계에 흥미를 가지게 되었습니다. 특히 물리학 책을 읽으면서 점점 더 수학이 궁금해졌습니다. 물리학자들이 말하는 "신은 수학자인가", "수학은 자연을 이해하기 위한 언어"의 의미가 궁금했습니다. 자연이 궁금합니다. 그래서 수학이란 언어를 공부하고자 합니다. —50대 기자

"수학은 정말 상식이 될 수 있을까요?"

제 생각에 수학은 알 수 없는 대상을 생각하는 과정입니다. 실제 눈으로 확인할 수 있는 대상뿐 아니라, 개념만으로 존재하는 대상을 생각하기도 하니까요. —중학생

이라고 생각합니까?"

"원리를 꼭 알아야 수학을 잘 하는 건가요?"

수학이란 제게 '문제를 해결해주는 마법의 주문'입니다. 프로그래밍을 위해 수식을 만들 때가 있는데 그 수식이 내놓은 답이 우리의 요구와 맞아떨어질 때 정말 짜릿합니다. 하지만 아직도 수식 얘기만 나오면 앞이 캄캄하고 어떻게 만들어야 하나 걱정이 앞서지요. 요즘 선생님 강의를 들을 생각에 들떠 있습니다. —40대 프로그래머

"예술을 더 깊이 이해하기 위해 수학을 공부하고 싶습니다."

저는 '수학'하면 '산수'부터 생각하게 됩니다. 자연수, 양수, 음수 같은 숫자의 셈 말입니다. 하지만 왠지 수학은 틀리지 않는 것, 진리를 탐구하는 것, 해결하는 것, 사고하는 일, 질서를 만드는 일, 정확하게 표현하는 일, 그래서 굉장히 믿음직한 학문일 것 같습니다. 교수님의 질문이 이런 수학에 대한 인식이 어떻게 바뀌어가는지 그 과정을 느끼고 즐겨보라는 의도로 받아들여집니다. 곧 수업에서 뵙겠습니다. —40대 미술작가

수학이란 무엇인가

이 수학 세미나를 시작하기 전에 참가자 여러분께 숙제를 하나 보내드렸습니다. 수학이 무엇이라고 생각하냐는 질문에 나름의 대답을 들려달라는 것이었죠. 그중 "수학은 자연을 이해하기 위한 언어"라는 좋은 답도 있었습니다. "우주는 수학의 언어로 쓰여졌다"고 한 갈릴레오의 명언이 바로 연상됩니다. 과학책을 읽기 시작하면서 잃어버렸던 수학에 대한 관심을 되찾기 시작했다니 아주 좋은 이야기입니다.

앞으로 조금 더 파고들 관점 하나는 '수학은 언어'라는 것입니다. 대부분의 학문은 고유의 언어를 가지고 있습니다. 그러나 그 언어를 사용해서 다루는 대상은 서로 다를 것입니다. '수학이 언어'라고 했을 때 '언어일 뿐'이라는 뜻인지, 다른 의미가 있는지도 생각해볼 필요가 있겠군요.

"수학은 창의적 사고 활동이다"라는 답도 있었습니다.

아주 재미있는 관점인 것 같은데 "창의적 사고 활동"이라는
표현은 수학 말고도 굉장히 다양한 분야에 적용되지 않나요?

보통 우리는 무언가를 주장할 때 체계적인 논리를 전개
하기보다는 하나의 입장을 정해놓고 유리한 증거만 나열
하는 경향이 있습니다. 하지만 수학은 현상을 객관적으
로 받아들이면서 하나하나 탐구해가는 과정이기 때문에
창의적이라고 생각했습니다.

수학은 상당히 여러 가지 주제를 체계적으로 탐구할 수
있는 방법론과 언어를 제시한다. 그런 말씀이시지요? 하지만
수학에서는 일종의 룰이 완전하게 정해져 있고 답에 도달하
는 것이 목적이기 때문에 오히려 창의성과 무관하다고 생각
하는 사람도 많지 않나요? 언젠가 들었던 과학과 공학의 차이
에 대한 의견이 생각납니다. 공학자의 입장에서 보면 공학이
과학보다 더 창의적이라는 주장이었습니다. 과학은 근본적으
로 주어진 세상을 이해하는 데 관심이 많은 반면, 공학은 새로
운 것을 항상 만들어낸다는 점에서 그렇다는 것이지요. 그럴
싸하지 않나요? 사실 수학도 그런 의미에서 과학적인 면과 공
학적인 면을 다 가지고 있습니다.
앞으로 수학을 같이 공부하면서 이 두 가지 측면이 엮여

있는 수학의 실체를 주의 깊게 관찰하면 이해하는 데 도움이 될 것 같습니다. 다른 분들의 답변도 앞으로 전개할 이야기에서 여러 번 언급할 계기가 있을 것입니다. 스스로 수학에 대해서 가지고 있는 관념이 각 주제와 어떻게 연결되는지 계속 생각하면서 인사이트를 공유해주시면 감사하겠습니다.

간단한 수학 활동으로 시작해봅시다

"수학이란 무엇인가"라는 질문은 계속해나갈 것입니다. 그 전에 잠깐 '수학' 자체를 해보겠습니다. 간단한 기하 정리 하나를 살펴봅시다. '지오지브라geogebra'라는 유용한 수학 프로그램을 활용하여 그림을 그려보려고 합니다. 먼저 사각형

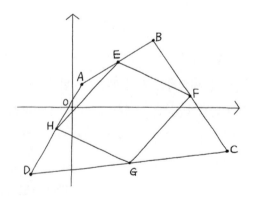

하나를 아무렇게나 그립니다(□ABCD). 그리고 각 변의 중점을 표시해봅시다. 그 중점을 변 네 개로 이어볼 겁니다(□EFGH).

사각형을 아무렇게나 그렸는데 중점을 이으니까 무슨 모양이 생기지요?

평행사변형처럼 보입니다.

그런 것 같지요? 그렇다면 처음 그린 바깥 사각형이 어떤 특별한 성질을 가졌을까요? 이 가능성을 타진해보기 위해서 사각형의 꼭짓점들을 옮겨보겠습니다.

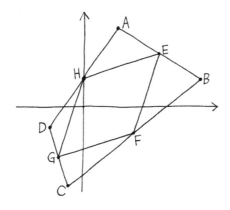

아무렇게나 바꿔도 가운데 생기는 도형은 평행사변형임을 알 수 있습니다. 이런 현상을 '바리뇽의 정리Varignon's theorem'라고 합니다. 마치 태곳적부터 상식이었을 것 같지만,

프랑스 수학자 피에르 바리뇽Pierre Varignon은 17세기 후반 사람으로 비교적 최근에 발견된 정리입니다. 잠깐 증명을 살펴볼까요? 여기서 '증명하자'는 말은 그저 이런 현상이 왜 일어나는지 알아보자는 뜻입니다.

물론 제가 일방적으로 설명하는 것보다 여러분이 직접 생각해보는 것이 가장 좋은 학습법입니다. 지금은 이왕 모였으니까 함께 탐구하도록 하지요. 강력한 힌트를 하나 드리겠습니다. 처음 사각형의 대각선을 잇는 변을 하나 더 그리는 것입니다. 무언가 명료한 패턴이 하나 나타나지 않나요?

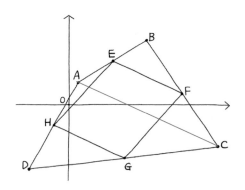

닮은꼴 도형이 나타났습니다.

닮은꼴이 보이지요? 닮은꼴의 삼각형이 눈에 보일 겁니다. 어느 삼각형일까요? 예를 들면 삼각형 ABC와 EBF가 닮은

꼴이 되겠지요. E, F 두 점이 중점이기 때문입니다. 그 이유로 비율 BA:BE와 BC:BF가 2:1로 같고, 변들이 끼고 있는 점 B에서의 각도가 같으니까 닮은꼴입니다. 그래서 변 AC와 변 EF는 평행해야 합니다. 이해가 가는지요?

이 정도는 이해할 수 있습니다.

이런 종류의 논법이 앞으로도 종종 나올 예정이니까 조금이라도 의아하면 꼭 질문을 해주십시오. 이제 삼각형 ADC와 HDG가 닮은꼴인 것도 똑같이 확인할 수 있겠지요? 따라서 AC와 HG도 평행이라는 사실을 알 수 있습니다. 또한 보조변 AC와의 비교를 통해 EF와 HG가 평행하다는 것을 알아낼 수 있습니다.

이런 종류의 착안은 기초 수학부터 첨단 연구까지 참 많이 등장합니다. 두 개체만으로는 직접 비교하기 어려울 때 이를 연결시켜주는 세 번째 개체를 고안하는 증명법입니다.

그런 증명이 항상 어렵습니다. 눈에 보이지 않는 걸 떠올려서 스스로 발견해야 하잖아요?

물론 이런 사고법은 제게도 상당히 어려운 일입니다. 알고 보면 간단한 길이 있는데도 찾기가 상당히 어려운 경우가 많죠. 길을 찾는 과정에서 일종의 창의성이 필요하기도 할 겁니다.

그런데 이러한 사고법의 좋은 면은 한번 방법론을 습득하면 이를 약간씩 변형·반복하여 다시 활용할 수 있다는 것입니다. 가령 두 변 HE와 GF가 평행하다는 건 어떻게 보이면 될까요? 변 BD를 하나 그리면 되겠지요. 여기서부터의 논리는 앞과 똑같으니 설명을 생략하겠습니다.

왜 항상 평행사변형이 생기는지 이해가 되는지요? 이는 증명이 간단하면서도 상당히 재미있는 정리입니다.

그런데 여기서 증명한 정리가 무엇이지요?

아주 예리한 지적입니다. 제가 자꾸 '정리, 정리'하면서 한 번도 제대로 설명하지 않았지요? 그럼에도 불구하고 어떤 정리를 이야기하는지 직관적으로는 당연하게 받아들여질 겁니다.

사실 수학을 이해해가는 과정이 항상 그렇습니다. 현상의 발견, 다양한 경우의 탐구, 직관적인 이해, 여러 종류의 증명, 명확한 서술을 계속 거듭하면서 이해를 증진시켜갑니다. 그런데 질문이 나왔으니 이제 정확한 명제를 써보지요.

정리(바리뇽): 사각형 네 변의 중점은 평행사변형의 네 꼭짓점을 이룬다.

이는 간단하면서도 수학적 사고의 많은 면을 내포하는 정리입니다.

모양을 계산하기

그런데 이 지오지브라라는 프로그램상에 사각형을 그리고 움직일 때마다 나타나는 숫자들이 있습니다. 그 숫자들의 의미가 궁금합니다. 사변형Quadrilateral, q1은 무엇을 의미하는 건가요?

아, 면적입니다. 네 개의 변으로 이뤄진 사각형을 q1이라 이름 붙이고, 이 프로그램이 자동으로 면적 67.48을 계산해주었습니다. 지오지브라 프로그램은 여러 가지 도형을 그리면 그와 관련된 양을 자동으로 계산해주는데, 변의 길이까지 모두 계산해주고 있습니다.

이왕 화면에 나왔으니, 프로그램이 계산한 양들을 더 살펴볼까요?

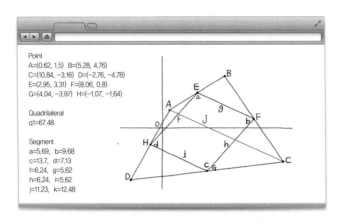

변에도 다 이름이 붙어 있지요? 점은 다 영문 대문자로 표기하고 변은 소문자로 표기했네요. 변 EH에는 f라는 이름을 붙여줬고, 변 HG에는 i로 표기했습니다. 화면 왼쪽을 보니 j의 길이가 11.23이라는군요. 물론 소수점 둘째 자리까지만 계산한 근삿값입니다. 그래서 우리가 이미 증명한 사실, 즉, g와 i의 길이가 같고 f와 h의 길이가 같은 것을 이 경우에 비교적 정확한 계산을 통해서 확인할 수 있습니다.

왜 '이 경우'라고 하셨지요? 바리뇽의 정리는 일반적으로 성립하니까 그런 건가요?

바로 그렇습니다. 바리뇽의 정리가 모든 사각형에 대해

서 성립한다는 사실을 구체적인 계산으로 알 수는 없습니다. 그러려면 모든 가능성과 대응되는 무한 번의 계산을 해야 할 것입니다. 그러나 구체적인 사각형이 주어지면 계산을 하여 정리가 예측하는 현상을 확인할 수는 있습니다. 그러니까 계산은 정리의 명제를 확인해보는 일종의 실험입니다.

여기서 질문을 하나 하겠습니다. 컴퓨터 프로그램은 점과 점 사이의 거리를 어떻게 계산했을까요?

두 점 사이의 거리 공식을 사용한 것 같습니다.

두 점 사이의 거리 공식. 혹시 다들 기억하시나요? 기억이 나지 않아도 괜찮습니다. 두 점 사이의 거리 공식에 필요한 정보가 무엇일까요?

각 점의 좌표가 필요합니다.

그렇습니다. 예를 들어 프로그램에 A라는 점의 좌표가 (0.62, 1.5), C는 좌표가 (10.84, -3.16)이 저장되어 있습니다. 그 좌표만 가지고 거리를 계산할 수 있는 공식이 있습니다. 지금 잠깐 복습을 해봅시다. 평면상에 P라는 점의 좌표가 (a, b)이고 점 Q의 좌표가 (c, d)이면, 두 점 사이의 거리를 계산할 때 c에서 a를 뺀 다음에 제곱하고, d에서 b를 뺀 다음에 제곱합니다. 그리고 두 양의 합을 구해서 제곱근을 취합니다. 이렇게 말로 하면 다들 헷갈리겠지요. 식으로 쓰는 것이 대부분 사람들에게는 훨씬 편안해 보일 것입니다.

$$d(P, Q) = \sqrt{(c-a)^2 + (d-b)^2}$$

P와 Q 사이의 거리distance는 $d(P, Q)$로 표기했습니다. 이제 다들 기억할 겁니다. 이 공식을 활용하여 j의 길이를 다음과 같이 계산할 수 있겠지요. (이 값은 근삿값입니다. 이 책에서는 개념적으로 조심해야 할 때가 아니면 근사적인 등식도 등식으로 표현하겠습니다.)

$$d(A, C) = \sqrt{(10.84 - 0.62)^2 + (-3.16 - 1.5)^2} = 11.23$$

이 거리 공식은 피타고라스의 정리에서 나온 것이지요?

그렇습니다. 피타고라스의 정리도 한번 복습해봅시다. 점 P와 점 Q가 다음과 같이 주어졌을 때 직각삼각형을 하나 그립니다.

$$P = (a, b), \quad Q = (c, d)$$

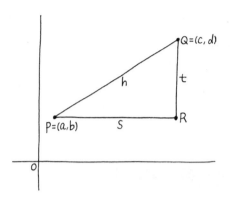

이때 변 s의 길이는 $c-a$, 변 t의 길이는 $d-b$입니다. 피타고라스의 정리는 다음과 같습니다.

$$S^2 + t^2 = h^2$$

그런데 이 그림에서 보면 대각선의 길이 h가 정확히 두 점 사이의 거리입니다. 그래서 좌표만 가지고 있으면 피타고라스 정리를 이용하여 쉽게 거리를 계산할 수 있습니다. 이 정리는 계산과학에서 굉장히 중요합니다. 왜냐하면 컴퓨터가 기하적 계산을 하는 데 이런 종류의 공식이 절대적으로 필요하기 때문입니다. 컴퓨터는 실제 그림을 볼 수가 없으니까요. 적어도 인간처럼 그림을 '본다'는 건 성립이 되지 않고, 특정한 정보, 바로 '수'라는 정보는 다 가지고 있습니다. 모양을 이루는 점들의 좌표는 이미 저장돼 있으므로, 컴퓨터는 입력된 수의 정보만을 가지고 기하학적으로 의미 있는 양들을 계산해야만 합니다. 그러니까 이런 다양한 공식이 굉장히 유용하게 사용되는 것입니다. 다시 말해, 컴퓨터가 계산을 하려면 모든 기하학적인 관심사를 수로 바꿔야만 합니다.

수학에 증명이 꼭 필요할까?

좌표에 관해 잠깐 복습하면서 그림상의 거리들을 어떻게 계산하는지 알아보았습니다. 앞의 질문으로 돌아가면, 28쪽 사각형의 면적 q1은 어떻게 계산했을까요? 조금 더 어렵겠지요.

두 삼각형 ABC와 ADC의 면적을 합하면 될 것 같습니다.

그렇습니다. 그런데 만약 좌표만 가지고 삼각형의 넓이를 구하려면 어떻게 해야 될까요? 여러 가지 공식이 있고 정리가 있을 겁니다. 여기서 q1의 계산은 사선정리를 이용했을 것 같습니다. 이는 꼭짓점 세개의 좌표 (a_1, b_1), (a_2, b_2), (a_3, b_3)만으로 삼각형의 면적을 간략하게 표현하는 공식입니다.

$$\frac{1}{2}|(a_1b_2 - a_2b_1 + a_2b_3 - a_3b_2 + a_3b_1 - a_1b_3)|$$

아직 배우지 않은 분들에게는 조금 신기하다는 느낌을 줄 것입니다. 이 공식 역시 컴퓨터가 기하를 하는 데 도움을 주는 또 하나의 훌륭한 공식입니다.

그런데 이런 기본 공식은 저도 증명하는 법을 가끔 잊어버립니다. 사실 거리 공식만 해도 피타고라스의 정리를 이용하기 때문에 증명을 정확하게 알고 있기 쉽지 않습니다. 그런데 증명을 기억하지 못하더라도 저 공식이 유용한 것은 분명하지 않나요? 수학을 이해하고 사용하는 데 있어서 항상 근본부터 알아야 하는 것은 아닙니다.

우리는 학교에서 수학의 공식을 배우고, 공식을 활용해 답을 내는 법을 배웁니다. 그런데 가끔 제가 강의에서 만나는 많은 이는 수학의 모든 증명이나 기초, 근본을 이해해야만 한다는 갈증을 가지고 있는 듯합니다.

수학의 근본을 이해하고 싶다. 아주 좋은 포부임은 분명합니다. 그런데 '근본을 이해해야만 수학을 이해한다.' 그것은 제 생각으로는 아닌 것 같습니다. 기초를 잘 모르더라도, 정리나 공식을 계속 사용하고 여러 상황에 어떻게 개입되는지 과정을 살펴보면서 점차 이해가 깊어지기 때문입니다. 그래서 '근본을 모르면 이해하지 못한 것'이라는 의견에 동의하기는 어렵습니다. 그뿐만 아니라 근본이라는 것이 아예 없을 수도 있거든요.

수학에 근본이 없다는 게 무슨 의미인가요? 전혀 근거가
없는 설명일 수도 있다는 의미인가요?

우리가 앞서 바리뇽의 정리를 증명할 때 대충 넘어간 부
분이 있습니다. 예를 들자면 '두 변의 길이의 비가 둘 다 2:1
이고, 끼인 각이 같으면 삼각형이 닮은꼴이다'라는 사실은 제
가 설명하지 않고 빨리 넘어갔습니다. 물론 그런 정리가 이미
존재하고, 여러 가지 접근법이 있기 때문이기도 하지만, 그때
마다 처음부터 증명을 할 필요가 있는 것도 아니기 때문입니
다. 직관적으로 당연하게 받아들이고 넘어가는 부분이 있어
도 괜찮고, 나중에 따로 그것을 더 정확히 조사해봐도 괜찮습
니다.

그런데 계속 정확하게 근본을 찾아가려고 할 때 근본이
라는 게 없다는 걸 발견할 수도 있습니다. 근본이라는 게 없기
때문에 증명하는 과정에서 만들어낸 수학적 논리 체계가 있
습니다. 그것을 뭐라고 부르지요? 근본이 없다는 걸 인정하는
수학적 개념이 무엇입니까?

공리 말씀이신가요?

맞습니다. 공리公理, axiom라고 합니다. 사실 아무리 설명

을 하고 또 해도 이유를 계속 쫓아가면서 물어볼 수가 있거든요. '이거는 왜 그러냐, 그럼 저거는 또 왜 그러냐.' 이 끝없는 질문을 어느 순간 멈추자. 이런 것들은 그냥 받아들이고 그다음부터 '거기로부터 따르는 것이 무엇이냐?'로 생각을 전환하는 시스템. 그것을 공리 체계라고 부릅니다. 역사와 전통을 통해서 '이런 것들은 대충 공리로 받아들이자'라고 점차 합의하는 과정이 있습니다. 때로는 그런 합의를 재검하는 상황들도 벌어집니다. 그러니까 어떤 공리 체계를 받아들이고 논리를 전개할 수도 있고, 나중에 '생각해보니까 그렇게 당연한 게 아니었다' 해서 마음을 바꿀 수도 있습니다.

그런데 우리가 지금 토의하는 수준에서는 아까 본 바리뇽 정리의 증명이 비교적 완전하다고 봐도 될 것 같습니다. 지금은 더 이상 캐고 들어갈 필요가 없습니다. 적어도 누군가 불만을 가지고 질문하지 않는다면 말이지요.

수학일까, 물리학일까

바리뇽은 17세기 후반에서 18세기 초반까지 프랑스 학계의 중요한 인물이었습니다. 아이작 뉴턴Isaac Newton, 고트프리트 빌헬름 라이프니츠Gottfried Wilhelm Leibniz 등과 친구이기도 해서, 프랑스 수학자 중에서도 미적분학의 선구자였다고 합니다. 미적분학을 유체역학에 적용하고, 새로운 종류의 U관 모양의 압력 측정기도 발명하는 등 물리학에 크게 기여했죠. 역학 분야에서의 '바리뇽의 정리'도 따로 있습니다.

한 가지 질문을 던져보겠습니다. 우리가 바리뇽의 정리를 기하학으로 표현했는데, 이 정리를 물리학으로 생각할 수도 있을까요?

수학인 것 같은데⋯⋯. 이유를 잘 설명하진 못하겠습니다. '정리', '증명' 이런 것이 수학에서 하는 것이고 실제 세상의 물체를 다루는 것은 아니지 않나요? 수학은 실험으로 검증 가능하지 않다고 들은 것 같습니다.

실제로 사각형을 만들면 바리뇽의 정리를 물질에 대한 명제로 해석할 수 있지 않을까요? 가령 판자를 잘라서 사각형을 아무렇게나 만든 다음 판자의 변들에 중점을 찍고 그들을 잇는 선분들을 그릴 수도 있겠지요. 그리고 나서 선을 따라서 나무를 또 자르면 나무로 된 평행사변형이 당연히 생기겠지요? 물론 아주 정확하게 만드는 데 한계가 있지만, 보통 어느 정도의 근사를 받아들이는 의미에서 분명히 평행사변형이 생길 겁니다. (물리에 나오는 등식도 어차피 실제 물질에 적용하면 근사적으로 밖에 성립하지 않습니다.) 그렇다면 이는 물질에 대한 정리 아닌가요? 더 이상 해석할 필요가 없이, 바리뇽의 정리는 물질에 대한 사실을 이야기하고 있습니다.

일단 물질의 형상에 응용할 수 있다는 의미인가요?

응용 가능하다고도 생각할 수 있지만, 또 한편으로는 이런 현상이 확실히 나타나고, 앞서 이런 현상이 나타난다는 사실을 우리가 증명했습니다.

물리학에서는 예외라는 것이 있지 않나요? 수학은 예외가 없을 것 같지만요.

예외는 명제가 성립하는 데 필요한 가정이 충분치 않아서 생긴 것이라고 생각할 수도 있습니다. 충분한 가정을 통해될 수 있으면 예외를 줄여나가려고 하는 과정 역시 수학에서나 물리학에서나 꼭 필요합니다. 그런데 가정이 충분했는지 항상 자신할 수 있는 것도 아닙니다. 물론 보통 물리학보다 수학에서 가정을 더 명료하게 이야기하는 것은 사실입니다.

그런데 만약 앞서 다룬 사각형을 굉장히 크게 지구 위에 그린다면 지구의 구면을 따라 사각형의 변도 휘어지지 않을까요? 그러면 과연 바리뇽의 정리가 성립될까요? 아무래도 안 될 것 같지요? 예외가 생겨버렸습니다. 그런 의미에서 보면 바리뇽의 정리에는 이미 평면의 성질에 대한 가정이 암시적으로 들어가 있었는데 우리가 명시하지 않았을 뿐입니다.

물리학에서는 뉴턴의 만유인력의 법칙에 예외가 없었을까요? 찾기가 상당히 힘들지만 뉴턴의 이론이 나온 지 몇 백 년이 지난 뒤 아인슈타인을 통해 많은 예외가 발견됐습니다. 사실은 뉴턴의 이론도 유클리드 기하를 가정하고 있었기 때문입니다.

우리가 과학을 연구할 때 가정을 항상 분명하게 이야기하면서 이론을 전개하는 것은 아닙니다. 탐구하는 과정에서 새로운 가정이 들어오기도 하고, 없는 줄 알았던 가정이 갑자기 눈에 띄기도 하고, 필요하다고 생각했던 가정이 필요 없어지는 경우들도 있습니다. 그러니까 굉장히 복잡한 과정이 수학에서나 물리학, 아니 모든 논리 전개를 하는 과정에서 일어나는 것입니다.

그렇다면 바리뇽의 정리는 수학의 정리이자 '물리학의 정리이기도 한가?'라는 질문에 교수님은 물리학의 정리도 된다고 생각하시는 건가요?

결국은 그런 셈입니다.

그렇다면 수학시간에 제일 먼저 배우는 피타고라스의 정리도 물리적인 정리인가요? 물리적 실체인 널빤지를 놓고 피타고라스의 정리에 의해서 자를 수 있으니까요.

피타고라스의 정리도 마찬가지입니다. 그런데 물리학에서는 보통 '정리'라는 말을 잘 안 씁니다. 물리적인 '현상'을 설명한다고 하겠지요. 그런데 피타고라스의 정리에 나타나는 현상은 분명히 물리적인 현상입니다. 그렇죠? 되도록이면 정확하게 직각삼각형을 만들고 각 변 위에 정사각형들을 세우면 넓이들이 $a^2+b^2=c^2$을 만족할 테니까요.

그런 면에서 보면 물리적인 현상이 있고, 그 물리적인 현상을 정리가 다루고 있습니다. 이것은 아까 이야기한 변의 길이, 혹은 좌표 평면상의 거리에 대한 정리도 마찬가지입니다. 물론 물리적인 현상을 먼저 봤는지 안 봤는지 모르지만, 피타고라스 정리가 예측하는 현상이 실제 세상에서 분명히 나타납니다. 그런 눈에 보이는 현상을 정리의 증명이 설명한다고 할 수 있습니다.

물리에서는 현상을 설명하는 틀을 보통 '이론'이라고 합니다. 그러니까 우리가 여기서 바리뇽의 정리를 증명하는 과정이 사실은 일종의 물리적인 이론을 전개하는 것입니다. 우리는 앞서 주어진 현상을 설명하는 데 필요한 가정을 몇 개 암시적으로 받아들인 다음, 적당한 논리 전개를 통해서 이게 왜 이렇게 되는지 파악했지요. 이런 측면에서 보면, 기하학의 정리와 증명 들이 가장 오래된 물리적인 이론이기도 합니다.

혹시 이 책이 뭔지 아십니까?

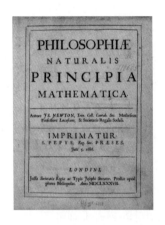

뉴턴의 《프린키피아Philosohpiae Naturalis Principia Mathematica》입니다. 라틴어로 쓰여 있는데, 우리말로 번역하면 '자연철학의 수학적 원리'로, '수학적 원리'를 짧게 줄여서 '프린키피아'라고 부릅니다. 물리학의 역사에서 제일 중요한 이 책에 나오는 물리적 이론이 뭔지 다들 들어보셨지요?

세미나를 시작하며

*F=ma*가 나옵니다.

그렇습니다. *F=ma*. 뉴턴의 제2 운동법칙을 포함한 운동 법칙 세 개가 모두 이 책에 처음 기술되었습니다. 그리고 만유인력의 법칙도 여기에 나옵니다. 그런데 왜 운동법칙을 다루면서 수학적 원리라고 표현했을까요? 이 책의 본문의 첫 페이지에 등장하는 단어가 'Definitiones', 바로 '정의'라는 뜻입니다. 무슨 정의인가? '양이란 무엇이다', '속도란 무엇이다', '운동량이란 무엇이다'. 정의, 정의, 정의…… 정의들이 계속 나옵니다. 이는 수학적인 이론을 전개하기 위한 준비 작업입니다.

그다음에는 AXIOMATA SIVE LEGES MOTUS라는 단원이 나옵니다. AXIOMATA는 '공리들'이라는 뜻이고 LEGES MOTUS는 운동법칙laws of motion을 뜻합니다. 다시 말해 이 단원 제목은 '운동법칙의 공리'라는 뜻입니다. 이 장에는 공리 1, 공리 2, 공리 3이 나오죠. 공리들을 받아들이고 나니 이제 따름정리corollary가 나옵니다. 따름정리 1, 따름정리 2 다음에는 보조정리 1, 보조정리 2가 이어집니다. 완전히 수학적으로 쓰여 있죠. 그러니까 뉴턴은 물리적 법칙을 공리와 똑같이 생각했던 겁니다.

그의 논문에 등장하는 운동법칙 세 가지, '등속 직선운동을 하는 물체는 힘이 작용하지 않는 한 계속 직선운동을 한다', '힘을 가하면 힘에 비례해서 속도가 바뀐다', '작용이 있으면 똑같은 크기의 반작용이 있다' 중 어느 하나도 증명하지 않았습니다. 그저 일단 받아들인 뒤 그로부터 논리적으로 따르는 이론을 전개함으로써 세상의 많은 현상을 설명하게 된 것이지요. 덧붙여 '중력은 어떤 식으로 작용한다'라는 법칙만 더해주면 행성의 경로도 설명이 됩니다. 그러니까 뉴턴의 예만 보아도 공리와 물리적 법칙이라고 부르는 것에는 별 차이가 없습니다.

자, 그럼 여기서 한 가지 질문을 더 해봅시다. 가장 유명한 물리학 책에서도 저 공리들, 즉, 운동법칙들은 증명을 하지 않는다고 했는데, 그러면 그 공리들은 어디서 왔을까요?

현대 물리학의 토대가 된 뉴턴조차 증명하지 않았다니, 그렇다면 그 공리들은 저자의 천재적인 상상 속에서 온 걸까요?

저자의 상상은 어디에서 왔을까요? 관찰과 깊은 관련이 있지 않을까요? 관찰을 하고, 관찰을 점점 정밀하게 만드는 과정에서 '어떻게 하면 보이는 모든 것을 간단한 원리로 포착할 수 있을까' 하는 질문이 결국은 운동법칙, 혹은 공리로 이어지지 않았을까요? 물론 그 과정에서 소위 천재성이 조금 필요하고 상상력도 작용했겠지만, 무엇보다 여러 가지 관찰되는 현상을 종합하여 추상화해보고, 정밀하게 다듬어보고, 다양한 예를 보다가 '아, 이 세 가지 법칙이 있으면, 나머지 많은 것이 거기로부터 따르겠다' 하는 굉장한 발견으로 이어졌을 겁니다. 다시 말해 관찰을 정제해가는 과정에서 운동법칙이라는 공리가 만들어졌을 것이라는 이야기입니다. 수학적 공리도 이와 비슷한 과정을 거칩니다.

수학과 물리학은 내용적으로나 역사적으로나 밀접한 관계를 가지고 발전해왔기 때문에 잘 구분이 되지 않을 때가 많습니다. 그 때문에 소련 출신 수학자 블라디미르 아르놀트 Vladimir. I. Arnold는 '수학은 실험이 저렴한 물리학의 한 분야'라고 표현하기도 했죠. 물론 이 평판 자체가 맞지는 않지만 두 분야의 유사성을 반영하는 재미있는 의견입니다.

세상을 탐구하는 개념적 체계는 분야를 막론하고 서로 다른 점보다는 비슷한 점이 많은 듯합니다. 물론 공부하는 대상이 다르고 체계의 보편성에 차이가 있기도 하지만, 제 나름대로는 수학이 세상을 공부하는 데 가장 보편적인 체계가 아닌가 생각합니다. 그런데 이런 주장들은 일반적인 탁상공론보다 구체적인 예를 살펴보면서 사실 여부를 탐구해보는 것이 좋을 듯합니다. 계속 진도를 나갈까요?

1부 · 수학의 토대

1강

수 체계에 찾아온 위기

수학의 전통을 만든 어느 수학자들

지금 우리에게 익숙한 수와 수식이 등장하기 전, 사람들은 어떤 방식으로 수학의 원리를 이해하고 설명했을까요? 오늘은 뉴턴보다 수천 년 전의 지중해 어느 수학자들의 이야기로 시작해보려고 합니다.

혹시 뉴턴이 《프린키피아》를 쓸 때 가장 큰 영향을 받은 책이 무엇인지 아십니까? 바로 유클리드Euclid의 《원론 Stoicheia》이라는 책입니다. 유클리드가 기원전 300년경 지중해 지역에 알려져 있던 수학 지식을 집대성한 저서로, 공리 체계를 이용한 수학적 증명법을 처음 서술한 책이라고도 알려져 있습니다. 이는 과학의 역사에 지대한 영향을 미쳤습니다.

이 책에 나오는 기하학 공리란 '두 점이 주어지면 그 점들을 지나는 직선이 하나 존재한다', 혹은 '점과 길이를 정하면 그 점을 중점으로 가지고 그 길이를 반지름으로 갖는 원이 하나 존재한다' 이런 것들로, 이로부터 다른 많은 명제를 추론해가죠. 그렇다면 이 공리들은 어디에서 유래되었을까요? 당연히 관찰과 경험으로부터 오는 상식 같은 것이었겠지요. 상식을 정제해가는 과정에서 공리로 표현하게 된 것이 분명합니다. 우리가 직선이 무엇이라고 쉽게 얘기할 수는 없지만, 직선이라고 할 만한 것들이 가진 성질들을 표현하려는 노력은 할 수 있습니다. 그 과정에서 '아, 직선이 이 성질을 가졌을 것이다. 직선이 만난다는 것은 이런 뜻일 것이다.' 이런 경험적인 사실을 요약하고 정제해서 공리로 만든 뒤, 그다음부터 더 복잡한 현상을 밝혀내기 시작한 것입니다

뉴턴의 《프린키피아》와 유클리드의 《원론》이 또 하나 비슷한 점은, 바로 거기 나오는 수학이 거의 기하학밖에 없다는 사실입니다. 흥미롭게도 지금의 물리학 책을 보면 뉴턴식의 증명은 거의 하지 않죠. 함수, 미분, 적분, 선형대수가 나올 뿐입니다. 지금의 중·고등학교나 대학에서 배우고 사용하는 수학적 도구와 뉴턴이 사용했던 도구들이 상당히 다르다는 뜻입니다.

뉴턴은 왜 기하학으로 자신의 이론을 설명했을까요? 그 전에는 수를 사용해 증명하는 전통이 없었던 건가요?

당시에 뉴턴이 기하학적으로 이론을 펼친 이유는 기하학만이 믿을 수 있는 수학이라고 생각했기 때문인 듯합니다. 당시만 해도 모든 것을 기하학적인 언어로 바꾸고 증명하고 논리를 전개해야만 엄밀한 논리라고 인정하는 전통이 지배적이었습니다. 지금 생각하면 좀 비효율적이지요. 유클리드가 살던 시대와 비슷한 시기에 쓰인 논문, 아르키메데스Archimedes of Syracuse의 《물에 떠 있는 물체 이론On Floating Bodies》을 살펴보겠습니다.

기원전 3세기, 뉴턴보다 거의 2,000년 전 인물인 아르키메데스는 이 논문에서 부력 원리를 설명합니다. 물에 배를 띄우면 배가 물속으로 쭉 가라앉는데 얼마만큼 가라앉느냐는 질문을 던지고, 잠겨 있는 부분과 같은 부피의 물이 배 전체의 무게와 같아질 때까지 가라앉는다는 결론을 내리고 있습니다. 이는 실험적으로도 쉽게 관찰할 수 있겠죠. 가령 가로×세로×높이가 $1m$인 물의 무게가 $1m^3$당 약 $1,000kg$이니까 무게가 $5,000kg$인 배를 물에 띄우면 잠긴 부분의 부피가 약 $5m^3$이라는 사실 말입니다.

아르키메데스의 논문은 수천 년이 지난 지금까지도 꽤

많이 전해집니다. 아랍과 중세 유럽의 서기들에 의해서 복사되고 번역되는 등 복잡한 경로를 거쳐서 책 하나를 채울 만큼의 분량이 남아 있습니다. 그런데 이 부력의 원리 논문 역시 공리 체계 형식으로 기술되어 있고, 물리적 현상에 대한 설명 역시 기하학으로 가득합니다. 이는 곧 세상의 모든 원리를 기하학적으로 설명해야 된다는 종류의 전통이 아르키메데스 때 이미 굳어져 있었음을 보여줍니다.

아르키메데스가 유클리드 책을 공부한 걸까요?

[1강] 수 체계에 찾아온 위기

아르키메데스는 유클리드보다 조금 후대의 사람입니다. 유클리드는 기원전 4세기 말에서 3세기 중반경, 지금의 이집트에 있던 도시 알렉산드리아에서 활동한 것으로 알려져 있습니다. 그곳에는 알렉산드리아 도서관과 지금의 박물관 museum의 어원이 된 무세이온Μουσεῖον이라는 굉장히 유명한 학술 기관이 있었습니다. 앞의 무세이온의 모습을 복원한 판화를 보면 그 규모를 짐작할 수 있습니다.

무세이온은 일종의 연구소 같은 곳으로, 지중해 방방곡곡과 중동 등지에서 모인 다양한 학자, 물리학자나 수학자 들이 각종 시인, 문인과 어울리면서 다양한 학술 활동을 했다고 전해집니다. 아르키메데스는 지금의 이탈리아 남부 시칠리아 섬의 시라쿠사라는 작은 도시에서 태어나 일생의 대부분을 거기서 살았지만, 공부는 알렉산드리아에서 했다는 설이 있습니다. 일부 주장에 따르면 아르키메데스가 알렉산드리아에서 수학하던 때에 유클리드에게서 배웠다고도 합니다. 이를 정확히 확인할 수는 없지만, 알렉산드리아에서 굉장히 많은 과학적 지식을 습득한 것은 맞는 것 같습니다. 물론 유클리드라는 인물이 실제 존재했는지도 분명하지 않기 때문에 확인하기는 어렵겠지요. 당대 수많은 학자가 교류했던 무세이온과 알렉산드리아 도서관을 기념하는 현대 도서관이 2002년 이집트 정부와 유네스코의 후원으로 세워지기도 했습니다.

학술서를 기하학적으로 기술하게 된 역사는 무척 흥미롭지만, 정확하게 알려진 바는 없습니다. 중요한 것은 그 전통이 뉴턴 시대까지 2,000년에 걸쳐 계속 영향을 미치고 있었다는 사실입니다. 이 기하학적 전통이 어떻게 해서 발생했는지 약간의 공상이 섞인 스토리가 있는데 조금 말씀드릴까요? 이게 사실 수학적으로도 재미있지만 문화적으로도 재미있는 이야기인 것 같습니다.

피타고라스와 수의 발견

다음 사진은 고대 바빌로니아에서 만든 석판tablet입니다. 기원전 1700년쯤 만들어졌다고 하니 유클리드와 아르키

[1강] **수 체계에 찾아온 위기**

메데스보다 약 1,400년 전입니다. 이 석판을 고고학자들은 'YBC7289'라고 부르는데 예일대학교 바빌로니아 소장품Yale Babylonian Collection 7289번이라는 뜻입니다. 이 돌덩이가 왜 과학사에서 중요한 걸까요? 바로 '2의 제곱근'을 처음 계산해놓은 기록이 남아 있기 때문입니다. 저는 읽을 줄 모르지만, 석판 위 쐐기 모양의 표식이 바로 설형문자cuneiform라고 하는 바빌로니아 글자입니다.

이 석판에는 정사각형 변의 길이를 왼쪽 위에 쐐기 모양 세 개로 표기했습니다. 이는 30이라는 뜻이라고 합니다. 왜 30일까요? 아마 60진법의 영향 때문일 것입니다. 바빌로니아의 60진법은 지금까지도 영향을 많이 미치고 있죠. 60분, 60초로 이뤄진 시간이 대표적입니다. 그러고 보니 30이라고 쓴 것은 1/2이라는 뜻일 수도 있겠군요.● 대각선에는 두 개의 수가 쓰여 있는데 그중 하나가 $\sqrt{2}$의 근삿값이고 또 하나는 대각선의 길이 $30 \times \sqrt{2}$ (혹은 $1/2 \times \sqrt{2}$) 입니다. 그래서 이를 새긴 사람들이 $\sqrt{2}$를 어떻게 근사했는지를 파악할 수 있습니다. 우리식으로 표기하면 $\sqrt{2}$의 바빌로니아 근삿값은 다음과 같습니다.

● 바빌로니아의 언어 체계에서는 위치에 따라서 같은 문자가 1/2, 30(=60/2), 1800 (=60²/2) 등을 다 의미할 수 있었습니다. 우리가 같은 수 5를, 0.5, 50, 500 등에 쓰는 것과 마찬가지인데, 그들은 숫자 0이 없었기 때문에 의미가 훨씬 불분명하다는 차이가 있습니다.

$$1 + \frac{24}{60} + \frac{51}{60^2} + \frac{10}{60^3}$$

이를 계산하여 소수점으로 써보면 대략 1.41421296이 나옵니다.

$\sqrt{2}$를 계산기로 계산하여 나온 수와 거의 비슷하게 나옵니다.

굉장히 정확하죠? 바빌로니아 사람들의 정확성을 증명하는 사례라고 할 수 있습니다.

그런데 바빌로니아 사람들이 $\sqrt{2}$를 발견한 건 아니지요? 무리수는 피타고라스가 발견했다는 유명한 이야기가 있습니다.

좋은 지적입니다. 그렇다면 $\sqrt{2}$를 발견했다는 것은 무슨 뜻일까요? '발견했다'는 말 자체의 의미를 조금 더 정확하게 따져볼 필요가 있습니다.

바빌로니아 사람들이 무리수라는 개념을 알고 있었을 것 같지는 않지만, 석판을 보면 적어도 대각선의 길이를 근사적인 수로 표현할 수 있을 정도의 수학은 있었습니다. 달리 이야기하자면 $\sqrt{2}$라는 수는 모르지만 이 길이를 수로 표현할 수 있다는 믿음은 존재했던 것이지요. 그런 의미에서 본다면 $\sqrt{2}$를 발견했다고 볼 수 있습니다.

그런데 방금 지적하신 것이 사실 제가 말씀드리려는 좀 이상한 이론의 굉장히 핵심적인 부분인데요, 바로 $\sqrt{2}$에 관련된 피타고라스의 전설입니다.

우리의 상식에 따르면 변의 길이가 1인 정사각형을 그리면, 대각선의 길이는 $\sqrt{2}$가 돼야만 합니다. 그 이유는 바로 피타고라스의 정리 때문입니다. $\sqrt{2}$라는 수를 모르는 사람도 대각선 길이의 제곱이 반드시 1^2+1^2이 돼야 한다는 사실을 알 것입니다. 그런데 이 사실을 피타고라스가 진짜로 발견했는지는 알 수 없습니다. 피타고라스의 정리라고 불리는 것이 기원전 천 몇 백 년에도 존재했다는 설도 있습니다. 그 역사는 잘 모르지만, 피타고라스의 정리 자체는 중동을 포함하여 인도, 중국 등에 널리 퍼져 있었다고 하지요.

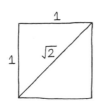

피타고라스가 굉장히 중요한 인물이었던 것은 사실로 보

입니다. 피타고라스가 살았던 시기는 보통 기원전 570~495
년경, 고대 역사에서 아테네의 고전기 바로 전이었다고 전해
집니다. 기원전 480년에 페르시아의 두 번째 침공을 무찔러낸
뒤 아테네는 문화, 과학, 정치적으로 융성하게 되었죠. 아테네
의 전성기 인물들, 가령 소크라테스 같은 철학자에 대한 동시
대 사람들의 기록은 많이 전해지지만, 그보다 조금 전 인물인
피타고라스에 대해서는 당시 문헌이 거의 없고, 그를 구체적
으로 묘사하는 책들은 오히려 600~700년 이후인 로마 시대
에 많이 등장합니다. 이를 보아 전설적으로 굉장히 많이 알려
진 인물이었다는 건 분명합니다.

그런데 여러 문헌에 따르면 피타고라스는 당시 수학자보
다는 일종의 교주로서 알려져 있었습니다. 19세기 화가가 묘

[1강] 수 체계에 찾아온 위기

사한 이 그림처럼 '피타고리안Pythagorean'이 지금의 종교집단과 유사한 모임이었다고 하지요. 수학에 대한 이야기도 했겠지만, '콩을 먹으면 안된다'와 같은 종류의 생활양식에 대한 규제도 꽤 있었다고 전해집니다. 피타고리안이 그리스 종교에 영향을 크게 미친 대표적인 사례로 전생이라는 개념도 있습니다. 떠돌아다니던 영혼이 인간에 깃들었다가 죽음에 이르면 몸에서 벗어나 떠난다는 주장을 강하게 했다고 하죠.

200년대 후반, 아시리아 철학자 이암블리코스Iamblichus의 문헌을 보면, 피타고라스는 탈레스Thales의 제자로 시작했습니다. 당시의 고전과학자인 주요 인물 가운데 처음 두각을 나타낸 사람이 탈레스입니다. 천문학 관측은 물론, '탈레스의 정리'라는 수학적 정리도 남겼습니다.

탈레스의 정리는 배웠는데, 내용이 기억나지 않습니다.

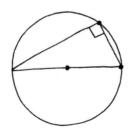

그림을 보면 금방 떠오를 겁니다. 원의 지름을 아무 데나 그린 다음, 원주에 점을 하나 더 찍고 지름의 양 끝점에서 그 점으로 가는 변을 두 개 만들면 직각삼각형이 생깁니다. 이게 탈레스의 정리입니다. 그리스 시대로부터 남아 있는 정리 중 가장 오래된 것으로, 피타고라스의 정리보다 먼저 기록된 것으로 알고 있습니다.

탈레스는 고전과학자의 원조 같은 인물로 아리스토텔레스도 그를 그리스 전통의 첫 번째 철학자로 여겼다고 합니다. 그런 탈레스가 피타고라스의 능력에 감복하여 더 이상 가르칠 게 없다면서 "이집트로 가거라. 이집트에 가서 공부해야 한다"라고 했다고 하죠.

피타고라스가 이집트로 유학을 간 것인가요? 이집트가 그리스보다 훨씬 오래된 문명이긴 한데, 학문적으로도 앞서 있었던 모양입니다.

그 당시로 보면 그럴 법합니다. 기자의 피라미드가 지어 졌을 때부터 알렉산더 대제까지의 기간이 그 이후부터 현재 까지의 기간과 비슷하다는 점을 떠올려보면, 이집트의 오랜 역사를 실감할 수 있지요. 여담으로 그리스 사상이 이집트의 영향을 굉장히 많이 받았음에도 이러한 사실이 오랫동안 주목받지 못하고 있었는데, 1990년대 이후 이 연관성에 대해서 관심이 높아졌죠. 옛날 문헌들을 찾아보면 아리스토텔레스가 이집트 수학교육에 관해 논하는 등 이집트를 높이 평가하는 이야기가 많습니다.

마틴 버널이 1987년 쓴 《블랙 아테나》라는 책에 비슷한 얘기가 나옵니다. 이집트와 중동이 그리스 문명에 미친 영향을 장황하게 다룬 책입니다.

네, 그 책이 학문적으로 허술한 부분도 많지만 여러 분야에 영향을 미친 것으로 알려져 있습니다. 다시 피타고라스의 이야기로 돌아옵시다. 이암블리코스의 저서에 따르면 피타고라스는 탈레스가 살던 지금의 터키에서 출발하여 이집트에 공부하러 가던 중 지금의 레바논의 도시이자, 고대 페니키아의 항구로서 당시 지중해 문명에 강력한 영향을 미쳤던 시돈Sidon에 들르게 됩니다. 피타고라스는 페니키아인들 사이에서 수학하게 되는데, 또 다른 기록에 따르면 중동에 머물 때 인도학자들을 만났다고도 전해집니다.

그러고 보면 피타고라스가 그리스인이었다는 선입견 자체도 굉장히 이상한 면이 있습니다. 저는 역사학자는 아니지만 옛날 역사를 보면 볼수록 지금 방식으로 출신 국가나 동서

양을 따지는 것이 무색해 보입니다. 그런 모호성을 잘 나타내는 인물이 피타고라스입니다. 18세기 프랑스의 대표적인 사상가 볼테르Voltaire는 자신의 단편 소설 《인도의 모험》에서 이런 말을 합니다. "피타고라스가 인도에 살았을 때 고행자들에게서 동식물의 말을 배운 것은 누구나 알고 있다." 볼테르는 어디서 그런 말을 들었던 걸까요? 물론 이는 농담이었겠지만 책은 당연한 전설을 풍자한다는 식으로 써 있습니다. 그 당시 사람들 사이에 그런 전설이 퍼져 있었음을 짐작할 수 있습니다.

수의 위기

간단한 역사 탐험을 했으니 본격적인 수학 이야기로 돌아갑시다. 혹시 피타고라스의 굉장히 유명한 격언을 기억하시나요?

"모든 것은 수다."

"모든 것은 수다." 그가 이 말을 한 이유도 분명치는 않지만, 보통은 음악 때문이었다고 추정합니다. 피타고라스는 특히 화음의 구조를 수로 설명했다고 알려져 있는데, 주파수 혹은 파장의 길이 비율과 화음의 연관성을 피타고라스 학파에서 발견했다고 전해집니다. 가령 음의 주파수를 두 배로 늘리면 옥타브가 하나 올라가고, 주파수를 1.5배로 늘리면 5도 올라가는 식입니다. 듣기 좋은 화음과 간단한 비율 사이의 긴밀한 관계에 착안하여, 수를 통해 우리 주변의 굉장히 다양한 현실을 설명할 수 있다는 믿음을 담은 격언이었습니다.

앞서 '피타고라스가 $\sqrt{2}$를 발견하지 않았느냐'는 질문에 대해 전해지는 전설이 있습니다. 우리는 피타고라스 학파 누군가가 $\sqrt{2}$가 무리수라는 사실을 발견했다고 알고 있습니다. 그런데 무리수라는 것은 무슨 뜻인가요? 바로 유리수일 수 없다는 사실입니다. 전설에 따르면 피타고라스는 유리수일 수 없는 무리수의 존재가 너무 충격적이었던 나머지, 이를 발견한 (혹은 그 존재를 남에게 누설한) 히파수스Hippasus라는 제자를 죽였다고 합니다.

무리수의 발견이 사람을 죽일 만큼 심각한 일이었을까요? 피타고라스의 전설이 의미하는 바는 과연 무엇일까요? 실제로 그런 살인이 일어났는지는 모르지만, 이 전설은 당시의 수 체계라는 개념에 일어난 굉장히 큰 위기를 기록한 것으로 보입니다. 피타고라스의 입장에서는 변의 길이가 1인 정사각형은 너무 자연스러운 도형이기 때문에, 이 정사각형의 대각선 길이도 어떤 수로든 나타낼 수 있어야 된다는 확신을 가지고 있었을 겁니다. 그런데 오히려 이게 유리수일 수 없다는 일종의 모순을 발견하게 된 것이죠. 당시의 사고방식으로 생각하면, 그는 대각선의 길이가 수가 아니라는 결론을 내렸을 것 같습니다. 왜 그랬을까요? 수라고 하면 유리수밖에 생각할 수 없었기 때문입니다.

그 당시 사람들에게 수란 유리수밖에 없었습니다.* 다시 말해 유리수로 표현할 수 있어야만 수인데, 유리수일 수 없다는 사실이 굉장히 큰 충격으로 다가온 것입니다. 물론 이는 전설일 뿐, 이 '유리수가 아닌 것'의 존재를 누가 발견했는지, 어떤 사정이 있었는지는 정확히 알 수 없습니다. 하지만 이 전설이 보여주는 사건의 의미가 수 체계의 위기를 가져왔다는 것은 파악할 수 있지요. 지금은 무리수라고 부르지만 당시의 개념으로는 수가 아니었습니다.

그런데 피타고라스의 격언이 무엇입니까? 그는 모든 것이 수라고 주장하고 싶었는데, 저 간단한 대각선 하나도 수가 아니면 얼마나 실망스러웠을까요? 그러니까 이 발견은 굉장히 큰 위기이자, 실제로 사람을 죽일 정도의 충격으로 다가왔을 것입니다.

---

* 정확히 이야기하자면 유리수도 자연수 같은 수는 아니고 각종 양 사이의 관계를 표현하는 '비율'의 성질을 가지고 있었다고 합니다.

이를 계기로 피타고라스, 혹은 누구에 의해서든 수 체계가 믿을 만한 게 못 된다는 사상이 확산된 것 아닐까요? 이로 인해 당시 그 지역의 과학 전통이 수학적인 사실을 논할 때 수로 표현하기보다 모든 것을 기하적으로 표현하자는 조류가 생겼을 것이라고 추정합니다. 그 전까지는 수를 많이 사용했던 것으로 보이기 때문입니다. 바빌로니아 석판에서 알 수 있듯이 기원전 1700년에도 대각선의 길이를 별 문제없이 수로 표현했는데, 피타고라스 전설이 등장한 시기 이후부터 기하학에서 수의 개념이 사라지기 시작했으니까요.

수가 없는 기하학이라니 잘 상상이 되지 않습니다. 아르키메데스가 기하의 면적과 부피 같은 것을 많이 계산하지 않았나요? 우리는 지금까지 그 정리를 배우고 있습니다.

그렇습니다. 우리에게는 수와 기하의 연관성이 너무나 자연스럽게 느껴집니다. 수가 없이 어떤 식으로 기하를 다뤘을까요? 혹은 지금 같으면 수로 표현할 정리들을 어떤 식으로 표현했을까요? 그 예를 몇 개 보는 게 좋겠네요. 반지름이 r인 원의 면적은 무엇인가요? 한번 기억을 되짚어보십시오.

πr^2이 됩니다. 이것도 아르키메데스가 증명했다고 알려

져 있습니다.

이를 보통 '아르키메데스 정리'라고 합니다. 그런데 아르키메데스는 원의 면적이 πr^2이라는 말을 한 적이 없습니다. 아르키메데스가 논문에서 이 사실을 증명한 것은 분명한데, πr^2이라고 표현하지는 않았습니다. '수'가 없었기 때문입니다. 그게 무슨 의미일까요? 그의 사고가 다음 그림에 나타납니다. 무슨 뜻인지 한번 생각해보세요.

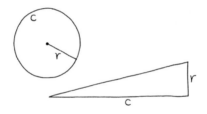

이 그림의 삼각형과 원이 면적이 같다는 것인가요?

그렇습니다. 조금 더 정확히 표현하자면 '원의 둘레를 밑변의 길이로 놓고 높이를 원의 반지름과 같게 놓았을 때 삼각형의 면적과 원의 면적이 같다.' 그것이 아르키메데스가 증명한 면적 공식입니다. 우리가 '공식'이라고 생각하는 것과 조금 다르지요? 우리에게 익숙한 식으로 다시 써볼까요? 원주는 지름 곱하기 π니까 $2\pi r$이 되고, 거기에 높이가 r이니까 삼각형의 면적은 다음과 같습니다.

$$\frac{1}{2} \times 2\pi r \times r = \pi r^2$$

어떻습니까? 이는 우리가 알고 있는 보통의 공식과 같습니다. 이 역시 공식의 약간 재미있는 부분인데, 원주에 나타나는 2와 삼각형의 면적에 나타난 1/2이 서로 상쇄되어 πr^2이 나왔죠? 어쨌든 아르키메데스 논문에 보면 정확히 앞의 그림과 같이 표현했습니다. 수에 대한 언급 한 번 없이 그저 '저 두 면적이 같다'고 말한 것이죠. 달리 말하면 구하기 어려운 원의 면적이 비교적 구하기 쉬운 삼각형의 면적과 같음을 보여주는 일종의 공식이었던 것입니다.

아르키메데스의 설명은 전부 그런 식으로 돼 있습니다. 또 하나의 공식을 그림으로 표현해보겠습니다. 이번에는 반지름이 r인 구의 표면적 공식을 한번 떠올려보십시오.

구의 표면적 공식은 $4\pi r^2$입니다. 매번 잊어버립니다.

이 공식 역시 아르키메데스의 논문에서 다룹니다. 이번에도 당연히 표면적이 $4\pi r^2$이라는 말이 한 번도 나오지 않습니다. 그림으로 그려볼까요. 구를 둘러싼 원기둥을 그리되, 원기둥의 높이가 구와 똑같도록 그립니다. 그리고 원기둥 바닥 원의 반지름이 구의 반지름과 같게 만듭니다.

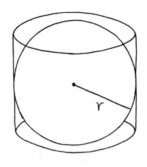

이 그림을 보고 아르키메데스의 표면적 공식이 뭘까 짐작할 수 있겠어요? 결국 수로 쓰면 $4\pi r^2$이라는 결론이 나오겠지만, 아르키메데스는 그렇게 말하지 않고 구와 원기둥의 관계를 이용해 표현했습니다. 아르키메데스는 뭐라고 했을까요?

구의 표면적이 저 원기둥의 면적과 같다?

그렇습니다. 구의 표면적과 원기둥의 옆 면적이 같다고 표현했습니다. 표면적 $4\pi r^2$이 $2\pi r \times 2r$과 같다는 것이 핵심입니다. 한번 볼까요? 원기둥의 높이가 $2r$이고, 이 원주가 $2\pi r$입니다. 이 원기둥을 잘라서 쭉 펼치면 변의 길이가 $2\pi r$과 $2r$인 직사각형이 생기므로 원기둥의 옆 면적은 $2\pi r \times 2r$이 되겠죠.

이렇게 몇 가지 예를 통해 어떤 식으로 수 없이도 기하학을 하는지 조금은 짐작할 수 있을 것입니다.

적분의 기원

그런데 아르키메데스는 수 없이 어떻게 증명을 했을까요? 정리를 하려면 증명을 해야 할 텐데요.

이렇게 얘기를 하다 보면 당연히 증명이 궁금해질 겁니다. 그런데 구의 표면적과 원기둥 면적과의 관계에 대해 증명을 보여드리려면 저도 준비가 필요합니다. 아르키메데스는 처음에는 '실제로 물체를 이용해 만들려면 어떻게 해야 하는가?'에 착안해서 나중에 다시 기하학적인 증명으로 바꾸었다고 하죠. 그런 면에서도 아르키메데스 마음속의 수학과 물리학은 항상 얽혀 있었던 셈입니다.

그럼 원의 넓이는 어떻게 수 없이 구할 수 있나요?

그것은 비교적 쉽게 구할 수 있습니다. 아르키메데스의 증명을 간단히 살펴봐도 좋겠네요.

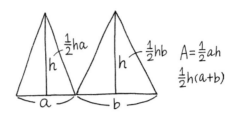

　원의 면적을 구하기 전에, 일단 삼각형 면적을 복습해봅시다. 높이가 h고 밑변이 a일 때 삼각형의 넓이는 무엇입니까? 우선 밑변과 높이를 곱하면 직사각형의 면적이 되고, 삼각형의 넓이는 이 직사각형의 면적의 정확히 반이 되겠지요. 그래서 삼각형 넓이 공식은 $1/2 \times h \times a$가 됩니다. 그런데 삼각형이 두 개 있다고 해봅시다. 이 두 개의 삼각형은 높이는 똑같이 h이고, 밑변이 각각 a와 b입니다. 높이는 같고 밑변이 다른 이 삼각형 두 개의 면적은 어떻게 될까요? 각각의 넓이를 구해서 더해야겠지요. 하나는 면적이 $(1/2)ha$고, 또 하나는 $(1/2)hb$입니다. 그래서 전체 면적은 $(1/2)h(a+b)$가 됩니다.

　다시 말해 삼각형이 두 개가 있어도 높이가 같다면 전체 밑변의 길이 곱하기 높이에 1/2을 곱하면 면적이 나오는 것입니다. 사실 삼각형 두 개가 아니라 몇 개가 있어도 상관없지요. 높이가 같다면 몇 개를 그리더라도, 밑변 전체 길이를 그냥 L이라고 놓고 $(1/2)Lh$를 구하면 전체 면적을 구할 수 있습니다. 물론 이것은 밑변이 L이고 높이가 h인 삼각형 하나의 넓이

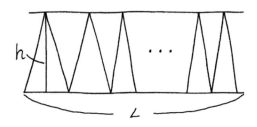

와 같습니다.

　이 사실을 알면 원의 면적은 쉽게 구할 수 있습니다. 아르
키메데스가 실제로 이렇게 증명했습니다. 지금 식으로 이야기
하자면 일종의 극한 방법론이죠. 반지름이 r인 원의 면적을 구
하기 위해서 아래의 그림과 같이 원에 접하도록 육각형을 그
립니다. 그리고 나서 마주보는 점을 선으로 이어서 삼각형을
여섯 개 만들어봅시다.

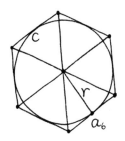

　그런데 여기서 삼각형들의 높이는 무엇입니까? 바로 원
의 반지름과 같지요? 그래서 이 육각형 안의 삼각형들의 높이
는 모두 r입니다. 아직 밑변의 길이는 우리가 알 수 없으니 일

단 밑변의 길이를 a_6라고 놓겠습니다. 그럼 이 삼각형 하나의 넓이는 $(1/2) \times r \times a_6$가 되겠죠. 그런데 같은 삼각형이 여섯 개가 있으므로 곱하기 6을 해주면 육각형의 넓이가 완성됩니다. 그러므로 전체 바깥 도형의 넓이는 다음과 같습니다.

$$\frac{1}{2} \times r \times a_6 \times 6 = \frac{1}{2} \times r \times C_6$$

여기서 $C_6 = a_6 \times 6$은 바로 이 육각형 둘레의 길이를 뜻합니다. 높이가 같은 삼각형이 몇 개가 있든 밑변의 길이를 다 더해서 곱하면 삼각형의 전체 넓이를 구할 수 있었듯, 이 육각형 안에는 높이가 같은 삼각형이 여섯 개 있으므로 모든 밑변의 길이를 한꺼번에 더해서, 즉 육각형의 둘레를 구해서 높이와 1/2을 곱해줍니다.

그렇다면 육각형의 넓이를 구한 것처럼, 칠각형으로 나누고 팔각형으로 나누고 계속 그렇게 나누다 보면 넓이를 구할 수 있지 않을까요? 그렇다면 n각형으로 굉장히 잘게 나누었을 때 이 밑변의 길이 하나를 a_n이라고 놓고, 이 밑변이 n개 있을 때 C_n이라는 전체 둘레가 생깁니다. 그렇다면 이 n각형의 전체 면적은 어떻게 될까요?

$(1/2) r C_n$이 됩니다. 전체 둘레가 무엇이 됐든 각 삼각형의 높이는 r이니까요.

그렇습니다. 물론 밑변이 C_n이고 높이가 r인 삼각형의 면적과도 같습니다. 그렇다면 이런 식으로 n을 점점 크게 했을 때 이 C_n은 점점 무엇에 가까워질까요?

n각형이 점점 원에 가까워지니까, 원주와 같아지겠네요.

그렇습니다. n이 점점 크게 됐을 때 C_n은 점점 원주와 같아집니다. 그 사이에 전체 면적은 또 원의 면적에 가까워지므로 높이가 r이고 밑변의 길이가 C인 삼각형이 저절로 이 증명으로부터 나오는 것입니다.

아르키메데스는 이런 식으로 표현했습니다. "원의 면적은 밑변이 원주이고 높이가 r인 삼각형의 면적과 같다." 그런데 그 당시에는 극한의 개념이 없었기 때문에, 정확하게는 '이 n이 무엇이든 다각형의 면적은 원의 면적보다 크다'라고 설명했습니다. 원의 바깥에 접한 도형이니 직관적으로 봐도 그렇겠지요? 그리고 '안에 다각형을 원 안에 딱 맞도록 또 하나 그리면 안에 있는 도형의 면적은 원의 면적보다 더 작다.'

따라서 큰 다각형의 면적을 A_n, 작은 다각형의 면적을 B_n이라 하면 다음과 같이 표현할 수 있습니다.

$$B_n < 원의 면적 < A_n$$

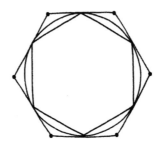

이 부등식이 항상 성립한다면 다음 또한 항상 성립합니다.

$$B_n < 삼각형의\ 면적 < A_n$$

그리고 나서 다음 n이 커질 때 A_n과 B_n의 차이가 0으로 간다는 것을 보였습니다.

$$원의\ 면적 = 삼각형의\ 면적$$

따라서 이 또한 성립한다는 결론을 내립니다. 우리가 앞서 대충 직관적으로 '전체 면적은 또 원의 면적으로 간다'는 식으로 이야기한 것은 사실 물리학적인 증명에 가깝고, 상한과 하한을 비교하는 정밀한 이야기는 수학의 증명과 비슷합니다.

지금의 물리학도 저런 아이디어를 사용해서 뭔가를 증명하고 있습니까?

[1강] 수 체계에 찾아온 위기

그렇지요. 지금 설명한 것이 말하자면 적분의 기원입니다. 적분의 기본적인 아이디어는 이런 종류의 계산 속에 들어 있습니다. 적분은 물리학과 수학 등 수많은 곳에서 사용되고 있죠. 적분은 미분보다 개념적으로 훨씬 쉬울 뿐 아니라 역사적으로도 먼저 등장했습니다. 그러니까 변이 직선으로 이루어지지 않은 영역의 면적을 구하려면 일종의 극한 개념이 필요하다는 것을 아르키메데스가 밝혀낸 것입니다. 기초적인 적분을 이미 이용하고 있었던 것이죠.

현대판 제논의 역설

이렇게 보면 적분의 개념은 참으로 쉬워 보이지만, 아이러니하게도 현대 물리학에 남아 있는 굉장히 어려운 문제 중 하나가 적분입니다. 이런 이야기를 들어본 적 있나요? 실제 물질을 이루고 있는 입자로 가속기 실험을 할 때 입자를 어떤 방향으로 어떤 속도로 던져서 다른 입자와 충돌시키면 새로운 입자가 나온다. 다음 장면처럼 입자가 가속기 안에서 충돌하고 다른 입자가 거기서 태어난다는 것이죠.

가속기에서 어떤 종류의 입자가 나오는지에 대한 확률은 입자물리학 이론을 사용하여 계산할 수 있습니다. 그런데 여

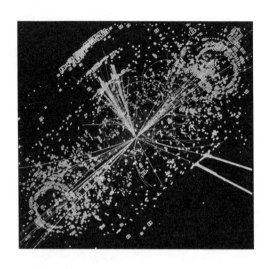

기서 수수께끼는 그 확률을 계산하려면 적분을 해야 하는데, 양자장론이라는 입자물리학 이론을 그대로 적용해서 적분을 하면 확률이 전부 무한대가 나옵니다. 왜 대체 적분이 무한대가 나올까? 그러니까 실제 물리학에서는 그 무한대를 어떻게 해석하느냐를 따져봐야 하죠. 이 문제에 관해 비교적 직관적으로 실험과 이론을 배합해서 해석하는 방법renormalization은 알고 있지만, 근본적으로는 현재까지도 이해하지 못하고 있습니다. 그래서 저는 현대 물리학의 확률 계산에서 나오는 이런 종류의 모순이 현대판 '제논의 역설Zeno's paradoxes'이라는 표현을 합니다. 제논의 역설이 뭔지 혹시 다들 들어보셨나요?

아킬레스가 발이 아무리 빨라도 앞서 출발한 거북이를 따라잡을 수 없다는 이야기를 들어본 적이 있습니다.

제논의 역설에는 여러 버전이 있지만 화살표와 과녁 버전으로 설명해보겠습니다. 궁수가 과녁을 향해서 화살을 쐈습니다. 화살이 과녁에 도달하려면 먼저 반을 나가야 합니다. 그리고 또 반의 반을 나가야 하고, 반의 반의 반을 나가야 하고, 반의 반의 반의 반을 나가고, 반의 반의 반의 반의……. 그래서 화살은 '영원히 도달할 수가 없습니다.' 이것이 바로 제논의 역설의 핵심입니다.

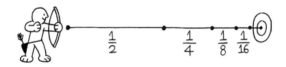

제논은 이런 추론을 통해 '움직임이라는 것은 전부 불가능하다'는 식의 주장을 했다고 합니다. 그런데 그 논리를 자세히 분석해보면, 모순증명법proof by contradiction을 사용하고 있습니다.

모순증명법은 귀류법과 같은 의미인데요, 가정을 통해 논리를 전개했는데 모순이 일어난다면 그 가정 중에 하나는 틀린 것이다. 이런 증명법을 말합니다. 예를 들자면 $\sqrt{2}$가 무리수라는 사실을 보통 귀류법으로 증명합니다.

여기서 제논은 화살이 진짜로 간다고 가정했을 때 도달할 수 없다는 결론에 이르기 때문에 '화살이 가고 있다는 가정 자체가 잘못됐다'는 논리를 전개하고 있습니다. 그런데 우리가 봤을 때 이 논리는 어딘가 어색합니다. 어느 부분에서 그렇습니까?

'영원히 도달할 수가 없다'라는 부분이 이상합니다.

그렇습니다. 정확하게 말하자면 수를 무한 개 더한다고 해서 값이 무한할 필요는 없습니다. 그렇다면 그는 왜 '영원히'라는 주장을 했을까요? 바로 반을 가는 데 필요한 시간이 있고, 반의 반을 가는 데 필요한 시간이 있고, 반의 반의 반을 가는 데 필요한 시간이 있고…… 그 시간을 다 더하면 무한한 시간이 필요하지 않은가? 바로 그런 생각을 한 것입니다.

그렇다면 제논의 논리를 지금 수식으로 표현을 해보죠. 먼저 1/2을 나가고 그다음 1/4을 나갑니다. 그다음 1/4의 반인 1/8을, 1/8의 반인 1/16을…… 이런 식으로 계속 나가지요. 그래서 처음에 1/2 나가는 데 필요한 시간을 T라고 놓고 계속 같은 속도로 나간다면 전체는 다음과 같이 무한 번 더해진 시간이 필요하게 됩니다.

귀류법이란?

귀류법이 무엇인지 기억을 더듬어볼까요?
처음에 $\sqrt{2}$가 유리수라고 가정합니다. 이는 어떤 정수 m, n이 있을 때 다음과 같은 꼴로 표현이 된다는 뜻이지요.

$$\sqrt{2} = \frac{m}{n}$$

그런데 m과 n이 공약수가 있다면 분모와 분자에서 나누어 버릴 수 있으므로, 두 수가 서로소가 되게 잡을 수 있습니다.

$$\sqrt{2}\,n = m$$
$$2n^2 = m^2$$

그러면 이것이 성립하는데, 그렇다면 m이 반드시 짝수가 돼야 합니다. 그런데 m^2은 4의 배수이기 때문에 $2n^2$도 4의 배수여야 합니다. 그렇다면 n^2도 짝수여야 하고, 따라서 n도 짝수입니다. 그러면 둘 다 짝수라는 결론에 도달했는데 서로소이기도 하잖아요? 이것이 모순입니다. 그래서 애초의 가정 '$\sqrt{2}$는 유리수다'가 틀렸다는 결론을 내립니다. 사실 귀류법을 이용한 증명은 항상 좀 까다롭습니다. 그럼에도 자주 사용되고 있지요. 제가 좋아하는 주장 "수학적 증명이 보통 생각하는 명료한 논리와 같다"를 약간은 반증하는 방법론입니다.

$$T + \left(\frac{1}{2}\right)T + \left(\frac{1}{4}\right)T + \left(\frac{1}{8}\right)T + \left(\frac{1}{16}\right)T + \cdots$$

이것이 제논이 무한이라고 생각한 것을 수식으로 나타낸 것입니다. 그런데 지금은 뭐라고 하나요? 다음 등식 때문에 $2T$라는 결론을 내릴 수 있습니다.

$$\left(\frac{1}{2}\right) + \left(\frac{1}{4}\right) + \left(\frac{1}{8}\right) + \left(\frac{1}{16}\right) + \cdots = 1$$

그래서 제논의 주장을 역설 없이 재조명하면 '1은 1/2+1/4+1/8+1/16+⋯이라는 무한급수로 표현할 수 있다'가 되는데, 하다 보니 무한히 많은 수가 나타나서 '이건 반드시 무한해야 되는 거 아닌가' 하는 혼란이 일어났던 것 같습니다. 그러나 현대식으로 생각하면 무한 개의 수를 더한다고 항상 무한이 나오는 것은 아니라는 것을 당연히 알 것입니다.

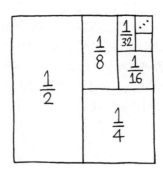

다시 말해 제논은 처음으로 무한 개 수의 합이 유한한 사례를 보여준 것이기도 합니다. 이런 종류의 등식을 명료하게 해석하는 이론이 19세기쯤에 나왔습니다. 그전에도 무한급수를 다양하게 다룬 사람들은 많았지만 체계적인 이론foundation을 쌓아 올린 것은 19세기에 이르러서였습니다. 프랑스의 오귀스탱 루이 코시Augustin Louis Cauchy와 독일의 카를 바이어슈트라스Karl Weierstrass라는 두 수학자입니다. 대학의 수학과 학부에서 해석학 같은 과목을 들을 때 이런 등식의 의미를 처음 배우게 됩니다. 조금 어렵겠지만 여러분도 한번 따라와보십시오.

자, 일단 그 체계에서는 나오는 수 유한 개만을 우선 더해줍니다. 그러니까 우리 경우에 n번 더해주면 다음과 같습니다.

$$\frac{1}{2} + \frac{1}{4} + \frac{1}{8} + \cdots \frac{1}{2^n}$$

이것은 분명히 특정한 값이 있습니다. 그런데 n을 크게 잡음으로써 이 합이 1에 얼마든지 가깝도록 만들 수 있습니다.•

$$\left(\frac{1}{2}\right) + \left(\frac{1}{4}\right) + \left(\frac{1}{8}\right) + \left(\frac{1}{16}\right) + \cdots$$

• $1 + a + a^2 + \cdots + a^n = \dfrac{1 - a^{n+1}}{1 - a}$ 등식을 이용해서 보입니다.

그러면 앞의 무한급수도 합이 존재하고 그 합은 1이 된다고 규정합니다.

$$\left(\tfrac{1}{2}\right)+\left(\tfrac{1}{4}\right)+\left(\tfrac{1}{8}\right)+\left(\tfrac{1}{16}\right)+\cdots=1$$

그러니까 이 등식이 의미하는 것은 유한 개의 항을 더했을 때 1과의 차이를 얼마든지 작게 만들 수 있다는 뜻입니다. 이런 식으로 온갖 증명을 다 할 수가 있죠. 그럼에도 개념적으로 어렵기 때문에 해석학을 공부할 때 이런 종류의 정의에 익숙해지는 훈련을 굉장히 많이 합니다. 그 과정을 통해 온갖 무한급수 이론, 무한수열 이론 등을 체계적으로 개발합니다.

그런데 설명을 듣고 나서도, 저런 식으로 정의한 것이 정말로 무한 개 수의 합이 1과 같다는 뜻이라고 받아들여지지는 않습니다.

그렇죠? 당연히 반박할 수 있지 않을까요? 그러면 그런 반론에 대해서 어떻게 변론을 펼쳐야 할까요?

사실은 제논도 이런 생각을 다 해보았을 것 같습니다. 그렇지만 등식을 하나 허용하고 나면, 온갖 무질서가 발생할 것 같다는 두려움도 있었을 겁니다. 그래서 저런 등식을 허용하는 체계적인 이론이 불가능하다는 주장을 한 것 같습니다. 정확히 표현을 하자면 저런 등식을 허용하면서도 산수 체계를 무너뜨려버리지 않는 체계적인 이론이 있는가? 그 질문을 던진 것이 아닐까 합니다.

물론 지금 우리에겐 앞서 말했던 19세기 코시와 바이어슈트라스가 개발한 이론이 있죠. 그런데 그럼에도 불구하고 그 이론이 '좀 불만족스럽다. 도대체 저런 종류의 정의를 가지고 등식으로 받아들이는 게 맞느냐 안 맞느냐?' 반론을 또 제기할 수 있습니다. 수학의 여러 가지 등식 가운데 1/2+1/2=1이라는 비교적 명백하고 쉬운 등식도 있지만, 저렇게 항이 무한 개인 등식은 조금 다른 듯 보입니다. 어쩐지 불안하죠.

그런데 제 생각으로는 그 반론에 대한 정확한 답변이 있습니다. 당연한 의심에도 불구하고 약간 이상하게 정의한 등식을 '진짜 같은 것'으로 받아들여야 되는 이유, 그러니까 수학적인 이론을 맞는 이론이라고 받아들여야 되는 이유. 과연 무엇일까요?

자연을 이해하는 일 앞에 인간이 가진 한계 때문일까요?

인간의 한계는 당연하지만, 저 이론은 한계를 넘게 해주는 이론입니다. 무한 개의 수를 더할 수 있게 해주는 이론이니까요. 그런데 그것을 받아들이는 것이 불안하다는 게 문제입니다. 이 질문의 흥미로운 지점은 바로 저 등식을 받아들여야만 한다는 것을, 아이러니하게도 제논이 증명한 셈이라는 사실입니다. 무슨 뜻일까요?

우리에게는 상식으로 너무나 명확한 것이죠.

상식으로 명확하다는 게 무슨 뜻입니까?

우리는 관찰과 경험으로부터 활을 쏘면 과녁에 도달한다는 걸 알고 있습니다.

정확히 그렇습니다. 화살은 확실히 과녁에 도달합니다. 제논의 설명에 따르는 무한 과정을 확실히 거쳐야 하지만, 결국 도달하죠. 무슨 의미일까요? 자연에서는 저 등식이 반드시 성립해야 한다는 것입니다. 성립하지 않을 수가 없습니다. 단지 그걸 체계적인 이론으로 설명하기 위한 시간이 필요했던 것이지요. 모순이 없도록 제대로 된 수학적 이론으로 개발될 때까지 몇천 년이 걸린 것은 사실이지만, 저 등식이 성립한다는 사실 자체는 자연에서 관찰되고 있습니다. 그 이후로 발견된 많은 종류의 복잡한 무한급수 등식이 모두 자연 현상과 부합됩니다. 그러니까 이런 종류의 등식이 별 문제가 없다는 것을 점차 받아들이게 되는 겁니다. 앞에서 언급한 뉴턴의 연구에서도 무한급수가 (암시적으로라도) 굉장히 많이 나옵니다. 그리고 그 모든 것이 전부 자연 현상에 대한 이야기입니다.

이처럼 무한 수를 더하는 것을 설명하지 못했더라도 자연에서 일어나는 현상이 있고, 단지 그 등식을 설명하는 이론이 후대에 이르러 코시와 바이어슈트라스에 의해 만들어진 것뿐입니다. 물론 코시와 바이어슈트라스 이론을 이용한다고 모든 무한 개의 수를 다 더할 수 있는 것은 아닙니다. 가령 1+1+1+⋯을 계속하면 유한하지 않겠죠. 그러니까 그런 차이를 체계적으로 구분하는 이론까지 정확하게 만들어낸 것이지요. 완전히 무질서가 되지 않게끔 어떤 무한 개의 수는 더할 수 있고, 어떤 것은 더할 수 없으며, 더할 수 있는 무한 개의 수의 경우에는 적당한 성질을 만족해야 한다는, 이런 종류의 이론, 공리, 정리, 다른 정리 들이 전부 코시와 바이어슈트라스 이론에서 나왔습니다. 그리고 이론의 내용은 우리가 알고 있는 한도 내에서 자연 현상과 항상 부합됩니다.

그런데 이 가운데 여전히 남아 있는 대표적인 난제가 앞서 얘기한 물리학의 입자이론 문제입니다. 가속기 안에서 충돌을 통해 새로운 입자가 만들어질 확률은 무엇인가. 그 확률이 유한하다는 것은 관찰을 통해서 알고 있는데, 확률을 계산하는 이론은 아직도 개발이 되지 않았습니다. 여전히 남아 있는 제논의 역설이죠. 우리가 물리적·경험적으로 유한하다고 알고 있는 양이 이론적으로 계산하면 무한대가 되기 때문에 제논의 수준으로 남아 있는 것입니다.

그러니까 제논 이래 수천 년에 걸쳐 개발한 무한급수 이론도 현실의 근본인 입자이론에 적용했을 때는 별로 도움을 주지 못한 것입니다. 이를 제논의 선견지명이라고 해도 될 것 같습니다.

다시 기하로

다시 기하 이야기로 돌아가보겠습니다. 수가 없이 기하 이론을 전개한다는 게 무슨 뜻인지 몇 가지 예를 들어 설명했습니다. 아르키메데스 시대에는 수 없이 기하를 설명했고, 뉴턴 때 이르러서야 아마도 그 형식이 재발견됐다고 보았습니다. 그때 유럽에서는 르네상스라는 현상이 있었죠. 고대 수학 문헌을 많이 재발견하고 그 이론을 다시 정립하려는 노력 가운데서 뉴턴의 책도 쓰인 듯합니다. 실제로 서술 형식도 기하학적이고 증명 자체도 유클리드를 따르려고 노력한 흔적이 많이 보입니다.

제 짐작을 다시 이야기하자면, 고대 그리스 수학자들이 기하학적인 서술 형식을 택한 이유는 역시 수 체계의 위기 때문이었던 것 같습니다. $\sqrt{2}$, 수로서 표현할 수 없는 길이가 있다는 사실 때문에 수 체계라는 게 도저히 불가능할 것 같다는 느낌, 두려움을 가졌을 때 기하학에 의존하게 되지 않았을까요. 그러고 보면 그런 위기의식에 제논의 역설도 기여했을 것 같습니다.

수학 시간에 기하학 문제를 풀다보면, 계산하는 게 어려워서 각도기로 재보기도 합니다. 그게 더 직관적이고 쉬운 방법으로 보이기 때문입니다. 그렇게 보면 수는 기하학보다 발전된 추상적인 개념 같습니다. 모양만으로 할 수 있는 수학인 기하학은 왠지 고대 그리스 조각이나 르네상스 회화 같고, 수를 사용하고 공식을 만드는 대수학은 20세기 추상화와 닮았다는 생각이 듭니다.

아주 재미있는 지적입니다. 아무래도 수가 모양보다는 추상적이라는 느낌을 표현하신 듯한데, 확실히 그런 면이 있습니다. 그렇게 보면 그리스 수학이 더 직관적인 수학이었다고 볼 수도 있겠네요. 약간 재미있게 표현해보면 원시적이었다고 할 수도 있습니다.

르네상스 때쯤 되면 $\sqrt{2}$ 같은 수는 비교적 잘 이해하고 있었지만, 무한급수는 이해하지 못했던 이유가 어떻게 보면 실수라는 개념이 어려웠기 때문입니다. 실수란 모든 양을 다 나타내는 데 필요한 수이죠. 그런데 그 실수 이론이 제대로 개발된 것은 19세기에 이르러서 입니다. 다만 앞서 언급했듯 $\sqrt{2}$ 같은 건 훨씬 전에도 잘 이해하고 있었죠.

저는 이에 대한 분석으로 수학을 하는 데 있어서 체계적인 이론이 항상 필요한 것은 아니라는 사실을 강조하고 싶습니다. $\sqrt{2}$뿐만 아니라 $\sqrt{-1}$도 14세기쯤에는 이미 알려져 있었거든요. 그런 수를 사용해서 방정식을 푸는 것도 다 알고 있고요. 그러니까 한편으로는 근본foundation에 대한 두려움 속에서도 아무렇지 않게 보통 등식 속에서 여러 가지 이상한 수를 사용하는 사람이 얼마든지 존재했다는 것입니다.

여기서 문화적인 차이도 나타납니다. 혹시 어느 지역 사람들이 그런 종류의 대수를 많이 개발했는지 짐작하시나요? 고대문명 이후로 르네상스가 일어날 때까지 과학의 진전이 거의 없었다는 이상한 말을 하는 역사학자들도 있지만, 근본에 대한 걱정보다는 방정식도 풀고 새로운 수를 자유자재로 다루면서 $\sqrt{2}$, $\sqrt{-1}$도 사용하며 수학을 계속 전개한 사람들이 있었습니다.

인도? 근의 공식을 처음 만든 게 인도라고 들었습니다.

그렇습니다. 아주 좋은 답입니다. 가령 7세기쯤에 브라마 굽타Brahmagupta라는 인도의 수학자가 방정식의 근의 공식을 발견했다고 하지요. 인도 말고도 대표적으로 아랍을 예로 들 수 있습니다. 아랍 문명에서 우리가 말하는 식의 대수를 처음으로 만들었다고 합니다. 대수는 영어로 Algebra라고 하죠. 이는 무함마드 이븐무사 알 콰리즈미Muhammad ibn Mūsa al-Khwarizmi라는 수학자가 자신의 책 《복원과 대비의 계산Im al-jabr wa l-muqābala》에서 사용한 단어 'al-jabr'에서 유래된 말이라고 합니다. (원래 뜻을 정확하게 파악하기 좀 어렵습니다.) 약간의 추상대수까지 포함해서 자유자재로 무리수 같은 것을 사용하고, 그걸 가지고 수 체계도 개발하는 작업은 정확한 이론적 근거foundation 없이도 부단히 일어나고 있었습니다.

체계적인 이론을 개발하는 사람도 결국은 필요하지만, 그런 것 없이도 수학은 항상 진전해왔습니다. 그런 면에서 르네상스 즈음에 보통의 수학자들은 $\sqrt{2}$를 크게 문제시하지 않았던 것으로 보입니다. 물론 그걸 다루는 데 필요한 대수는 꽤 추상적이지만 말이죠.

그런데 흥미롭게도 학자이든 보통 사람들 사이에서든, 지금 우리 현대 문명 속에서는 보통 수를 기하학보다 훨씬 쉽게 생각하고 있습니다. 우리 모두에게 수는 익숙합니다. 수를 특히 추상적으로 느끼는 사람들은 찾기 힘들죠. 오히려 기하학적인 정리, 가령 아르키메데스의 사고 같은 것을 설명하려고 하면 상당히 어렵고 생소하게 느껴지지요. 반면 원의 넓이 πr^2이나 원의 방정식 $x^2+y^2=1$, 타원의 방정식 $x^2/a^2+y^2/b^2=1$도 비교적 쉽게 배우고 어렵지 않게 느낍니다. 아르키메데스 시대에는 타원은 원뿔을 잘랐을 때 생기는 단면이라고 기하학적으로 생각했습니다.

어떤가요? 이런 기하학적인 사고방식을 지금의 우리는 굉장히 생소하게 느끼고, 수는 쉽게 생각합니다. 근본적으로 문명이 발전하면서 벌어지는 일 아닐까요?

사실 프로그래머도 그렇게 나뉩니다. 가령 케이블 하나를 만들 때 서버 프로그래머가 있고 클라이언트 쪽 프로그래머가 있는데, 클라이언트 쪽에 있는 3D 모델러에게 만약 원의 표면적을 구하라고 하면 '폴리머 몇 개로 만들 수 있겠는데?'라고 생각할 겁니다. 그런데 그 친구는 숫자를 던져주면 구할 수 없을 겁니다. 서버 쪽은 오히려 도형을 던져주면 어려워하겠죠.

그런데 수를 생각 안 해도 되는 이유는 도형의 면적을 컴퓨터가 계산해주기 때문이기도 하잖아요? 그렇게 보면 더 근본적으로 또 수가 숨어 있기도 하지요.

지금도 수에 대해서 잘 모르면서도 기하학에 대한 특이한 직관을 가지고 있는 사람들이 있습니다. (저는 아니지만.) 그런데 일상적으로는 수의 개념이 훨씬 많이 보편화되어 있는 것 같습니다. 어떻게 보면 기하보다 더 어려운 개념인데도 말이지요.

이것은 또 대학교에서 수학을 가르칠 때 나타나는 현상 중에 하나입니다. 아르키메데스 시대 이후 수백 년 혹은 수천 년 동안 기하학적인 증명을 많이 했는데, 지금 대학수학을 배우는 학생들은 기하학 증명을 대부분 어려워합니다. 그래서 많은 학생이 기하학을 다 수로 바꿔줘야만 생각이 돌아갑니다. 사실 중·고등학교에서도 그렇지요. 이처럼 대수적인 형식에 의존을 많이 하게 되는 것도 재미있는 현상 중 하나입니다. 대부분의 사람들 사고가 컴퓨터식으로 바뀌어가고 있는 것은 아닐까요?

2강

본질을 향한 길고 긴 생각

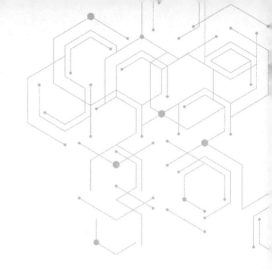

수학은 명료한 사고다?

기하학을 이용한 수학보다 수를 이용한 수학이 우리에게 더 익숙한 이유를 수학의 역사를 통해 살펴봤습니다. 지금 우리는 원의 면적 같은 것을 공부할 때 수식으로 생각하는 것이 훨씬 쉽게 느껴집니다. 그런데 한편으로는 그 원리를 이해하지 못하면 그건 수학이 아니라 암기라고 스스로를 폄하하기도 합니다. 수학의 기초적인 원리부터 반드시 알아야 수학적 사고가 가능한 것일까요?

수학적 사고는 일상적으로 궁금해할 만한 모든 의문을 정확하게 만들어가는 과정을 말합니다. 다시 말해 사물에 대한 이해를 점점 섬세하게 체계화하면 저절로 수학이 된다는 이야기죠. 그런데 이 과정을 거치는 것이 쉽지 않습니다. 이것이 바로 수학에 대해 느끼는 어려움의 핵심이 아닐까요? 예를 들어 뉴턴의 만유인력의 법칙은 다음과 같은 수학식으로 표현됩니다.

$$F = G \frac{Mm}{r^2}$$

물론 수학적 배경이 없으면 이 식이 생소하게 느껴지고 이해하기도 어려울 것입니다. 이런 종류의 식은 의사 표현을 더 명료하게 하기 위해서 고안된 것으로, 의미한 바를 파악하는 데 상당한 집중을 요합니다. 그런데 수학식이 들어가는 설명에 익숙해지고 나면 오히려 보통 말로 하는 설명은 너무 불분명하다는 느낌을 받게 됩니다. 특히 대중 과학서나 신문 기사를 읽을 때 그런 경험을 많이 합니다. 수학을 이용한 정확한 표현에 점점 익숙해지면서 수학이 없으면 이해가 안 된다는 느낌이 점차 커지는 것입니다.

수학을 포함하여 사고와 말을 명료하게 만드는 모든 과정은 꽤 어렵습니다. 어떤 상황에 대해 '질서정연하게 설명해 보라'라고 한다면 항상 노력이 필요하죠. 생각을 집중하는 것 자체가 에너지를 상당히 요하는 뇌 작용일 것이라고도 짐작할 수 있습니다. 그런데 수학에서는 학문의 특성상 그런 것들이 겹겹이 들어 있습니다. 논리적으로 정확하게 표현하는 전통이 오랫동안 쌓여온 것이 바로 수학이니까요. 그렇기 때문에 수학은 어려울 수밖에 없습니다. 특히 학교에서 공부할 때, 어느 한 부분을 놓치면 그다음이 어렵다는 것을 경험해봤을 것입니다. 수학이 수천 년에 걸쳐 체계적인 사고를 겹겹이 쌓아 발전해왔듯, 수학을 잘하기 위해서는 오랜 시간을 들여 여러 번 내용을 습득해야 합니다. 특히 어느 부분이 머릿속에 잘 안 들어와서 자꾸 복습해야 한다든지 때로는 처음부터 다시 보아야 하는 일은 가장 뛰어난 수학자들 사이에서도 지극히 정상적인 활동입니다.

그런데 가끔은 평소 공부할 때보다 훨씬 심각한 이해의 위기에 직면할 때가 있습니다. 개인적으로도 그런 경험을 하지만, 학문 자체가 그런 위기를 경험하기도 합니다. 학문의 상당 부분을 처음부터 다시 해야 하는 경우도 생깁니다. 위기를 극복하는 과정이 사고의 큰 비약을 불러오기도 하지요.

그 대표적인 예가 20세기 초에 만들어진 양자역학입니다. 당시 학자들은 원자의 구조를 파악하는 과정에서 물질의 구성에 대한 사고를 기반, 즉 파운데이션부터 다시 다져야 했고, 그에 필요한 수학적 틀을 새로 만들어야 했습니다. 그런데 놀랍게도 그 노력이 인류 문명을 완전히 바꾸어놓았다고 해도 과언이 아닙니다. 앞장에서 이야기한 제논의 역설이나 무리수의 발견도 그런 위기의 일면이었을 것이라고 이미 설명한 바 있습니다. 수학의 발전을 위해 문제의 핵심을 파악할 필요가 있었던 것이죠.

물론 평소 수학을 공부하거나 연구할 때 매번 제논이나 피타고라스처럼 위기의식을 가질 필요는 없겠죠. 무리수나 급수에 대한 근본적인 이해 없이도 수천 년 동안 수학은 진전했습니다. 자연에 대한 이해 역시 불분명한 가운데 점차적으로 증진시키는 것에 목적이 있기 때문입니다.

이런 원리는 학교 교육에도 적용되는 것 같습니다. 가끔은 수학의 기본 개념을 조심해서 다룰 필요가 있습니다. 반대로 시험을 준비하는 학생들에게 깊은 생각 없이 효율적으로 문제를 푸는 방법을 보여줄 필요도 있습니다. 여러 가지 정해진 형식을 따라 저절로 푸는 것도 중요한 훈련이니까요. 수학의 학습은 피아노 연주 같은 면이 있습니다. 기초 기술을 습득하면 반복 훈련을 해야 하고, 그게 익숙해지고 나면 그다음 단계로 올라가는 기술적인 측면에서 말입니다. 흔히 수학 공부에서 암기가 중요한가 원리 파악이 중요한가 하는 질문에 제가 늘 둘 다 중요하다고 답하는 이유가 바로 여기에 있습니다. 달리 표현하자면 명료한 사고가 반드시 원리를 아는 사고만으로 구성되는 것은 아니라는 뜻입니다.

수에 관한 극단적인 원론

대체로 우리가 수학을 하는 데는 '수가 무엇인가' 혹은 '실수는 무엇인가' 같은 문제는 알 필요가 없습니다. 이는 수학자보다 철학자들이 주로 고민하는 문제이죠. 그러나 수학의 모든 개체에 대해서 '무엇인가' 답할 수 있는 전체적인 파운데이션을 쌓으려는 노력이 19세기 말부터 1930년대까지 활발하게 전개되었습니다. 그 시대의 근본적인 원리는 수학에서 만나는 모든 개체가 집합이라는 것이었습니다.

그냥 원소들을 모아 놓은 것이 집합 아닌가요?

그것이 핵심 질문입니다. 보통 언어에서도 집합의 개념을 쉽게 사용할 수 있습니다. 가령 짝수의 집합은 {0, 2, 4, 6,⋯}이고, '대한민국 여성의 집합'도 무슨 의미인지 보통은 자명합니다. 직관적인 집합의 개념은 지금의 수학자도 많이 사용하고 학교에서도 배웁니다. 집합은 원소로 이루어지고, 또 집합을 이루는 원소들이 그 집합의 정체성을 결정합니다. 이 말의 뜻은 '두 집합 A와 B가 같다'는 말을 했을 때 A와 B를 이루는 원소들이 같다는 이야기입니다. 가령 $A=\{1,-1\}$, 그리고 $B=\{x^2=1$을 만족하는 모든 실수 $x\}$라 놓으면, 묘사한 방법은 다르지만 집합 A와 B는 같습니다. 때로는 집합 A와 집합 B가 같다는 사실 자체가 어려운 수학 정리일 수도 있습니다.

$$A = \{(1,0), (0,1)\},$$
$$B = \{x^3 + y^3 = 1 \text{을 만족하는 0보다 크거나 같은 유리수 순서쌍}(x,y)\}$$
$$C = \{x^4 + y^4 = 1 \text{을 만족하는 0보다 크거나 같은 유리수 순서쌍}(x,y)\}$$

예를 들어 A와 B와 C는 같지만 이 사실은 증명하기가 꽤 어렵습니다. (어려운 게 당연합니다. 페르마의 증명이니까요. 그는 이 비슷한 증거에 입각하여 '마지막 정리'를 추측했을 것입니다.)

그런데 문제는 어떤 집합을 이루는 원소들을 알고 있어도, 또 그 원소들이 무엇이냐고 물어보면 답하기 어렵다는 것입니다. 가령 집합 K가 '한국 여성의 집합'이고 김연아, 아이유와 같은 원소들이 있는데, 이것이 성립하려면 우선 원소'김연아', '아이유'가 무엇인지 알아야 하겠지요. 더 근본적으로 짝수의 집합 E의 원소들을 나열하는데 갑자기 누가 '2가 E의 원소라고 했는데 그럼 2가 뭐냐'고 물으면 난감할 것입니다. 두 경우 모두 '김연아'와 '2'의 의미를 안다고 가정해야 논의를 진행할 수 있습니다.

그럴 때는 질문을 무시해버릴 수도 있고, 혹은 김연아와 2의 성질 몇 개를 명시한 다음 '이러 이러한 것이 있다'는 공리를 약간은 불분명하게 표명할 수도 있습니다. 그래서 그 공리를 받아들이는 사람과만 상종할 수도 있습니다. 그런데 집합론에서는 이 모든 '무엇이냐'라는 질문을 심각하게 받아들인 후, 질문의 답을 어떤 특정한 집합으로 묘사하려고 합니다.

그럼 김연아도 집합으로 묘사한다고요? 그게 무슨 뜻인가요?

집합론의 관점에서는 김연아도 일종의 집합이라고 원칙적으로는 생각합니다. 그러나 그 경우는 정확하게 묘사하기 상당히 어렵겠죠. 그렇지만 수학 내의 구조를 모두 비교적 명확한 집합으로 표현하려는 노력의 산물이 19세기 말과 20세기 초의 집합론이었습니다.

예를 들면 0, 1, 2, 3… 등이 다 집합입니다. 그래서 '짝수의 집합의 원소인 2가 무엇이냐'에 대한 답은 '2도 어떤 집합이다'이고, 정확히 어느 집합인지 이야기하는 것입니다.

이해가 잘 안 갑니다. 0, 1, 2, 3 같은 수가 집합의 원소가 될지언정, 그 자체가 집합이라는 것이 무슨 뜻입니까?

집합의 원소들이 집합일 수 있는 상황이 그렇게 생소하지만은 않습니다. 가령 전 세계 국가라는 집합의 원소들을 생각해보면, 한국, 영국, 가나, 페루 등을 떠올릴 수 있습니다. 그런데 각 나라는 또 무언가의 집합으로 생각할 수 있겠지요. (물론 '나라'라는 구조를 이루는 원소들이 무엇인지 분명하게 이야기하는 것이 쉽지 않겠지만요.) 또는 우리나라 가구의 집합은 약 2000만 개의 원소로 이뤄졌고, 각 가구는 또 그 안의 몇 사람을 원소로 갖는 집합이지 않습니까?

사람 하나를 집합으로 묘사하는 것도 수학적인 관점에서 가능하지만, 일단은 비교적 간단한 수학 구조들을 설명하겠습니다. 기본적인 아이디어는 아주 최소한의 집합을 안다고 가정한 다음에 그로부터 다른 집합들을 생성하는 것입니다. 처음 보면 상당히 이상해 보이는 이 기본 아이디어는 사람들이 가족을 이루고 가족들을 모아놓은 집합을 또 만드는 것과 큰 차이가 없습니다. 약간 어려운 예로부터 시작하는 것이 좋을 듯하네요. 우선 어떤 집합 A가 집합 B의 부분집합이란 말은 무슨 뜻일까요?

A의 원소들이 모두 B의 원소이기도 하다는 뜻입니다.

그렇습니다. 가령 자연수 집합은 정수 집합의 부분집합이고 정수 집합은 유리수 집합의 부분집합입니다. 더 작은 예로는 {0, 1}은 A={0, 1, 2}의 부분집합입니다. 혹시 A의 부분집합들을 다 나열할 수 있나요?

일단 {0, 1}, {0, 2}, {1, 2}가 있습니다. 그리고 한 개로 이루어진 {0}, {1}, {2}도 부분집합입니다.

그렇습니다. 더 있습니다. 사실 전체 집합 {0, 1, 2}도 부분집합입니다.

사실 이런 수학적 정의가 때로는 헷갈립니다. '부분'이라는 말의 정의에 '전체'도 포함된다는 것이니까요.

그렇지요? 그런데 그 나름대로 이유가 있고 그렇게 사용하는 것에 익숙해지고 나면 훨씬 자연스럽게 받아들여집니다. A의 원소들이 다 B의 원소이면 A는 B의 부분집합이라고 했지요? 그러면 B의 원소들이 다 B의 원소이니 집합 B도 B의 부분집합일 수밖에 없습니다.

마지막으로 원소가 하나도 없는 공집합, 보통 ∅로 표기하는 것도 부분집합입니다. 원소가 없는 집합을 집합으로 여기는 것도 사실 개념적으로 꽤 중요한 발견이었습니다. 0이라는 수를 허용하는 것과 거의 동일한 관점에서 말이죠. 그런데 ∅라는 집합이 있다고 할 때 논리적으로 ∅는 모든 집합의 부분집합이 됩니다. 임의의 집합 B가 주어지면 ∅의 모든 원소는 B의 원소이기도 합니다. ∅는 원소가 없으니까요.

이런 정의들은 약간 말장난 같습니다.

물론 그런 면이 있습니다. 어떻게 보면 언어를 정확하게 구사하기 위해 이런 말장난이 불가피하기도 합니다. 정의의 정확한 의미를 파악하려고 하면 결국 어떤 경계선에 부딪히게 되기 때문입니다. (사실 이런 '경계선 이론'이 철학의 중요한 주제이기도 합니다.)

그러니까 'A가 B의 부분집합이다'를 정확하게 표현하면 'A의 모든 원소가 B의 원소이기도 하다'라고 정의할 수 있는데, 그러면 당연히 B는 B 자신의 부분집합일 수밖에 없지요? 그때 누군가가 또 'A가 원소가 없으면 어떻게 하지요?' 물어보았을 때 ∅ 역시 부분집합인가 아닌가를 결정해야 합니다. 그때 A의 원소가 B의 원소도 되는지 검사해보고, 검사할 것이 없으면 별 수 없이 부분집합이라고 인정해야 한다는 관점입니다. 또는 시험에서 '0점도 점수냐'라는 짓궂은 질문에 대한 답과 비슷하게 생각할 수도 있습니다. 어쨌든 엄밀한 사고의 전통에서는 공집합도 부분집합으로 허용하는 방향으로 판결이 났습니다.

자, 다시 부분집합으로 돌아가, 집합 {0, 1, 2}의 부분집합을 전부 나열해봅시다. 그러면 ∅, {0}, {1}, {2}, {0,1}, {0, 2}, {1, 2}, {0, 1, 2}, 총 여덟 개가 나옵니다. 그다음 {0, 1, 2}의 부분집합들을 원소로 갖는 집합 S={ ∅, {0}, {1}, {2}, {0, 1}, {0, 2}, {1, 2}, {0, 1, 2}}를 만들 수 있습니다. 그런데 짚고 넘어가야 할 점은 1은 S의 원소가 아니라는 것입니다.

S안에 {1}이 있지 않나요?

그게 아닙니다. S의 원소는 1이 아니고 1을 원소로 갖는 집합 {1}입니다. 마치 농담처럼 들리죠? 이 경우와 비교하면 도움이 될 수도 있겠네요. 공집합 ∅의 원소들은 무엇이지요?

없습니다.

그러면 {∅}는 원소를 가지고 있나요?

아, ∅가 이제는 원소가 됩니다.

네. 그러니까 집합의 원소들과 집합 자신은 다릅니다. 그런 맥락으로 1과 {1}도 구분해야 합니다.

조금 이해가 갑니다. 그런데 이런 이야기가 수의 정체와 대체 무슨 상관입니까?

수 이야기로 돌아갑시다. 집합론을 만든 사람들은 수학에서 다루는 모든 것을 일종의 집합으로 완전히 새롭게 정의하고자 했습니다. 그 과정을 통해서 수학에서 만큼은 '무엇이냐'는 어려운 질문을 한번에 해결하려고 한 것입니다. 그래서 그들은 자연수들의 집합론부터 정의하기 시작했습니다. 그러면 일종의 수수께끼로 간주하고 다음 물음에 답해보십시오. 자연수 0은 어느 집합일까요?

짐작할 수 있습니다. 공집합이지요?

바로 맞추셨습니다! 0을 ∅로 정의했습니다. 엄밀한 의미의 집합이라는 개념에 익숙해지고 나면 상당히 자연스러운 정의입니다. 따라서 '공집합이라는 것이 있다'가 수학적 존재론의 시작이고, 그것이 바로 0입니다.

그러면 1은 무엇으로 정의할 수 있을까요?

아주 좋은 질문입니다. 이 정의가 조금 까다로울 수 있는

데요, 1={ø}로 정의합니다. ø를 이미 0과 동일시했기 때문에 1={0}이라고 쓰겠습니다. 즉, 1이 '집합의 집합'이 됩니다. 거기로부터 2={0, 1}로 정의합니다. 집합의 기호로 다 표시하자면 2={ø, {ø}}입니다. 이런 식으로 계속 나가서 n={0, 1, 2, 3,…, n-1}로 정의합니다. 3의 경우까지만 다시 집합 기호로 써보지요.

$$3 = \{\phi, \{\phi\}, \{\phi, \{\phi\}\}\}$$

따라서 2는 집합의 집합 {ø}를 원소로 가지고 있고, 3은 집합의 집합을 원소로 가진 집합 {ø, {ø}}을 또 원소로 가지고 있습니다. 이제 각 자연수가 집합이 된다는 말의 의미가 조금 파악이 되나요?

생소하지만, 일리가 있습니다. 그런데 꼭 이렇게 정의해야 하는 이유가 있나요?

이유는 없습니다. 가령 2를 정의할 때 2={{ø}}, 3={{{ø}}},… 이런 식으로 정의할 수도 있습니다. 거의 동일한 정의입니다. 양쪽 다 자연수를 수학의 제일 기초적인 개체로 생각하는 관점에서 공집합으로부터 출발한 다음 가장 쉽게 귀납적으로 만들 수 있는 정의들입니다. 그런데 이 집합론을 만든 데에는 어느 쪽으로든 일단 정하고 나서 '수는 무엇이냐'는 질문에 대한 고민을 피하고자 하는 의도가 숨어 있습니다.

$$0=\phi, \; 1=\{\phi\}, \; 2=\{\phi, \{\phi\}\}, \; 3=\{\phi, \{\phi\}, \{\phi, \{\phi\}\}\}, \cdots$$

참고로 이런 식으로 정의한 자연수들을 '폰 노이만 순서수Von Neumann Ordinals'라고 합니다.

$$0=\phi, \; 1=\{\phi\}, \; 2=\{\{\phi\}\}, \; 3=\{\{\{\phi\}\}\}, \cdots$$

위와 같은 정의는 '체르멜로 순서수Zermelo Ordinals'라고 합니다. 둘 다 정의를 제시한 수학자들의 이름을 따왔지요. 폰 노이만의 순서수가 보통 더 선호되는데 그 이유는 자연수 n의 원소의 개수가 n이 된다는 자연스러운 성질 때문입니다. (이것도 이상한 말로 들리지요? 한번 확인해보십시오.)

이런 정의는 자연스럽다기보다, 답을 이미 알고 있는 상태에서 정의를 억지로 끼워 맞추는 것처럼 들립니다.

그렇습니다! 아주 중요한 지적입니다. 거듭 강조하듯, 수학적 정의와 공리는 이미 자연과 경험을 통해서 직관적으로 알고 있는 개체들의 익숙한 성질을 반영하고 정확하게 명시하려는 노력의 산물 그 이상도 이하도 아닙니다.

전체적으로 정리를 하자면, 집합론에서는 아주 최소한의 '존재 가정'을 하고자 합니다. 예를 들어 원소가 하나도 없는 공집합이라는 게 있다고 가정하자. 그 다음 수를 정의하자. (유리수, 실수로 나가는 과정을 특강에서 약간 다루었습니다.) 여러 수 체계를 쌓아 올린 다음 직선(실수), 평면(실수 둘의 순서쌍), 공간(실수 셋의 순서쌍) 같은 것도 정의하자. 이런 식으로 집합의 개념으로부터 모든 수학을 재정립하는 작업이 19세기 말쯤 진행되었습니다.

물론 지금 생각하면 모든 게 집합이라는 관점이 꼭 맞다고 보기는 어렵습니다. 자연수를 집합으로 정의하는 방법이 여러 가지이듯, 집합으로 표현하는 것은 일종의 수학적 모델일 뿐이지 수학 그 자체는 아니기 때문입니다.

우리는 보통 수가 무엇인지에 대해서 이야기하기보다 수의 성질만 가지고 수학을 합니다. 수학적 개체들이 다 그렇습니다. 적당한 성질만 가지고 거기로부터 여러 가지를 추론하고 정리를 만들고 증명도 하는 것이죠. 또 자연에서 그런 성질을 가진 구조가 발견되면 그것을 이해하는 데에 수학적 이론을 적용하기도 합니다. 그런데 성질보다 더 근본적으로 수, 공간, 연산, 이런 것이 도대체 무엇인가에 대한 파운데이션을 만들려고 했던 시도가 바로 집합론이었습니다.

확실한 것에 대한 집착

집합론은 특히 철학적인 기반이 강했던 수학자들 사이에서 중시됐습니다. 집합론과 같은 파운데이션을 쌓으려고 했던 이유는 수학의 확실성에 대한 집착이 당시에는 굉장히 강했기 때문입니다. 특히 독일의 수학자 다비트 힐베르트David Hilbert는 독일 철학 전통의 영향을 많이 받아, '수학은 확실해야 한다'는 믿음이 굉장히 강했던 것으로 알려져 있습니다. 수학이 확실하기 위해서는 수학에서 다루는 개체들의 정체를 파악해야만 하므로 집합론적인 파운데이션을 추구한 것입니다. 확실성을 만들어가는 과정이었던 거죠.

사실 대부분의 수학자가 이론의 기반에 대해서 잘 알고 있는 것이 아니고, '대충 그런 파운데이션이 있었나보다' 하고 생각합니다. 이는 실제 수학연구와는 거리가 멀기 때문입니다. 저 역시 집합론에 대해 자세히 알지 못하지만, 아마 수학자들의 99%는 저보다도 더 모를 것입니다. (약간 오만한가요?) 수학자 대부분은 수학의 공부가 일종의 자연의 공부라는 사실을 받아들이는데, 자연을 공부하는 과정에서는 확실성에 대한 강한 신념을 갖기 어렵습니다. 세상에 대한 확실한 지식을 갖는다는 건 철학적으로 생각해도 불가능하니까요.

우리는 점점 세상에 대한 사실을 파악해가고 근사해갈

뿐이지, '모든 부분이 100% 확실하다'라고 아무도 이야기할 수 없습니다. 특히 다루는 개체들의 정체를 정확하게 알기 어려운 것은 자연과학이나 인문학에서는 당연한 실태입니다. 그런 실체를 어느 정도 받아들이고 수학을 하면 집합론에 대해서 잘 알지 못하더라도 문제가 없습니다.

하지만 19세기만 해도 특히 철학적인 전통 속에서는 수학이 뭔가 자연과는 별개로 존재하는 것으로 생각하는 경향이 강했습니다. 특히 이마누엘 칸트Immanuel Kant 같은 철학자는 인식론Epistemology적 관점, 즉 '무언가를 어떻게 아느냐'에 관한 이론을 바탕으로 수학적인 지식이 선험적인 지식이라고 주장했습니다. 선험先驗, 즉 경험 이전에 인식 속에 존재하는 무언가로 여긴 것이지요. 가령 유클리드 기하학도 선험적인 지식이라고 생각한 겁니다.

왜 그렇게 생각했을까요? 칸트 역시 확실성에 대한 집착이 굉장히 강했던 것 같습니다. 칸트의 입장이 얼마나 극단적이었는가 하면 그는 뉴턴역학도 선험적이라고 주장했습니다. 지금 생각하면 말이 되지 않죠. 세상의 물체들이 어떻게 움직이는가를 공부하는 건데 말입니다. (물론 뉴턴이 이 이론을 기술한 양식이 공리 체계 같았고 기하학적으로 증명을 했기 때문에 선험적이라는 생각을 한 것일 수도 있습니다.) 무엇보다 수학도 확실하지 않으면 확실성이 아무 데도 없을 것 같다는 일종의 두려움이 있지 않았나 생각합니다. 수학에서 다루는 기초 데이터들을 규명해야 될 것 같은 분위기에 휩싸여 있던 것이지요.

제가 볼 때 논리가 선험적이라는 주장은 수학에 관한 주장보다 더 설득력 있어 보입니다. 논리가 도대체 왜 맞다고 생각하느냐? 예를 들어 'A로부터 B가 따르고 B로부터 C가 따를 때, A로부터 C가 따르는 원리는 어디서 오느냐?' 이런 물음에도 우리는 답하기가 참 어렵습니다. 우리가 보통 맞다고 하는 논리 과정, 연역법 등이 왜 성립하느냐는 질문도 마찬가지입니다. 논리 법칙의 타당성도 자연을 근거로 답할 수 있지만, 그에 대해서만큼은 선험적이라는 주장도 일리는 있는 것 같습니다.

그런데 기하학을 선험적으로 보기에는 무리가 있습니다. 공리를 세우고 논리를 전개하는 과정에 선험적인 부분이 많다고 해도, 공리 자체가 경험을 옮겨온 것이라는 점은 너무나 자명하기 때문입니다. 뉴턴의 이론도 마찬가지입니다. 역학법칙을 세우고 나서 그다음부터 논리를 전개하는 것은 선험적인 성향이 강하다고 하더라도, 그 공리 자체는 세상을 관찰하면서 만든 것이니 경험에 근거한 것 아니겠습니까?

어찌 됐든 칸트나 힐베르트 시대와 달리 지금은 수학을 자연 현상을 파악해가는 과정이라고 생각합니다. 따라서 그 과정에 흠이 있을 수도 있다는 점을 자연스레 인정하는 편입니다. 자연을 공부하는 과정에 흠이 있다고 해서 전체가 다 깨져버리는 것도 아니기 때문입니다. 그렇기에 수학의 흠에 대한 두려움도 힐베르트 시대에 비하면 훨씬 약해져 있습니다.

앞서 말씀하신 집합론도 수학적인 개체들을 분명하게 규명해야 될 것 같다는 취지에서 개발했던 것 같은데, 그런 수학의 모델을 수학의 실체와 구분해야 한다는 말씀이지요? 교수님 말씀을 들으니 얼마 전 읽은《괴델, 에셔, 바흐》라는 책이 떠오릅니다. 그 책에서는 19세기 말에서 20세기 초를 수학의 위기로 묘사했습니다. 그런데 그 시기가 지나고 후대의 수학자들은 마치 그 위기가 없었던 것처럼 계속해서 연구를 하고 있다고 합니다. 애써 끝까지 책을 읽다가 결국은 '뭐 이렇게까지 꼭 알아야 하는 중요한 사건도 아니었잖아' 하는 생각에 허탈해졌습니다. 우리가 꼭 수학의 실체와 거리가 먼 집합론에 대해 배우고 알아야 할까요?

아주 좋은 지적입니다. 더글라스 호프스태터의 책《괴델, 에셔, 바흐》의 핵심적인 테마 중 하나는 쿠르트 괴델Kurt Goedel이 1930년대에 증명한 '불완전성 정리'라는 것입니다. 그 정리들은 지금 이야기한 주제와 매우 관련이 깊습니다. 괴델의 정리는 두 가지입니다.

첫째, 자연수를 포함하는 수학 구조에 대한 명제 중에는 공리 체계를 어떻게 정하더라도 그 공리 체계로부터 증명되지 않는 수학적 사실들이 있다.

둘째, 집합론 안에 모순이 일어나지 않음을 집합론과 논리만으로 증명할 수 없다.

결론적으로 힐베르트와 같은 19세기의 수학자들이 집합론과 공리 체계로 수학을 완벽하게 기술하려는 시도는 실패했습니다. (혹시 이 내용에 대해서 좀 더 알고 싶다면, 만화책《로지코믹스》를 읽어보세요.) 수학을 하는 데 어느 정도의 근거는 필요하지만, 기초부터 시작하는 확실성이 항상 필요한 건 아니다. 확실성을 자연에 대한 설명에 집어넣으려는 시도는 실패한다는 것을 정확히 보여주는 사례입니다.

달리 말하면, 수학이 자연의 일부라는 걸 인정하지 않으려는 사람들의 실패였습니다. 이는 수학의 실패가 아니라 수학의 파운데이션을 건설하려는 '확실주의자'들의 실패였던 셈입니다. 그들의 입장에서는 그런 파운데이션이 없으면 수학이 위기를 맞을 것이라고 여겼겠지만, 전혀 그렇지 않았기 때문입니다. 수학의 위기였다면 수학을 사용하는 물리학에서도,

여타 모든 과학에서도 다 위기를 맞았겠죠. 그러나 우리가 알고 있듯, 파운데이션이 없다고 해서 과학이 진전하지 못할 리가 없습니다.

앞서 말한 책《괴델, 에셔, 바흐》는 인지과학의 문제들, 특히 가장 어렵고 대표적인 의식consciousness의 문제, '의식이 어디서 오는가'를 주제로 합니다. 인공지능에 대한 초기 책 중에 하나로 볼 수 있는데, 저자인 호프스태터는 인공지능을 이해하기 위해서는 먼저 의식이 무엇인지 이해해야 한다고 생각했습니다. 의식이 무엇인가라는 문제보다 의식을 시뮬레이션하는 데 관심이 있는 현재의 공학적인 관점과는 큰 차이가 있죠.

흥미로운 것은 의식 역시 무엇인지 알아야만 시뮬레이션할 수 있는 것은 아니라는 사실입니다.《괴델, 에셔, 바흐》가 출간된 1979년은 지금처럼 인공지능이 매우 중요한 주제로 다뤄질지 상상도 못했던 시절이니, 많은 면에서 선구적인 책이었습니다. 그렇다면 그때와 비교하여 인공지능 연구는 얼마나 더 진전되었을까요?

몇 해 전 개정판이 나왔을 때, 호프스태터는 책 서문에서 최근 인공지능 연구가 인간의 의식에 관한 근본적인 질문들은 모두 잊어버린 채 기능적으로만 개발·진행되고 있는 현실에 불만을 표했습니다. 그런데 여러분도 아시다시피 인공지능 연구는 지난 몇 십 년 동안 공학 분야에서 훨씬 큰 성과를 거두었죠. 이것이 바로 지능을 이해하려는 과학자와 지능을 만들어내려는 공학자의 차이를 보여주는 듯합니다. 호프스태터처럼 기본적인 질문을 하는 사람들도 있고, 기본적인 건 잊어버리고 창조적인 일을 하는 사람들도 있는 것입니다.

앞서 말씀하신 파운데이션 이야기로 돌아가보면, 수학의 파운데이션이 항상 존재하지만 그것을 밝히려는 사람들의 시도가 실패한 것인가요? 아니면 파운데이션 자체를 부정하는 것인가요?

잠정적인 파운데이션 없이 학문을 하는 것은 불가능합니다. 어떤 이론을 전개하는 데는 이런저런 언어와 가정과 개념들이 필요하고, 또 그 개념과 이론을 전개할 때 주어진 파운데이션에서 더 깊이 들어갈 필요가 있는 상황들도 생기죠. 그렇지만 궁극적인ultimate 파운데이션, 절대적인 파운데이션을 기대하는 건 무리인 것 같습니다. 자연에 대한 이론을 전개할 때는 물론, 수학도 마찬가지입니다. 그럼에도 어떤 철학자들은 수학에서는 그런 것이 가능하다고 믿은 것이고요.

그렇다면 우리가 지금 '이것은 증명할 수 없으나 일단 받아들이자'고 한 공리들도 나중에 틀렸다고 밝혀질 수도 있는 거군요. 뉴턴의 경우처럼요!

여기서 조심해야 할 것은 공리 자체가 틀렸다는 말도, 포착하고자 하는 현상이 무엇인가에 따라서 다르게 적용해야 한다는 사실입니다. 그러니까 유클리드 기하학에서 포착하고자 하는 현상을 진짜 우주의 기하학이라고 보면 이는 틀리죠. 하지만 이상적인 2차원 평면에서 삼각형의 내각을 구하는 문제에는 적용할 수 있습니다. 그리고 많은 현실 상황에서도 유클리드의 공리들이 근사적으로는 성립됩니다. 따라서 거기로부터 비롯된 정리들도 실제 세상에 근사적으로 적용될 것이라고 기대할 수 있습니다. 이것이 어쩌면 공리 체계의 큰 위력인 것 같습니다.

보통은 '공리가 성립하는 상황에서는 정리도 성립한다'는 사실을 중요시합니다. 그런데 제 생각으로는 '공리가 근사적으로 성립하는 상황에서는 정리도 근사적으로 성립한다'는 원리가 훨씬 중요한 것 같습니다. 그런데 이 원리 역시 근본적으로 증명할 수는 없고 그 자체 공리로 간주해야 할 것 같습니다. 결국 경험을 통해서 근거를 찾아나가야 한다는 것입니다.

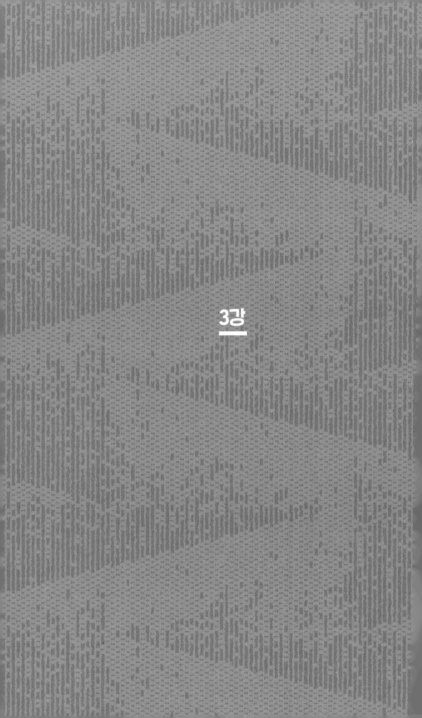

3강

답을 찾는 기계 만들기

기계적으로 계산하는 능력

수학의 파운데이션을 구축하고자 했던 19세기 수학자들과 달리, 현실의 우리는 문제 풀이에 급급하다 수포자가 되는 경우가 많습니다. 수포자가 되는 계기는 저마다 다르겠지만, 보통 제 주변에서는 인수분해가 나오는 중학교 1학년 때부터 수학을 포기하기 시작합니다. 근의 공식도 마찬가지예요. 저는 이론과 정의가 전혀 이해가 되지 않아 문제풀이만 외우다시피 해서 시험을 봤습니다. 고등학교 때까지 기계적으로 하다 보니 개념에 대한 이해보다는 스킬만 훈련했던 것 같습니다. 하지만 이 세미나를 통해 수학의 세계에 대해 알면 알수록 '지금까지 내가 한 것은 산수였구나. 이게 수학이구나' 하는 생각이 들면서 큰 충격을 받았습니다.

그 심정이 저도 당연히 이해는 가지만, 한 가지 제가 반대하는 부분이 있습니다. 죄송하지만, 저는 산수와 수학을 구분하는 것을 별로 좋아하지 않습니다.

보통 우리 교육과정에 대해 이야기할 때 '산수'만 할 줄 알고 '수학'은 못한다고 비판하곤 합니다. 수학이 마치 더 우월한 과정인 것처럼요.

그렇죠. 하지만 그게 특별히 다른 것인지 의문입니다. 교육과정에서 당연히 학년이 올라갈수록 수준이 높아지고 알아야 할 배경지식도 늘어나지만, 그렇다고 해서 어느 순간 산수가 수학으로 변하는 것은 아닙니다. 수학과 산수에 경계선은 없다고 생각합니다.

기계적으로 문제를 풀어 계산을 효율적으로 하는 것도 수학에서는 굉장히 중요한 능력입니다. 우리가 일상 속에서 어떤 활동을 하든 스스로 고상하게 성찰하는 시간도 중요하지만, 별 생각 없이 연습하는 시간도 당연히 중요합니다. 만약 농구 같은 운동을 한다고 생각해보세요. 농구선수가 되려면 감독의 지시 외에도 내가 왜 이 동작을 해야 하는가 생각하고 전략적으로 움직이는 시간도 필요하지만, 아무 생각 없이 몸에 익히기 위해 연습하는 시간도 매우 중요합니다. 이 시간을 어느 정도 비율로 배합하느냐가 문제이지 어느 한쪽이 나쁘다고 평가하기는 굉장히 어렵습니다.

수학교육에 관해 제가 보통 초·중·고등학교 여러 현장에 나가보면 '이 방식은 필요 없다'라고 단언할 수 있는 부분은 거의 없습니다. 거의 모든 과정이 나름대로의 역할을 하고 있습니다. 너무 빨리 변하는 교육과정이 문제라면 문제라고 할 수 있겠네요.

제가 중·고등학교 학생들을 만나 강의를 하다보면 어떤 개념을 설명했을 때 빠르게 알아듣는 학생들이 있습니다. 때로는 이렇게 말합니다. "아, 교수님이 설명해주시니까 참 재미있습니다. 처음부터 학교에서 이렇게 가르쳐줬다면 더 잘 이해했을 텐데 말이에요." 물론 저 좋으라고 한 칭찬이었겠죠. 그런데 저는 그런 친구들 말에 이렇게 대답합니다. "여러분이 이미 학교에서 수차례 연습했기 때문에 제 말을 이해한 겁니다"라고요. 처음부터 제 설명을 들었다면 그게 말이 되는지 되지 않는지 알아듣기 어려웠을 겁니다.

또 하나 굉장히 흔한 반응으로, 보통 학부 때와 대학원 때 쓰는 교재가 다른 경우가 꽤 있습니다. 학부 교재에 비해 대학원 교재들이 더 개념을 중시하는 경향이 있고, 물론 더 잘 쓰인 책들도 더러 있을 겁니다. 하지만 "이 책이 저 책보다 훨씬 좋다"라는 감상은 항상 나옵니다. 제 생각에 그 감상은 전혀 믿을 수가 없습니다. A와 B가 있으면 'B가 A보다 훨씬 좋다' 이런 반응이 나오는 대부분의 경우는 A를 먼저 읽고 나서 B를 읽었을 때입니다. 다시 한 번 반복하게 되니 설명이 더 잘 돼 있는 것 같고, 훨씬 좋은 책인 것 같다는 인상을 많이 받는 것 같습니다. 판단하기 참 어렵죠.

저는 수학 교육에 관하여 '이렇게 해야 한다'는 특별한 해결책을 내놓는 방법론을 거의 믿지 않습니다. 각자 하는 역할이 다르고 또 사람에 따라 다르고, 인생의 어느 시기에 만나느냐에 따라 다르기 때문입니다. 그런데도 우리나라에서는 수학 교육에 대한 자아비판을 너무 좋아합니다. 수포자라는 인식 역시 그런 데서 나온 게 아닌가 생각합니다.

대화를 하다 보니 '수학을 한다'라는 것이 늘 무엇인가를 계산하는 것이라는 선입관이 꽤 널리 퍼져 있는 듯합니다. 그런데 이 '기계적인 계산'도 쉬운 게 아니라는 것을 한번 짚고 넘어갈 필요가 있겠군요.

기계적 계산은 철학적 관점에서 수학을 완전한 논리 체계로 기술하려는 노력과 밀접한 관계가 있습니다. 어떤 철학자들은 정리를 증명할 때 공리로부터 출발해서 논리의 룰을 기계적으로 적용하기만 하면 되도록 수학 시스템을 구축하고 싶어 했습니다. 여기에는 완벽한 공리 체계 속에서 단순한 계산만으로 명제의 참·거짓을 판명할 수 있다는 기대가 암시적으로 있었죠. 아리스토텔레스에서 시작된 논리학의 전통도 논의의 옳고 그름을 거의 기계적인 규칙에 따라 검사하고자 하는 희망에서 나왔다고 볼 수 있습니다. 영국 철학자 앨프리드 노스 화이트헤드 Alfred North Whitehead는 "문명의 발전은 아무 생각 없이 자동으로 할 수 있는 중요한 작업의 수를 늘려가면서 일어난다"고 재미있게 표현했습니다.

세상을 뒤흔든 수학의 난제

그런데 '기계적인 규칙만 따른다.' 어디서 많이 들어본 것 같지 않나요?

알고리즘이 그런 의미 아닌가요?

그렇습니다. '규칙의 기계적인 적용'만 이용해서 하는 작업을 보통 알고리즘이라고 합니다.● 지금은 컴퓨터 프로그

● 앞으로 '계산', '알고리즘', '컴퓨테이션computation'을 모두 같은 의미로 사용하겠습니다.

램과 알고리즘algorism을 거의 동일시하죠. 알고리즘은 아주 단순한 단계의 축적으로 이루어진 명령의 조합입니다. 그런데 지금의 우리가 알고리즘이라고 보는 것들을 아주 오래전 기록에서부터 찾아볼 수 있습니다. 예를 들자면 기원전 2500년경 바빌로니아에 원시적인 나눗셈 알고리즘이 있었다는 기록이 있습니다. 그 외에도 곱셈 알고리즘, 최대공약수 알고리즘, 소인수분해 알고리즘 등을 생각할 수 있죠. 알고리즘이라는 말 자체는 중세 이후 16세기경까지 유럽 대학에서 수학 교재로 널리 사용되던 책《복원과 대비의 계산》을 쓴 알 콰리즈미의 이름에서 따온 것입니다.

여기서 1900년 파리에서 일어난 수학계에 매우 중요한 사건을 언급해야겠군요. 바로 수학자 힐베르트가 파리에서 개최된 세계수학자대회를 기념하여 수학자들을 위한 연구 지표로서 중요한 수학문제 23개를 채택하여 제시한 것입니다. 명망 높고 식견이 깊은 수학자로서 힐베르트가 제시한 문제들은 100여 년 동안 수학계에 강력한 영향을 미쳤지만, 23개의 문제 가운데 확실하게 해결된 것은 10개에 불과합니다. 유명한 '리만 가설'도 힐베르트의 문제 목록에 포함돼 있었으니 대체로는 대단한 난제였을 것으로 짐작할 수 있겠지요? 물론 문제 중에는 답을 찾는다는 것이 무슨 뜻인지조차 파악하기 어려운 문제들도 있었습니다. 예를 들자면 "물리학을 공리 체계로 재편성하라"는 종류의 포괄적인 난제 말입니다. 그런 면에서 보면 수학의 실체를 비교적 잘 반영하는 목록이었습니다. 깊이 있는 수학에서는 목표가 모호한 문제들이 많으니까요.

　　오늘 이야기와 가장 관련이 깊은 문제는 바로 힐베르트의 10번 문제, 정수 계수 방정식의 정수해의 존재성을 판별하는 알고리즘을 만드는 것입니다.

정수 계수 방정식이라면 $x^2+x-5=0$ 이런 방정식에 정수해가 있는가의 문제를 말씀하시는 건가요? 보통은 중학교 때 배우는데, 그게 수학자들을 괴롭힌 난제였다니 의아합니다.

말이 나온 김에 그 방정식에 정수해가 있는지는 어떻게 알 수 있나요?

근의 공식을 적용하면 됩니다.

$$x = \frac{-b \pm \sqrt{b^2-4ac}}{2a}$$

근의 공식에 대입해보겠습니다.

$$x = \frac{-1 \pm \sqrt{1+20}}{2} = \frac{-1 \pm \sqrt{21}}{2}$$

이렇게 정수해가 없다는 게 쉽게 판명됩니다.

네, 잘하셨습니다. 그러면 차수를 높이면 어떨까요, 가령 5차 방정식 정도로?

$$x^5 - 3x^3 + 5x^2 - 13x - 2 = 0$$

이것도 배운 기억이 어렴풋이 납니다. 정수해가 있으면 상수항을 나누어야 한다는 룰이 있었지요? 그래서 정수해를 먼저 대입해보겠습니다. 먼저 $x=1$입니다.

$$1 - 3 + 5 - 13 - 2 = -12$$

$x=1$을 대입해보니 안 됩니다. 그 다음은 $x=-1$입니다.

$$-1 + 3 + 5 + 13 - 2 = 18$$

$x=-1$도 안 됩니다. $x=2$를 해보겠습니다.

$$32 - 24 + 20 - 26 - 2 = 0$$

되네요! 2라는 정수해를 갖습니다.

잘했습니다. 일반적으로 $a_n x^n + a_{n-1} x^{n-1} + \cdots a_1 x + a_0 = 0$일 때 a_0의 약수를 하나씩 대입하면서 해를 찾을 수도 있고, 다 해보

아서 없으면 해가 없는 것이라고 보면 되죠. 이렇게 설명을 들으면 참 쉽게 보이죠?

그런데 어째서 힐베르트가 전 세계 수학자를 상대로 이런 쉬운 문제를 제안했나요?

왜 그랬을지 한번 이 방정식을 볼까요?

$$(x^2+1)^{691}+(y^2+1)^{691}=(z^2+1)^{691}$$

아, 변수가 x말고도 y, z까지 늘어났네요. 변수를 늘리니 어렵습니다.

당연히 어려울 겁니다. 이 방정식은 페르마 방정식의 한 경우로 간주할 수 있거든요. 보통은 이렇게 쓰지요.

$$x^{691}+y^{691}=z^{691}$$

이 방정식은 세계적인 수학자 앤드루 와일스Andrew John Wiles가 증명한 것으로, 해가 x, y, z 중 하나가 0인 것밖에 없다는 사실입니다. 위 방정식 $(x^2+1)^{691}+(y^2+1)^{691}=(z^2+1)^{691}$의 정수해 x, y, z가 있으면 x^2+1, y^2+1, z^2+1이 다 1 이상이 됩니다. 와일스 정리에 위배되는 페르마 방정식의 해가 생겨버리므로 이 방정식은 정수해가 없다는 결론을 내릴 수 있습니다. 더 일반적으로 $(x^2+1)^n+(y^2+1)^n=(z^2+1)^n$도 n이 3 이상이면 정수해가 없습니다. 변수 한 개인 방정식에 비하면 이 사실은 증명이 엄청나게 어려웠습니다.

어떤 경우에는 해가 없다는 사실을 쉽게 확인할 수 있습니다. 예를 들면 다음 방정식은 당연히 정수해가 없겠지요?

$$x^4+y^4+z^4+w^4=-23$$

이런 것은 어떨까요?

$$x^2+y^2=12263$$

잘 안 보입니다. 무언가 하나씩 대입해서 계산해보면 될 것 같기는 한데요.

비교적 간단한 방법을 보여드리지요. 하나의 팁입니다. 오른쪽의 수는 상당히 크지만 4로 나누면 나머지가 3입니다. 이것은 쉽게 확인할 수 있지요? 그러면 왼쪽도 4로 나눈 나머지가 3이 될 수 있는가를 검사해야 합니다. 어떻게 검사할까요? 짝수의 제곱일 경우 4로 나눈 나머지가 0이고, 홀수의 제곱일 경우 4로 나눈 나머지가 1이 나옵니다.

짝수 경우는 알겠는데 홀수는 왜 그렇지요?

스스로 한번 계산해보시지요. 홀수라는 것은 보통 $2n+1$ 꼴이지 않나요?

그렇네요. 그러니까 $(2n+1)^2=4n^2+4n+1$. 그래서 4로 나눈 나머지가 1이 되는 것이군요.

따라서 결론은 x, y가 각자 짝수이든 홀수이든 x^2+y^2은 4로 나눈 나머지가 0, 1, 2밖에 가능치 않겠지요? 따라서 방정식은 정수해가 없습니다.

문제들이 생각보다 복잡합니다.

정수 계수 다항식에서 정수나 유리수 해를 찾는 공부를 디오판토스 방정식Diophantine equations 이론이라고 합니다. 3세기경에 알렉산드리아에서 활동하면서 《산수론Arithmetica》이라는 저서를 쓴 수학자 디오판토스Diophantus의 이름을 땄습니다. 굴절하는 빛의 경로를 처음 파악하는 등 과학사에 획기적인 업적을 많이 남긴 페르마 역시 이 책을 읽다가 마지막 정리를 떠올리게 되었다고 전해집니다.

흥미로운 것은 디오판토스 방정식 이론은 굉장히 쉽게 문제를 제시할 수 있는 데 반해 풀이가 어려운 경우가 많다는 것입니다. 간단한 것 같은데 고등한 개념을 요구하는 문제도 많고, '와일스의 정리'처럼 방대한 이론을 필요로 하는 경우도 많습니다. 그래서 디오판토스 방정식 이론은 고유의 문제들이 좀 유치하게 보이면서도 이상하게 수학의 모든 분야에 교묘한 줄기와 가지를 펼치고 있습니다.

모든 계산이 가능한 알고리즘

다시 힐베르트의 10번 문제로 돌아가보면, 그의 주문은 바로 일반적인 디오판토스 방정식에서 정수해가 존재하는지 기계적으로 판별하는 알고리즘을 만들라는 것이었습니다.

기계적으로 판별한다는 것이 무슨 뜻이지요?

네, 그 질문이 사실은 이 주제의 핵심입니다. 지금까지 본 예를 조금 더 검사해보지요. 가령 다음의 변수가 한 개인 방정식의 경우는 어떤가요?

$$a_n x^n + a_{n-1} x^{n-1} + \cdots + a_1 x + a_0 = 0$$

기계적인 판별법이 있는 것 같습니까?

이때는 가능하지 않나요? a_0의 약수를 하나씩 검사해보면 알 수 있습니다.

그렇습니다. 방금 묘사한 것은 누가 봐도 확실히 판별 알고리즘입니다.

그런데 생각해보니까 아까 논리를 사용하면 $x^2+y^2=k$의 경우에 해가 있다면 k를 4로 나눈 나머지가 0, 1, 2 중 하나여야 하지 않나요? 이것도 기계적으로 확인할 수 있지 않습니까?

네, 그런데 여기서의 문제는 완벽하게 판별할 수는 없다는 것입니다. 왜냐하면 나머지가 3일 때는 존재하지 않는다는 결론을 내린 것이지, 나머지가 0, 1, 2 중 하나라고 해서 반드시 해가 있는지는 알 수 없거든요. 예를 들어 $x^2+y^2=6$일 때 6의 나머지가 2이지만 해가 없다는 것을 쉽게 확인할 수 있습니다. 다시 이야기하면 k의 나머지가 0, 1, 2가 되는 것이 해가 존재하기 위한 필요조건이지만 충분조건은 아니라는 의미입니다.

그런데 다른 방법으로 $x^2 + y^2 = k$ 꼴의 방정식은 판별 알고리즘을 일반적으로 가지고 있습니다. 왜냐하면 해 x, y가 있다면 x, y의 크기가 둘 다 $\sqrt{k}$보다 작아야 합니다. 따라서 k가 주어지면 유한 개의 가능성을 다 해보면 됩니다. 이것도 일종의 판별 알고리즘이라고 할 수 있을 겁니다.

힐베르트의 질문은 이런 종류의 문제를 판별할 수 있는 '일반적인 알고리즘'이 있는가 하는 것이었군요. 쉬운 종류 몇 가지는 대입해서 찾아보는 등 다룰 수 있겠지만, 페르마 정리처럼 아주 어려운 경우나, 해가 있는지 없는지 알려지지 않은 방정식도 많을 듯합니다.

조금 부정확하게 표현하자면 대부분의 방정식은 해가 존재하는지 확인할 수 없습니다. 그러니까 변수가 한 개인 경우와 유사한 이론을 전혀 알 수 없다는 이야기입니다.

$$f(x_1, x_2, x_3, \cdots, x_{n-1}, x_n)$$

그런데 이런 상황에서 힐베르트는 위와 같은 임의의 다항식을 입력하면 다음 방정식의 정수해가 존재하는지 생각할 필요도 없이 판별해주는 알고리즘을 원했던 것입니다.

$$f(x_1, x_2, x_3, \cdots, x_{n-1}, x_n) = 0$$

구체적인 경우에 있다, 없다 증명도 가능하지만, 해가 존재하는지 알아내는 것이 때로는 페르마의 방정식 $(x^2+1)^n +(y^2+1)^n=(z^2+1)^n$의 경우처럼 몇 백 년의 시간이 필요할 만큼 아주 어려울 수도 있습니다.

이제 힐베르트의 질문을 대충 이해하겠습니다. 그런데 아직도 알고리즘이 무엇인지 확실하게 모르겠습니다.

네, 그 어려움이 우리를 파운데이션에 대한 대화로 다시 돌아가게 합니다. 20세기 중반, 괴델을 비롯하여 계산학의 파운데이션을 쌓아 올린 인물들 가운데 가장 극적인 인물이 바로 수학자 앨런 튜링Alan Turing입니다. 영화 〈이미테이션 게임 Imitation game〉에 그의 이야기가 묘사되어 있죠. 그는 튜링머신 Turing machine이라는 개념을 정립함으로써 알고리즘이 무엇인가 규명하려고 했습니다.

튜링머신은 진짜 기계였나요?

이름이 그렇다 뿐이지, 진짜 기계는 아니었고 그냥 수학적으로 묘사한 기계입니다. 튜링은 튜링머신을 정확하게 정의한 다음 '계산', 혹은 '알고리즘'을 '튜링머신이 할 수 있는 작업'이라고 정의했습니다. 튜링머신은 아주 중요한 착상이었고 개념적으로 그렇게 어렵지도 않지만, 설명이 길어지기 때문에 그와 유사한 다른 방법으로 계산학의 파운데이션을 설명해보겠습니다.

다음과 같은 명령을 사용하는 프로그램을 생각합니다.

$$V \leftarrow V+1$$
$$\text{IF} \quad V \neq 0 \quad V \leftarrow V-1$$
$$\text{IF} \quad V \neq 0 \quad \text{GOTO A}$$

첫 번째 줄의 명령은 어떤 변수 V가 주어지면, 변수 V 값을 1만큼 늘리라는 뜻입니다. 두 번째 줄은 변수 V가 0이 아니면 V의 값에서 1을 빼라는 뜻입니다. 세 번째 줄 명령은 V가 0이 아니면 A라는 이름이 붙은 명령으로 가라. 필요하면 명령에는 이름을 붙여도 되고 변수는 무엇이든 써도 됩니다. 그리고 입력값은 항상 자연수여야 합니다. 이걸 가지고 프로그램을 짜는 방법을 생각해봅시다. 이 세 개의 명령만으로 만들어진 프로그램을 편의상 앞으로 튜링 프로그램이라 부르겠습니다. 예를 하나 볼까요?

```
[A]  IF  X≠0   X←X-1
          Y←Y+1
     IF  X≠0    GOTO A
```

이 명령에 X값을 10, Y를 0으로 입력하면 어떻게 될까요?
프로그램을 첫 줄부터 읽기 시작하면, X가 0이 아니니까 값을
하나 줄여야 하지요. 그리고 그다음 줄로 넘어갑니다. 그다음
줄에서 Y의 값은 0+1이니 1이 됩니다. 결과적으로 X가 9로 줄
어들고, Y는 1이 되죠. 그런데 마지막 줄에서 X가 0이 아니기
때문에 다시 첫 행 A로 돌아가야 합니다. 그렇게 X는 8이 되고,
Y는 2가 되고, 또 X는 7이 되고 Y는 3이 되고……. X가 0이 될
때까지 이 과정은 반복될 겁니다. 결과는 어떻게 될까요?

X=10, Y=0

X=9, Y=1

X=8, Y=2

X=7, Y=3

…

X=0, Y=10

X가 0이 되면 Y는 10이 되니, X의 값을 Y로 옮기게 됩니다.

그렇습니다. 지금 우리가 살펴본 이 프로그램은 X라는 변수에 집어넣은 값을 Y라는 변수로 옮기는 프로그램입니다. 별 쓸모는 없어 보이죠? 약간 더 복잡한 프로그램으로 다음이 하는 작업이 무엇인지 한번 생각해보십시오.

$$[A] \quad IF \ X \neq 0 \quad GOTO \ B$$
$$Z \leftarrow Z+1$$
$$IF \ Z \neq 0 \quad GOTO \ E$$
$$[B] \quad IF \ X \neq 0 \quad X \leftarrow X-1$$
$$Y \leftarrow Y+1$$
$$Z \leftarrow Z+1$$
$$IF \ Z \neq 0 \quad GOTO \ A$$

셋째 줄을 보면 E를 실행하라고 되어 있죠. 이는 프로그램 언어의 관례로, E라는 명령이 없으면 작업을 중단한다는 뜻입니다. (그래서 'end'라는 뜻으로 E를 썼습니다.) 사실 이 프로그램도 별 재미는 없습니다.

도대체 이런 프로그램들이 어디에 쓰이지요?

쓸모가 없을 것 같지요? 좀 더 복잡한 프로그램을 볼까요?

$$Y \leftarrow X_1$$

$$Z \leftarrow X_2$$

[B]   IF $Z \neq 0$ GOTO A

GOTO E

[A]   IF $Z \neq 0$ $Z \leftarrow Z-1$

$$Y \leftarrow Y+1$$

GOTO B

사실 이 프로그램이 실행하는 작업이 무엇인지 자세하게 파악해보는 것도 괜찮은 연습문제입니다. 답을 말씀 드리자면 X_1, X_2 두 변수에 들어 있는 값을 더하는 프로그램입니다. 따라서 모든 계산기에는 기본적으로 이 프로그램이 들어가 있습니다.

그런데 이 프로그램은 앞에서 다룬 프로그램과 약간 생김새가 다릅니다. $Y \leftarrow X_1$이라는 게 무슨 뜻인지 아시겠어요? 바로 변수 X_1에 들어 있는 값을 Y로 옮기라는 뜻입니다.

앞서 다룬 튜링 프로그램의 명령과 조금 다릅니다. 더하고 빼는 과정이 생략되고 바로 옮기라고 지시하고 있습니다.

그렇습니다. 앞에서 세 가지 명령만 가지고 변숫값을 옮기는 튜링 프로그램을 먼저 만들었는데요, 여기서 $Y \leftarrow X_1$은 그 프로그램 전체를 줄여서 표기한 것일 뿐입니다. 다 풀어 쓰면 이 프로그램도 튜링 프로그램이 되죠. 프로그래밍할 때 흔한 관례 중 하나입니다. 한 번 기초 명령으로 만든 프로그램은 이름을 붙여서 다른 프로그램을 만들 때 명령 리스트를 통째로 가져다가 쓰는 것입니다. 그래서 오래 이 작업을 하게 되면 겹겹이 쌓인 복잡한 구조가 생겨버립니다. 그렇지만 하나하나 다 뜯어보면 기초 명령 세 개로 이루어진 프로그램만 사용하고 있죠. 이 예시로 알 수 있는 또 하나의 사실은 쓸모없어 보이는 프로그램도 아주 필수적일 수 있다는 것입니다. 자세히 봐야 알 수 있기는 하지만 변숫값을 옮기는 프로그램 없이 덧셈을 프로그래밍하는 것은 상당히 어려울 것입니다.

그런데 그러고 보니까 GOTO B, GOTO E 이런 것도 엄밀하게 보면 튜링 프로그램이 아니겠군요.

그것도 좋은 지적입니다. 사실은 앞에 프로그램에서 사용한 다음 두 명령의 조합을 줄인 명령입니다.

$$Z \leftarrow Z + 1$$
$$\text{IF} \quad Z \neq 0 \qquad \text{GOTO B}$$

두 개의 명령은 그냥 B로 가라는 명령과 효과가 같겠지요?

도대체 이런 프로그램을 어디에 쓰냐는 질문을 앞서 해주셨는데요, 놀랍게도 정답은 '우리가 알고 있는 모든 프로그램을 만들 수 있다'입니다. 물론 여러 단계로 쌓아 올리면서 굉장히 복잡해지겠지요. 이미 짜여 있는 프로그램을 조합하여 사용하기 때문에, 약간만 실용적인 프로그램도 기초 명령 세 개로 분해하는 것은 상당히 힘듭니다. 그럼에도 원칙적으로는 이 명령들만 조합하면 굉장히 많은 실질적인 프로그램을 짤 수 있습니다. 더 나아가서 계산학의 파운데이션에서 주장하는 바를 살펴보죠.

이 세 개의 명령만 적당히 조합하면 우리가 '계산'이라고 직관적으로 느낄 만한 작업은 모두 할 수 있다.

따라서 '알고리즘이 무엇이냐'에 대한 답을 '튜링 프로그램이 실행할 수 있는 작업'이라고 정의합니다.

그런 정의를 일종의 공리로 이해해도 되나요?

네. 그 질문은 '알고리즘'이라는 단어의 의미를 직관적으로 파악했기 때문에 나올 수 있었을 겁니다. 정확히 여기서의 공리는 '직관적인 계산과 튜링 프로그램이 할 수 있는 작업은 같다'입니다. 그리고 이 공리가 바로 계산학의 '파운데이션'입니다. (더 설명은 이어가지 않겠지만, 이 정의는 앞서 언급한 튜링 머신을 이용한 정의와 같은 정의입니다.)

단 세 줄로 모든 계산을 할 수 있다니, 너무 간단하기 때문에 믿기 힘들죠. 이 공리가 처음 만들어졌을 때 영향력은 굉장했습니다. 튜링과 같은 시대에 괴델을 포함한 여러 수학자가 네 개의 계산학 파운데이션을 따로 제시했는데, 놀랍게도 그 네 개가 모두 동치同值라는 것이 나중에 증명됐습니다. 쉽게 말해 어느 파운데이션을 이용하든 만들 수 있는 프로그램은 모두 같다는 사실을 증명한 것이죠. 그리고 그런 파운데이션 중 어느 것으로도 앞에서처럼 튜링 프로그램을 이용한 파운데이션과 같다는 것을 증명할 수 있었습니다. 알고리즘이라는 모호한 개념을 설명하기 위해서 이런 간단한 프로그램을 정의한 다음에 '알고리즘은 이것이다'라고 공리를 만든 것입니다. 하지만 이는 증명할 수가 없죠. 왜냐하면 '직관적인 계산'이라는 말에는 정의가 따로 없기 때문입니다.

그런데 이 정의에 예외가 되는 계산도 있을 것 같습니다. 자연수에서는 가능한데, 허수 같은 건 이 방법으로는 계산하지 못할 것 같습니다.

네, 이렇게 알고리즘의 정의를 분명하게 하고 나니 이 방법으로는 계산할 수 없는 작업들도 있을 것 같죠? 확실히 우리가 택한 정의는 자연수에 대한 계산입니다. 그런데 사실은 공리 안에 '계산이라고 할 만한 것은 다 자연수 계산 문제로 바꿀 수 있다'는 가정이 또 숨어 있습니다. 무슨 뜻인지 잠깐만 생각해볼까요?

방금 허수이야기를 하셨는데 복소수라는 것을 실수 두 개의 순서쌍으로 묘사할 수 있습니다. 보통 복소수를 $a+ib$라고 쓰는데 그것을 순서쌍 (a, b)로 보는 것이지요. 그런데 실제 계산에서는 우리가 필요한 정확도를 정한 다음 소수로 표현합니다. 가령 $(1.345, 6.747)$ 이것이 계산기에 넣을 만한 복소수입니다. 그러면 거기 들어 있는 정보를 자연수 두 개로 표현하는 방법을 스스로도 고안해낼 수 있을 것입니다. 가령 0.001을 기본 단위로 정한 다음 위 순서쌍을 $(1345, 6747)$로 표기하면 됩니다. 그래서 입력과 출력이 다 복소수인 계산은 입력도 자연수 두 개, 출력도 자연수 두 개인 자연수 계산으로 생각할 수 있습니다. 더 실용적으로 생각하자면 컴퓨터 안에 입력돼 있는 정보는 어차피 다 2진수로 표현한 자연수 꼴이라는 사실이 여러 가정의 타당성을 대변해주기도 합니다.

그런 알고리즘은 없다

여기서 중요한 것은 우리가 계산의 의미를 정확하게 규명함으로써, 계산 가능하지 않은 것들이 있다는 사실을 알아낼 수 있다는 상당히 놀라운 결과입니다.

'사랑을 계산할 수 없다' 이런 종류의 이야기인가요?

그럴 수도 있지만 사실 간단해 보이는 수학 문제에 관한 이야기입니다. 바로 힐베르트의 문제 10번입니다. 그러니까 다음의 디오판토스 방정식의 정수해의 존재를 판별하는 문제입니다.

$$f(x_1, x_2, x_3, \cdots, x_{n-1}, x_n)$$

방금 이야기한 파운데이션을 바탕으로 유리 마티야세비치Yuri Matiyasevich라는 소련 수학자가 1970년에 증명한 사실로, 상당히 충격적인 정리 하나를 보여드리겠습니다.

디오판토스 방정식 정수해의 존재를 판별하는 알고리즘은 없다.

'~하는 방법이 없다'는 정리는 참 난해하게 들리네요.

잘 따져보면 방법이 무한히 많을 것 같은데 어떻게 가능하지 않다는 증명을 할 수 있지요?

아주 자연스러운 질문입니다. 그런데 이런 연립 방정식을 풀 수 있나요?

$$x + 2y = 1$$
$$-2x - 4y = 3$$

첫 방정식에 -2를 곱하면 $-2x-4y=-2$가 되니까 두 번째 방정식을 동시에 만족하는 것은 불가능하네요.

무한히 많은 가능성을 다 알아보지 않아도, 해가 있다면 두 방정식 사이에 모순이 일어나니까 해가 있을 수 없다는 결론을 낸 거지요?

네. 그런데 '방법'을 찾는다는 것은 방정식의 해를 찾는 것과 다른 문제인 것 같습니다.

그렇습니다. 방법이라고 하면 굉장히 많은 가능성을 고려해야 할 것 같지요? 바로 그렇기 때문에 여기서 '방법'이라는 말의 정확하고 무엇보다도 제한적인 정의가 필요합니다.

그래서 우선 임의의 방법이 아니라 알고리즘이라는 기계적인 방법을 이야기한 것이었습니다. 그런데 알고리즘에 대한 분명한 정의가 없는 상태에서는 불가능성 정리도 증명할 수는 없었을 겁니다. 따라서 마티야세비치는 그 당시 알고리즘, 계산학의 파운데이션을 필요로 했고, 판별 튜링 프로그램이 가능하지 않다는 엄밀한 정리를 증명한 것입니다.

정확히는 그런 판별 알고리즘이 있다면 모순이 일어남을 보였는데요, 마티야세비치의 정리는 사실 함수에 관한 이야기입니다. 판별 알고리즘이란 다항식 $f(x_1, x_2, \cdots, x_n)$이 0이나 1이 되는 함수입니다. 그러니까 D라는 함수는 방정식의 해가 있으면 $D(f)=1$, 없으면 $D(f)=0$이 된다고 정의한 것입니다. 여기서 힐베르트의 질문은 '함수 D를 계산하는 튜링 프로그램을 짤 수 있는가'로 바뀝니다.

관점을 바꿔서 말하면 '튜링 프로그램으로 계산 가능한 함수 중에 D가 포함되는가'라는 질문에 그것이 불가능하다는 것을 마티야세비치가 증명한 것입니다.

먼저 함수를 정의한 다음, 그 함수를 알고리즘이 판별할 수 있는지 확인한 것이군요. 그래서 결국 '판별할 수 없다'는 결론을 내린 것이고요.

질문을 찾기 위한 질문

힐베르트가 원래 문제 10번을 제안할 때는 '프로그램이 뭐냐?' '알고리즘이 뭐냐?'에 대한 정확한 이해가 없었습니다. 물론 직관적으로 알고리즘이 무엇인지는 다 알고 있었겠지만, 힐베르트는 왜 알고리즘에 대한 정확한 정의를 내리지도 않고 문제를 제시했을까요? 그렇게 정확성을 좋아하고, 파운데이션을 제시하고자 했던 사람이 말이죠.

알고리즘이란 딱히 개념화할 필요가 없이 뭔가 자연스러운 사람의 사고 과정이라고 생각했던 것이 아닐까요?

그것도 굉장히 중요한 이유였을 것 같습니다. 하지만 더 중요한 이유가 하나 있었습니다. 지금까지 힐베르트의 10번 문제를 여러 가지로 설명을 했습니다. 알고리즘을 찾으라고도 했고, 그런 알고리즘이 존재하냐는 질문도 던졌습니다.

저 문제를 고민하다보면 인간의 사고가 근본적인 수준까지 도달해서, 알고리즘이란 무엇인지 저절로 알게 될 거라고 생각한 것일까요?

아마도 힐베르트는 판별 알고리즘이 확실히 존재할 것이라고 기대했던 것 같습니다. 있을 거라고 기대했으면 정의가 필요 없겠죠. 방법론이 구체적으로 주어지면 누구나 알고리즘인지 아닌지 직관적으로 판단을 쉽게 할 테니까 말입니다. 곱셈 알고리즘, 나눗셈 알고리즘, 최대공약수 알고리즘 등에 대해서는 따로 정의를 내리지 않아도 누구나 기계적인 작업이라고 판단할 수 있습니다. 그런 식으로 실제 알고리즘이 존재할 것으로 기대했을 때는 정확한 정의가 필요 없죠. '아, 내가 원하던 해는 이거다.' 정의 없이 결론을 내리기를 기대했던 것입니다. 그렇게 보면 아무리 완벽한 사고를 염원한 힐베르트도 '직관적인 판단'에 결정적으로 의존하고 있었다고 보아야 할 것 같습니다.

그러나 판별 알고리즘이 없다는 것을 '증명'하려면 먼저 알고리즘이 무엇인가를 정확히 이야기해야만 합니다. 이런 의미에서 마티야세비치는 계산학의 파운데이션을 절대적으로 필요로 했습니다.

마티야세비치의 업적을 묘사할 때 '힐베르트의 10번 문제의 부정적인 해결negative solution of Hilbert's tenth problem'이라고 합니다. 이것이 수학사에서 어떤 의미였을까요? 어떤 정수 계수 방정식에 정수해가 존재하느냐 아니냐의 문제는 수학적으로 굉장히 기초적인 문제라고 생각할 수 있습니다. 해

방정식도 있다는 것입니다.

그러면 인간은 증명할 수 있는 건가요?

거기에 대해서는 의견이 분분합니다. 이 질문은 아마도
인간이 무엇이냐는 질문과 사고한다는 게 무엇이냐는 질문과
도 관계가 깊겠죠. 인간은 수학을 통해 해가 존재하거나 하지
않는다는 것을 꾸준히 증명해왔습니다. 쉽게 해결한 경우도
있었지만 페르마의 마지막 정리처럼 굉장히 어렵게 증명한
경우도 있었죠. 그런데 이를 입력했을 때 해가 있는지 없는지
일반적으로 규명해주는 프로그램은 없다는 것입니다. 인간 역
시 필요할 때마다 증명법을 만들었지, 프로그램을 이용한 것
은 아니었죠. 또 다른 관점에서 인간의 두뇌도 프로그램으로
작동하기 때문에 일반적인 판별은 인간도 못한다고 믿을 수
도 있습니다.

그렇다면 아무리 기계가 발전하고 인공지능이 발전한다
고 해도 수학을 풀어주고 해결해주는 기계는 있을 수 없
다고 생각하시나요?

그것은 문제의 종류에 달려 있겠지요. 지금 현재도 컴퓨

터가 대신해주는 수학적 작업이 많습니다. 그런데 그 기계는 사람이 만든 것이므로 사람과 비슷한 한계도 있을 것이라고 예측할 수 있습니다. 사람이 할 수 있느냐 혹은 기계가 할 수 있느냐의 질문에 '사람도 기계'라는 주장을 하는 이들도 있는데, 저는 설득력이 있다고 봅니다.

우리가 할 수 있는 것들, 개념적으로 다루고 실행할 수 있는 과제란 우리에게 주어진 어떠한 생물학적인 제약에 의해 제한돼 있을 겁니다. 우리 뇌 구조나 습득할 수 있는 지식 양에 의해서도 제한돼 있고, 우리가 할 수 있는 작업도 당연히 한계가 있겠죠. 마치 개미에게 소수의 개념을 가르치기 어려운 것처럼 생물마다 나름의 제약 조건을 타고났을 것입니다. 우리가 인식하지 못하거나 혹은 문제를 이해하기는 하지만 답을 이해하지 못하는 경우도 있겠죠. 그러니까 불확실성 혹은 불완전성의 원리는 우리에게도 적용되는 것이 많을 것 같다는 생각이 듭니다.

그렇다면 인간이 만드는 기계도 대체로 한계를 가지고 있을 것이고, 인간보다 성능이 떨어지는 부분이 존재하는 것도 불가피하지 않을까 하는 상상을 해봅니다. 그러나 인간은 진화하는 프로그램이기 때문에 두뇌의 알고리즘으로 계산 가능한 문제의 영역이 점점 넓어진다고도 생각할 수 있습니다. 그리고 보니 요새는 스스로 학습하는 프로그램이 많으니 인간보다 빨리 진화해서 자신을 만든 인간의 한계를 극복하는 기계가 있을 가능성도 물론 감안해야 하겠네요.

오늘 강의도 결국 파운데이션에 대한 이야기를 많이 했습니다. 이것은 수학이 무엇이냐는 질문에 대한 19세기 말에서 20세기 초의 답변에 관한 이야기이기도 합니다. 집합론과 계산학에서 토대를 마련하려던 수학자들의 노력이 실패했다고 얘기하면서도 노력 자체는 상당히 놀라웠다고 생각합니다. 확실성을 찾으려는 노력이 그렇습니다.

우리는 누구나 어느 정도 확실성을 원합니다. 불안한 시대, 확실성이 어딘가에 있었으면 좋겠는데, 심지어 수학에까지 확실성이 없다는 것은 너무 받아들이기 힘들었을 것 같거든요. 그 입장에서 이런 파운데이션 논리를 펼치기 시작한 것이 아닐까요. 저는 성품이 나빠서 그런지 모든 것이 불확실해도 아무 상관이 없을 것 같은데 말입니다.

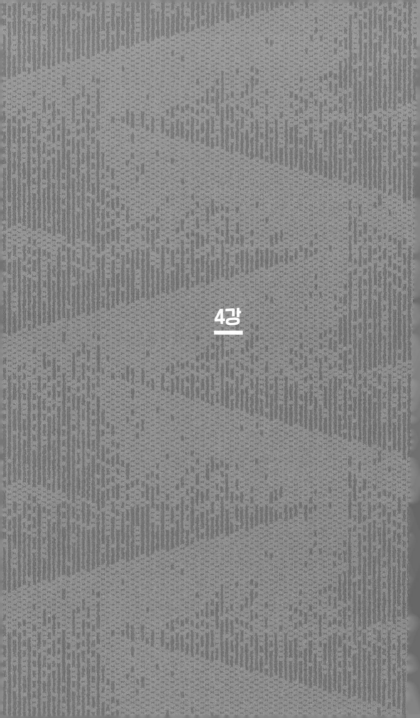

4강

논리적 사고와 수학적 사고

대화로 하는 수학

지금까지의 수업 내용은 어땠습니까?

쉽지는 않습니다. 수학 문제를 푸는 건 차라리 나은데, 알고 있는 개념을 막상 말로 설명하려고 하니 정확히 표현하기가 어렵습니다.

때로는 수학의 어려움보다 대화의 어려움이 더 크게 느껴질 때가 있습니다. 우리가 대화를 할 때 실시간으로 듣고 이해하며, 대꾸하는 과정에도 연습이 필요하죠. 수학에서도 마찬가지입니다. 앞에서 우리에게 닥쳐오는 수많은 정보도 이해해보고, 소화해보고, 뚜렷한 생각을 연속적으로 해보려는 노력이 필요합니다. 책을 읽고 연습하고 훈련하는 것도 중요하지만 그것만으로는 놓치는 것이 너무 많기 때문입니다. 수학을 한다는 것은 근본적으로는 보통의 이해를 섬세하고 정확하게 만들어가는 과정이니 만큼, 대화에 정확성을 가미하는 과정을 거치며 수학을 생활의 일부로 여기게 되길 바랍니다.

일상적인 사고와 수학적인 사고의 연결점을 매끄럽게 만드는 것이 굉장히 중요하다는 주장은 수학교육 전문가들 사이에서도 자주 언급됩니다. 그게 교육에서 참 어렵고 잘 안 되는 문제이기도 합니다.

실생활과 연결된 수학이 사실 그냥 순수 수학보다 굉장히 가르치기 어려운 부분도 있고 여러 가지 애로사항이 있지만, 이 노력을 놓아서는 안 됩니다. 사고하듯 수학을 하라는 말은, 역으로 수학하는 것처럼 사고를 해보라는 의미이기도 합니다.

사고를 수학적으로 한다면, 논리적으로 사고해보란 말씀인가요?

보통 사고를 수학적으로 한다고 하면 대체로 논리 정연

한 사고를 떠올립니다. 지금까지 다룬 수학의 기반, 파운데이션 이야기에서는 주로 수학적 개체와 구조의 파운데이션을 다루면서 수와 집합을 강조했습니다. 그런 구조에 관한 이론을 건립하는 데 필요한 논리적인 파운데이션은 대체로 간과했죠. 그런데 버트런드 러셀 같은 철학자는 논리가 수학의 전부라는 입장이었습니다. 물론 저는 이것이 틀린 관점이라는 의견을 전작에서도 여러 번 이야기했습니다. 그 때문에 일부러 논리를 덜 강조했는지도 모르겠습니다. 이번 강의에서는 논리에 대한 복습을 조금 해볼까 합니다. 수학을 논리와 동일시하려는 의도가 어디에서 나왔을까 조금이라도 이해하는 것을 목적으로 하겠습니다.

이 문장이 참이면 김민형은 억만장자다

혹시 그런 거 아세요? 아무것이라도 다 증명하는 방법. 제가 한번 보여드릴까요? 논리학은 문장의 참과 거짓을 따지는 규칙을 많이 개발합니다. 가장 간단한 예로, "p이면 q다" 꼴의 문장이 참인 경우입니다. 이게 맞는 문장이려면 전제 p가 참일 때는 결론 q도 반드시 참이어야 하지요.

그러면 이 간단한 논리를 이용해서 '김민형은 억만장자

다'라는 것을 증명해 보이겠습니다. 다음 문장을 만듭니다.

이 문장이 참이면 김민형은 억만장자다.

잠정적으로 이게 참이라고 가정해보겠습니다. 정확히 'p이면 q'라는 꼴입니다. '이 문장이 참'이라고 가정했으면 문장 자체도 참이지만, 문장의 전제가 '이 문장이 참이다'이니까 문장의 전제도 참입니다. 그러면 전제가 참이고 문장 자체가 참이니까 결론 '김민형이 억만장자다' 부분도 당연히 참일 수밖에 없지요. 따라서 김민형은 억만장자입니다.

그런데 무조건 그렇다는 것이 아니고 처음에 '잠정적으로 문장이 참'이라고 가정하고 시작한 논리 아닌가요?

그렇습니다! 문장이 참이라고 가정한 다음에 '김민형은 억만장자'라는 결론을 유도해냈습니다. 그런데 생각해보면 문장의 주장이 바로 '이 문장이 참이라고 가정하면 김민형이 억만장자라는 결론이 따른다'는 뜻이지요? 그런데 그게 사실이라는 것을 방금 확인했습니다. 따라서 문장은 참입니다. 이제는 가정이 아니고 실제 참이라는 뜻입니다.

잘 이해가 안 갑니다.

우리가 확인하지 않았나요? 문장이 참이라고 가정해보니까 거기로부터 김민형이 억만장자라는 결론이 따랐지요. 그냥 우리가 논리를 따라가보니까 문장이 주장하는 바가 사실이라는 것을 발견했습니다. 그러니 이제는 가정한 게 아닙니다. 그렇죠? 가정한 게 아니라 이 문장이 진짜로 참이죠. 그러면 아까하고 똑같은 논리를 전개하면 됩니다. 문장도 참이고 전제도 참이니까 결론 '김민형은 억만장자' 이것도 사실입니다. 그런데 지금은 잠정적인 가정으로부터 출발한 것이 아니고 사실로부터 논리를 시작했으니까 결론도 확실히 참입니다.

어떻게 그럴 수가 있지요? 혹시 진짜로 억만장자이신가요?

그래 보이나요? 이 논리가 맞다고 생각하십니까?

맞을 수가 없을 것 같은데 뭐가 잘못됐는지 꼬집어 이야기하기가 어렵습니다.

그렇지요? 특히 우리는 복잡한 논리를 이용한 것도 아니고 '문장이 맞으려면 전제로부터 결론이 따라야 한다'라는 지극히 상식적인 룰만 적용했을 뿐입니다. 논리학에는 이 밖에도 비슷한 역설이 많지만, 사실 우리는 저런 종류의 문장은 허용되면 안 될 것 같다는 걸 어렴풋이 느낍니다. 하지만 문제는 왜 허용하면 안 되는지 규명하기가 쉽지 않다는 것입니다. 의미가 없는 문장이라고 하고 싶은데, 문장이 이야기하는 바를 이해는 할 것 같습니다. 의미가 너무 분명한 간단한 문장이니까요.

이런 종류의 고민에는 수학적인 고민, 논리학적인 고민, 철학적인 고민이 다 엮여 있습니다. '이 문장이 참이면 김민형은 억만장자다' 같은 이런 이상한 문장, 다시 말해 참과 거짓 값을 정할 수 없는 문장은 왜 제거해야 하는지, 왜 저런 종류의 문장을 고려하고 싶지 않은지를 정당화하기가 쉽지 않습니다. 논리학자가 아니더라도 상식적으로 저런 문장을 보면 누구나 불편해지기 마련인데도 말이죠.

그렇지 않나요? 우리가 세상을 살아갈 때 옳고 그릇된 논법이 있다는 믿음을 어느 정도 가지고 있어야 합니다. '그 말은 맞는 것 같다.' 'A는 B로부터, B는 C로부터 따르는 것 같다.' 이런 논리를 항상 전개하면서 살죠. 안 그러면 살 수가 없습니다. 그런데 그런 자연스럽게 전개하는 논리 중에 저런 함정이 들어 있다는 걸 한 번 알고 나면 '맞는 논리를 찾는 것은 불가능한 것 아닌가' 이런 느낌까지 들기 시작합니다. 도대체 맞다는 게 무엇인가? 세상 모든 것에 의문을 갖기 시작하면 당연히 불안해지겠지요.

그런데 이런 종류의 문제가 앞장에서 다룬 19세기 무렵 파운데이션에 대해서 고민하던 수학자, 철학자 들의 고민과 굉장히 관계가 깊습니다. 비논리적인 문장을 일관성 있게 제거하는 논리학의 파운데이션도 집합론의 파운데이션과 비슷한 시기에 정립되었습니다. 여기서 그 줄거리는 생략하지만 강조할 만한 사실 하나는 파운데이션에 대한 걱정이 상당히 심각한 문제로부터 나오기도 한다는 것입니다. 제가 파운데이션의 중요성을 평가절하하는 방향으로 이야기를 이끌어왔으면서도 인정해야 하는 부분입니다.

우리는 지금까지 '수학은 명료한 사고'라고 주장하고 나서 명료한 사고의 한계에 대한 이야기를 많이 했습니다. 이제 다시 명료한 사고의 중요성으로 돌아온 것 같군요.

논리란 무엇인가

서양 전통에서는 아리스토텔레스가 논리학logic을 정립했다고 말합니다. 그 전에도 논리를 사용하는 일은 있었겠지만 일종의 학문으로 만든 것이 아리스토텔레스라는 뜻입니다. 그렇다면 논리학을 정립한 이유는 무엇일까요?

인간의 사고과정을 분석하면서 그 가운데 올바른 사고가 무엇인지 알고 싶던 것이 아닐까요?

그렇겠죠. 무엇보다도 올바른 사고가 무엇인지 파악하고 싶었을 것입니다. 사실 굉장한 포부라고 볼 수 있습니다. 보통의 대화에서 사고의 옳고 그름을 판단할 때에도 당연히 어떤 근거를 가지고 하지만, 올바른 사고 과정의 절대적인 근거를 학문으로서 한 번에 정립하고자 한 것은 대단한 야망입니다. 그런 어마어마한 시도가 논리학이었습니다.

그런데 논리학에서의 올바른 사고와 어떤 말이 맞고 틀리다는 결정은 어느 정도 구분을 해주어야 합니다. 어떤 말이 '맞다'고 할 때 이는 세상의 상태를 맞게 묘사한다는 것을 의미하는 경우가 많습니다. 가령 '비가 온다'는 직접적으로 확인 가능한 문장이므로, 비가 오면 참이고 비가 안 오면 거짓이라고 생각합니다. 그런 판단에서는 일단 논리가 필요 없습니다.

그런데 논리학에서는 그런 단순한 명제로부터 새로운 명제를 생성해내는 과정이 중요합니다. 생성한다는 것은 주로 두 가지 방법을 이야기합니다. 하나는 일종의 논리적 연산을 통해 명제 몇 개로부터 더 복잡한 명제를 '합성'하는 것입니다. 그때 전체 명제의 참·거짓이 부분 명제의 참·거짓에 어떻게 의존하는가를 파악하는 것이 논리학의 주요 과제입니다. 또 하나의 중요한 과정은 명제들이 주어졌을 때 그로부터 올바른 추론을 통해 새로운 명제를 생성하는 것입니다. 약간 모호한 표현을 쓰자면 '각종 명제 사이에 있는 논리적 관계'가 논리학의 연구 대상입니다.

교과서에 처음 나오는 종류의 논리적 추론은 다음과 같은 것입니다.

> 사람은 죽는다.
> 김민형은 사람이다.
> 따라서 김민형은 죽는다.

이런 것을 삼단논법이라고 하죠. 삼단논법의 구조를 보편적으로 표현하면 이런 꼴입니다.

> A로부터 B가 따른다.
> 그리고 B로부터 C가 따른다.
> 그러므로 A로부터 C가 따른다.

'이런 꼴'이라는 표현은 이 논법에 알아볼 만한 추상적인 형태가 있음을 암시하고 있습니다. 논리학에서는 이 추상적인 형태를 명시하는 각종 표기법과 규칙을 정한 뒤 논리의 전개를 자세히 분석합니다. 가령 'A로부터 B가 따른다'는 명제를 써보겠습니다.

$$A \rightarrow B$$

이것을 읽을 때는 'A이면 B이다'가 자연스러울 때도 많습니다. A와 B를 가지고 A→B를 만드는 것이 가장 기초적인 합성입니다.

또 한 예로 명제 P와 명제 Q가 동시에 성립한다는 주장을 P∧Q라고 쓰고 영어로는 'P and Q'라고 읽습니다. 우리말로는 'P이고 Q이다'가 적당할 것 같네요. 그렇다면 삼단논법을 이런 추상적인 기호로 쓸 수 있습니다.

$$((A \rightarrow B) \wedge (B \rightarrow C)) \rightarrow (A \rightarrow C)$$

'A로부터 B가 따르고 B로부터 C가 따르면 A로부터 C가 따른다.' 아닌가요?

정확히 그렇습니다. 생성한다는 관점에서는 A→B와

B→C로부터 A→C를 생성하는 것이 삼단논법입니다.

더 간단한 논법은 이런 것도 있지요.

$$(A \land (A \to B)) \to B$$

말로 표현하면 어떻게 될까요?

'A를 알고 A로부터 B가 따른다는 것을 알면 B를 안다.' 기호로 하면 복잡해 보이지만 말로 풀어 이야기하니 자연스럽습니다.

아주 좋습니다. 같은 기호 명제를 말로 표현하는 방법이 여러 가지지만 방금 말씀하신 바와 같이 자연스럽게 표현하면 논법이 자명해보입니다. 이 논법은 라틴어로 modus ponens, 우리말로는 긍정논법이라고 합니다. 논리 전개의 가장 기초적인 원리입니다. 그런데 이때는 명제를 생성한다기보다는 명제의 '부분을 끄집어내는 것'입니다.

논리를 엄밀하게 따질 때는 '참', '거짓'도 자주 활용합니다. 영어나 비슷한 언어의 간략한 true, false를 번역한 것 같은데요. 보통 말로는 약간 부자연스럽게 들리는 면이 있으면서도 익숙해지면 해석에 약간의 객관성을 부여하기도 합니다. 그러면 긍정논법을 이렇게 설명합니다.

A가 참이고 'A 이면 B다'가 참이면, B도 참이다.

다 상식적인 논법들이죠? 하나만 더 이야기하지요.

$$(A \rightarrow B) \leftrightarrow (\neg B \rightarrow \neg A)$$

우리 말로 대우법이라고 합니다. 설명이 필요한 기호 몇 개가 보이네요. 명제 P가 주어지면 ¬P는 P의 부정을 나타내고 not P라고 읽습니다. 그러니까 P가 참이면 ¬P는 거짓이고, P가 거짓이면 ¬P는 참입니다. 예를 들어서 P가 '김민형은 사람이다'이면 ¬P는 '김민형은 사람이 아니다'가 되겠지요. 그리고 기호 ↔ 는 양쪽이 '동치관계'임을 표시합니다. 그러니까 P ↔ Q는 다음과 같은 뜻입니다.

$$(P \rightarrow Q) \wedge (Q \rightarrow P)$$

P이면 Q고, Q이면 P이다. 그러면 대우법이 이야기하는 바가 무엇이지요?

A로부터 B가 따르는 것은 not B로부터 not A가 따르는 것과 동치다.

맞습니다. 그런데 이때는 이 해석이 더 자연스러울 수도 있겠네요.

A이면 B라는 명제는 B가 아니면 A도 아니라는 명제와 동치다.

이것도 상식적인 이야기지요? 김민형이 사람이란 이야기와 사람이 아니면 김민형이 아니라는 말은 같은 뜻이지요? 때로는 '성질'에 대한 이야기로 표현하면 더 쉽게 들어오기도 합니다. '성질 A를 가진 것은 성질 B도 반드시 가진다'와 '성질 B를 안 가지면 성질 A도 안 가진다' 두 주장이 같은 이야기라는 것이 대우법입니다. 그러고 보니 너무나 당연해서 잊어버릴 뻔한 논법을 하나 더 등용시키는 것이 좋겠습니다.

$$P \longleftrightarrow \neg\neg P$$

이것을 이중부정법이라고 합니다. 명제 P의 부정을 부정하면 당연히 P에 대한 긍정과 같겠지요.

그런데 말로 하면 편한 것을 왜 이런 추상적인 기호로 쓰는 건가요?

우리가 구체적인 명제를 풀어 쓰지 않고 추상적인 기호로 쓰는 근본적인 이유는 명제의 사실 여부와 상관없이 논리적인 관계만을 파악하기 위해서입니다. 다음과 같은 추론을 생각해봅시다.

김민형은 코끼리다. 따라서 코끼리가 아니면 김민형이 아니다.

이것은 맞는 논리인가요?

첫 문장부터 틀리지 않나요?

네. 그래서 질문을 약간 조심스럽게 표현해야 합니다. '논리'가 맞느냐는 질문의 정확한 의미는 '따라서'가 맞느냐는 것입니다. 그러니까 '김민형이 코끼리'라고 가정하면 '코끼리가 아니면 김민형이 아니다'가 그 가정으로부터 따르는가, 그것을 묻는 것입니다.

아, 그러고 보니까 대우법이네요. 그러니까 맞는 논리입니다.

그렇습니다. 상식적으로 받아들이기에는 좀 의아하지만, 논리학의 입장에서는 명제의 참·거짓에 상관치 않고 논리적인 관계만을 파악할 줄 아는 훈련을 중요하게 여깁니다.

그런데 참·거짓을 파악하는 것이 애초에 학문의 목적 아닌가요?

그렇지요. 그런데 그 관점에서도 추상적인 논리 관계를 파악하는 것은 아주 중요합니다. 여러가지 이유가 있지만, 사실은 명제의 참·거짓을 판명하는 데 바로 잠정적인 추론, 그러니까 각 명제의 참·거짓을 모르는 상태에서의 추론을 자주 이용합니다. 약간 복잡하지만 과학과 관련된 예를 하나 보여 드리지요. P가 어떤 과학적인 법칙인 경우입니다. 가령 뉴턴의 운동법칙 1, 2, 3을 P_1, P_2, P_3라고 하고 $P=P_1 \wedge P_2 \wedge P_3$로 놓겠습니다. 요점은 뉴턴의 저서가 $P \rightarrow Q$ 꼴의 명제로 가득 차 있다는 것입니다.

운동법칙이 예측하는 각종 현상을 말씀하시는 것인가요?

그렇습니다. 일정한 속도로 던진 공의 궤적을 비롯한 여러 자연 현상입니다. 여기다가 만유인력의 법칙을 G라고 하고 $R=P \wedge G$로 놓으면 $R \rightarrow Q$ 꼴의 명제는 행성의 궤적도 포함하게 됩니다. 그런데 그런 뉴턴이 추론을 할 때 세 가지 운동법칙과 만유인력의 법칙, 즉 명제 R을 확실히 알고 있었을까요?

물론 뉴턴 개인은 그러했을 겁니다. 하지만 뉴턴의 이론을 들은 다른 사람은 어땠을까요? 과연 듣자마자 한 번에 설득될 수 있었을까요? 만약 아리스토텔레스가 뉴턴의 법칙을 들었다면 R을 믿지 않았겠죠. 사실 지금도 첫 번째 운동법칙 "등속운동을 하는 물체는 힘이 작용하지 않는 한 계속 등속운동을 한다"를 들으면 직관적으로 쉽게 받아들여지지 않습니다. 상식적으로 움직이는 물체가 결국 멈추게 될 것 같지, 계속 간다는 것은 상상하기 힘듭니다. 그렇다면 명제 R에 대한 믿음은 어떻게 생길까요?

앞서 설명하신 바에 따르면, 관찰을 통해서 아닐까요?

그렇기는 한데, 문제는 뉴턴의 법칙 같은 근본 원리들은 직접 관찰하기 어렵다는 것입니다. 아무 힘도 작용하지 않는, 심지어 중력조차도 작용하지 않는 물체를 우리 주변에서 볼 수 있나요? 사실 물리학의 기본 법칙들이 다 그렇습니다. 입자 물리학에서 미세입자들의 운동을 기술하는 운동법칙을 직접 관찰할 수가 있습니까? 그렇기 때문에 R를 믿든 믿지 않든 R→Q 같은 추론은 중요합니다. 특히 Q가 직접 관찰할 수 있는 현상을 다루는 명제이면 좋겠지요. 그래서 참인 Q를 검증함으로써 R의 옳고 그름에 대한 증거를 얻게 됩니다.

가령 어떤 Q라는 현상을 예측하는 데 다른 현상 Q'가 관측되었다면 어떻게 하나요? 예를 들어보겠습니다.

Q_1 : 행성의 궤적은 포물선이다

Q_2 : 행성의 궤적은 타원이다

Q_3 : 행성의 궤적은 쌍곡선이다

이와 같은 명제 세 개를 표기하고 $Q=Q_1 \lor Q_2 \lor Q_3$라 하겠습니다. 여기서 $\lor$는 '~이거나(or)'를 뜻합니다. 뉴턴 이론의 유명한 산물 하나가 바로 $R \to Q$입니다. 행성의 궤적은 반드시 셋 중 하나라는 놀라운 예측이지요. 그런데 만약에 직선 궤적을 가진 행성이 발견되었다면 어떤 결론을 내릴까요?

이론이 틀렸다는 결론을 내릴 수 있습니다.

그렇지요. 그런데 이론이라는 단어 안에는 상당히 많은 성분이 들어가 있을 수 있습니다. 가령 수학과 마찬가지로 많은 논리가 이론의 일부로 간주되겠지요. 그런데 우리가 모든 논리를 제대로 전개했는데 직선 궤적이 발견됐다면?

뉴턴의 법칙이 틀렸다고 할 수밖에 없네요.

그렇습니다. 그것을 더 논리적으로 표현하면 $R{\rightarrow}Q$를 추론했으니까 대우법에 의해서 $\lnot Q{\rightarrow}\lnot R$도 성립합니다. 그러니 $\lnot Q$를 관찰했으면 $\lnot R$, 법칙이 틀렸다고 결론지을 수밖에 없습니다.• 뉴턴의 법칙이 자연을 묘사한다고 오랫동안 믿었던 이유는 각종 추론 $R{\rightarrow}Q$가 주어졌는데 $\lnot Q$가 발견되지 않았기 때문입니다. (지금까지도 근사적으로는 변화가 없습니다. 상대성이론은 보통 극단적인 정밀성을 요구하거나 블랙홀 같이 극단적인 물체를 공부할 때 필요한 교정입니다.) 그러니 과학이 발전하려면 명제의 참·거짓을 모르는 상태에서도 정확한 추론을 하는 실력이 필요합니다. 이런 추론이 보통 수많은 중간 과정으로 이루어져 있습니다.

$$R{\rightarrow}T{\rightarrow}U{\rightarrow}V{\rightarrow}\cdots{\rightarrow}Q$$

각 화살표마다 많은 수학이 이용되기도 합니다. 그래서 추론을 정확하게 하는 훈련이 중요합니다. 논리에 자신이 없으면 $\lnot Q$가 관찰되더라도 그것이 R이 틀려서 그런지 추론이 잘못되어서 그런지 알 수 없기 때문입니다.

• $R=P_1{\wedge}P_2{\wedge}P_3{\wedge}G$였으니까 $\lnot R$은 네 개 중 하나가 틀렸다는 말과 같습니다. 이것을 기호로 $\lnot R=(\lnot P_1){\vee}(\lnot P_2){\vee}(\lnot P_3){\vee}(\lnot G)$ 이렇게 표현하기도 합니다.

20세기 과학철학자 칼 포퍼Karl Popper는 건전한 과학적 이론은 반증 가능한 것이어야 한다는 주장을 했습니다. 이 말은 어떤 상황에서 기본 법칙이 틀렸음을 받아들일지 명확하게 밝혀야 한다는 의미입니다. 논리학의 관점에서 분석하면 이론의 기본 법칙들을 P라고 한 다음 P→Q 꼴의 추론을 많이 만들어야 한다는 뜻입니다. 그래야만 많은 Q의 참·거짓을 검사함으로써 ¬P일 가능성을 정직하게 타진해볼 수 있기 때문입니다. 어쨌든 이 모든 과정에서 다분히 추상적인 논리를 전개할 수 있는 능력이 핵심이죠.

소련의 저명한 심리학자 알렉산더 루리아Alexander Luria의 책《인지 발달의 사회 문화적 기반The Cognitive Development: Its Cultural and Social Foundation》에는 논리적 사고의 개발에 대한 흥미로운 이야기가 나옵니다. 주로 1930년대 우즈베키스탄과 키르기스스탄 지방의 농민과 유목민들을 대상으로 한 실험에 근거한 책인데, 주요 주제 중 하나로 잠정적인 추론이 얼마나 난해한가의 문제를 다루고 있습니다.

요지는 P가 거짓일 수도 있는 상황에서 P→Q 같은 추론을 하는 능력은 상당히 고등한 문명에서 가능하다는 결론이었습니다. 적어도 글을 아는 수준은 돼야 하겠죠. 예를 들어 '추운 지방의 곰이 백색이라면 북극은 추운데 북극곰은 무슨 색이겠느냐'라는 질문을 했을 때 추상적인 사고에 익숙하지 않은 사람은 '보지도 않았는데 어떻게 아느냐'라고 대꾸하기 십상이었다고 합니다.

초기 실험 심리학 연구로 실행된 루리아의 실험과 이론이 얼마나 정확했는지는 알기 어렵습니다. 특히 루리아를 후원한 정부는 소비에트식 공산 농업 시스템을 전국적으로 보급화하는 데 필요한 교육이 주 관심사였기 때문에, 조사가 얼마나 객관적이었을지 의심스럽기도 할 겁니다. 그럼에도 논리적 사고의 본질에 대한 재미있는 아이디어는 많이 들어 있습니다.

결론적으로 아주 근본적인 입장에서 생각하면 사실은 세상에 확실한 명제가 하나도 없기 때문에 모든 추론이 잠정적인 추론이라고 생각하는 것이 무난할 것 같습니다.

이상한 나라의 대화법

추상적인 기호로 표현한 논리학은 간단한 규칙을 적용해서 상당히 복잡한 논리전개도 거의 기계적으로 할 수 있게 해준다는 점에서 매우 유용합니다. 19세기 영국의 수학자 루이스 캐럴Lewis Carroll은 수학보다도《이상한 나라의 앨리스》의 저자로 훨씬 유명합니다. 그의 본 직업은 사실 옥스퍼드 크라

이스트 처치 컬리지의 교수였습니다. 논리학을 전공하기도 해서 관련 연구논문과 교재도 몇 권 썼습니다. 캐럴의 책에 나오는 연습문제를 몇 개 풀어볼까요?

여기 명제가 세 개 있습니다.

경험이 많은 사람이 무능한 경우는 없다

김민형은 항상 실수한다.

유능한 사람은 항상 실수하지 않는다.

이 세 개의 명제로부터 김민형에 대해서 내릴 수 있는 결론이 무엇일까요? 이 경우 보통 말로도 논리를 전개하는 데 문제가 없겠지만 연습삼아 추상 형태로 바꾸겠습니다. 사람에 대한 단순명제 네 개를 기본 요소로 합니다.

A : X는 경험이 많다.

B : X는 유능하다.

C : X는 항상 실수한다.

D : X는 김민형이다.

위의 명제들은 기호로 다음과 같이 표기할 수 있습니다.

$$A \rightarrow \neg B$$
$$D \rightarrow C$$
$$B \rightarrow \neg C$$

김민형에 대한 명제는 두 번째이니까 우선 D에서 C가 따르는데 세 번째 명제에서 대우법을 적용하면 $\neg\neg C \rightarrow \neg B$, 거기에 이중부정법을 쓰면 $C \rightarrow \neg B$가 됩니다. 두 번째 명제와 합쳐서 삼단논법을 사용하면 $D \rightarrow \neg B$가 나오죠. 그런데 첫 명제는 $A \rightarrow B$와 같으니까 대우법에 의해서 $\neg B \rightarrow \neg A$가 됩니다. $D \rightarrow \neg B$와 합쳐서 삼단논법을 적용하면 $D \rightarrow \neg A$라는 결론이 나옵니다. 즉, 김민형은 경험이 많지 않다는 이야기지요?

기호로 바꾸니 명제의 내용은 하나도 생각이 나지 않습니다.

확실히 이 경우는 기호를 쓰는 것이 말로 하는 추론보다 더 복잡해보일 것입니다. 그러면 이번에는 더 어려운 연습문제를 풀어보겠습니다. 명제가 열 개 주어집니다.

1. 삼각 카페에 있는 사람은 다 영국사람이다.
2. 커피 알레르기가 없는 사람은 운전을 잘한다.

3. 나는 사람을 사랑하면 그 사람을 피한다.

4. 피부가 하얗고 머리가 금발이 아니면 흡혈귀가 아니다.

5. 영국 사람은 항상 밤참 사진을 페북에 올린다.

6. 나보고 브람스를 좋아하냐고 물어보는 사람은 삼각 카페에 있는 사람들밖에 없다.

7. 프랑스 사람은 운전을 못한다.

8. 페북에 밤참 사진을 항상 올리는 사람은 흡혈귀밖에 없다.

9. 내게 브람스를 좋아하냐고 묻지 않는 사람을 나는 사랑한다.

10. 피부가 하얗고 금발인 사람은 커피 알레르기가 없다.

여기로부터 따르는 결론을 찾아야 합니다. 이 경우에는 정신 없는 넌센스 같은 명제들을 늘어놓았습니다. 문제를 제시한 사람의 입장에서는 이유가 있습니다. 여기서도 각 명제의 구체적인 참·거짓 여부에 전혀 관심이 없음을 강조하기 위해서 우스꽝스러운 주장을 사용했습니다. 다만 이 명제들이 다 참이라고 가정하고 논리적인 추론을 하라는 것입니다. 그러면 이번에도 단순명제 몇 개로 나누겠습니다.

A : X는 삼각 카페에 있다.

B : X는 영국 사람이다.

C : X는 운전을 잘한다.

D : X는 커피 알레르기가 없다.

E : 나는 X를 사랑한다.

F : 나는 X를 피한다.

G : X는 흡혈귀다.

H : X는 피부가 하얗고 금발이다.

I : X는 밤참 사진을 항상 페북에 올린다.

J : X는 나에게 브람스를 좋아하냐고 묻는다

K : X는 프랑스사람이다.

이제 이 단순명제를 이용해서 1에서 10까지 적어보겠습니다.

1. $A \rightarrow B$
2. $D \rightarrow C$
3. $E \rightarrow F$
4. $\neg H \rightarrow \neg G$
5. $B \rightarrow I$
6. $J \rightarrow A$
7. $K \rightarrow \neg C$
8. $I \rightarrow G$
9. $\neg J \rightarrow E$
10. $H \rightarrow D$

그런데 이렇게 써놓고 보면 당장 알 수 있는 것이 명제 하나에만 나타나는 단순명제는 F와 K밖에 없고, 나머지 단순명제는 다 두 번 나타난다는 것입니다. 즉, 나머지 명제들은 다 중간 과정에서 지나갑니다. 그렇기 때문에 마지막 결론은 F와 K사이의 관계임을 추정할 수 있습니다. 그러면 K가 전제로 들어가는 7부터 별 설명 없이 대우법을 이용하면서 논리를 쫓아가겠습니다.

$K \to \neg C \to \neg D \to \neg H \to \neg G \to \neg I \to \neg B \to \neg A \to \neg J \to E \to F$

결국 결론은 K→F, '나는 프랑스 사람을 피한다' 입니다.

이 경우도 보통 말로 논리를 전개하는 것이 가능하겠지만 기호로 바꾸니 대부분 추론을 아무 생각 없이 기계적으로 할 수 있게 되네요.

네, 그것이 기호로 바꿔서 하는 추론의 장점입니다. 합성명제의 분석도 기계적으로 하는 방법을 많이 개발해놓았습니다. 꽤 간단한 P→Q 같으면 P와 Q 각자의 참·거짓에 의존하는 바를 다음과 같은 도표로 표현하기도 합니다. (아리스토텔레스가 이런 도표를 사용하지는 않았습니다.)

P	Q	P→Q
T	T	T
T	F	F
F	T	T
F	F	T

여기서 'T(true)'는 '참'을 의미하고 'F(false)'는 '거짓'입니다. 가령 셋째 줄을 보면 P가 참이고 Q가 거짓이면 P→Q가 거짓이라는 뜻입니다.

그런데 명제를 훨씬 복잡하게 만들어도 체계적인 분석이 가능합니다. 가령 다음 P와 Q의 참·거짓이 바뀔 때 어떻게 될까요?

$$(\neg P \lor (P \to (Q \land \neg P))) \lor (\neg P \land (\neg (Q \to (\neg P \lor \neg Q))))$$

너무 복잡합니다!

나중에 시간이 많을 때 해보십시오. 그다지 재미있는 문제는 아니니까요.

앞에서 명제의 생성을 강조하며 설명했지만 명제의 분해 역시 논리학의 주요 토픽입니다. 사실은 같은 이야기이죠. '분해하는 것'이 '어떻게 생성되었는가 이해하는 것'과 같다고 볼 수 있기 때문입니다. 복잡한 명제를 단순명제로 분해할 수 있다는 관찰은 상당히 오래된 것 같습니다. 간단한 경우지만 그런 분해가 유용하다는 사실을 우리는 캐럴의 수수께끼에서도 확인했습니다.

아리스토텔레스 이후 수천 년에 걸쳐 논리학에서 단순명제와 복합명제의 구분이 점점 강해졌는데, 이는 문장 중에 일종의 원자가 있다는 개념으로 발전하게 되었습니다. 20세기 오스트리아의 철학자 루트비히 비트겐슈타인Ludwig J. J. Wittgenstein은 더 이상 쪼개지지 않는 원자 문장이 존재하고, 우리는 이를 복잡하게 합성하여 논리를 전개하게 된다는 철학을 아주 강하게 표명했죠. 따라서 복잡한 문장들을 원자 문장으로 쪼개서 참·거짓을 결정하는 과정을 일종의 함수 관계로 생각했습니다.

어떤 의미에서 문장을 '함수'라고 부를 수 있나요?

수학에서는 때로는 복합명제를 진리함수라고도 합니다. 가령 $P \rightarrow Q$ 같은 명제에서 P와 Q를 변수로 간주한다는 뜻입니다. 그러면 명제는 진릿값의 순서쌍에서 진릿값으로 가는 함수로 생각할 수 있습니다. 도표에 따라서 (P, Q)값이 (T, T)이면 $P \rightarrow Q$값은 T, (P, Q)가 (T, F)이면 $P \rightarrow Q$는 F. 이런 식입니다.

명제를 함수로 생각하면 약간 이상한 관점이 떠오릅니다. 어떤 주어진 명제들을 합성해서 더 복잡한 명제를 만들어내는 과정을 대수적인 연산처럼 여기는 것입니다. 예를 들자면 $P \vee Q$는 P와 Q의 합과 유사한 면이 많고, $P \wedge Q$는 P와 Q의 곱과 유사합니다. 우리가 변수를 나타낼 때 많이 쓰는 x, y로 표기하면 $x+y$나 xy와 비슷하다는 이야기입니다.

$$P \wedge (Q \vee R) = (P \wedge Q) \vee (P \vee R)$$

이처럼 배분법칙도 성립하고, 상식적이지만 생소한 $\neg(P \vee Q) = (\neg P) \wedge (\neg Q)$ 같은 법칙도 있습니다.

그렇게 놓고 보면 논리학이라는 학문 자체를 대수학의 한 분야로 생각할 수도 있을 겁니다. 누군가의 주장이 합당한지 판명하려면 문장을 기호로 다 번역한 다음 대수적으로 분석해보고 '그게 틀렸다, 맞았다' 기계적으로 판명하는 거죠. 특히 당시에는 수학적 공리와 정리도 다 기호로 쓰고 나면 논법을 기계적으로 적용해서 공리로부터 정리가 따르는지 확인할 수 있으리란 기대도 있었습니다.

불가능하지 않을까요? 보통 문장을 대수적인 기호로 다 바꾸는 것부터가 어려울 것 같습니다. 루이스 캐럴의 연습문제처럼요.

그렇겠죠? 앞서 이야기했던 힐베르트나 러셀, 그리고 그 전의 철학자들은 '그래도 수학만은 그렇게 할 수 있지 않을까?' 이런 기대를 했던 것 같습니다. 수학은 세상의 다른 복잡한 사고에 비해 좀 순수하고 체계적인 면이 많기 때문에, 기호논리로 바꾸어 맞다 틀리다를 판명하는 것이 가능하다고 기대한 것이죠. 하지만 말했듯이 그 기대는 무너지고 말았습니다. 불완전성 정리도 그렇고, 마티야세비치의 디오판토스 방정식에 대한 정리의 결론도 바로 그것이었죠. 문장은커녕 정수 체계만이라도 공리 몇 개로부터 사실을 다 유도할 수 있어야 할 것 같았지만 그것마저도 안 된다는 사실만 확인한 셈입니다.

세상에 대한 이론을 만드는 일에는 명제를 분석하는 것과 생성하는 것 모두 필요합니다. 여기서의 생성은 앞서 이야기한 명제의 합성과 논법의 적용을 둘 다 포함합니다. 이론가들이 원하는 완벽한 이론이란 분해와 생성 과정이 어디선가 만나는 경우일 것입니다. 하지만 아직 그런 이론은 없고, 궁극적으로 가능한지도 불분명합니다.

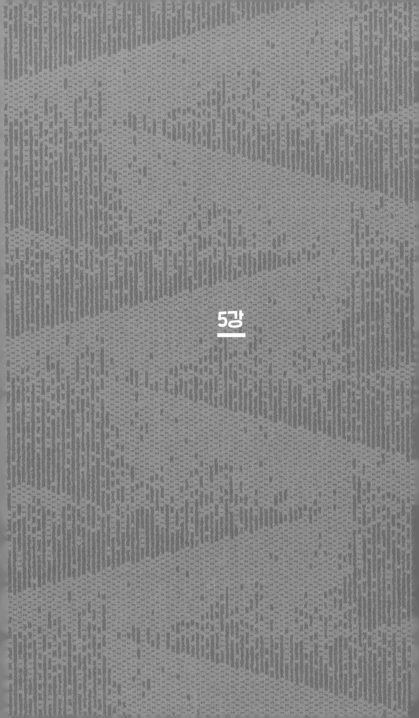

5강

세상을 이루는 함수들

함수란 무엇인가

어느새 우리의 세미나도 중반을 넘어가고 있네요. 이번 시간에는 머리도 식힐 겸 좀 느슨한 태도를 가지고 기초 개념 몇 개만 복습하는 시간을 가져보도록 합시다. 두서없이 진행하겠습니다.

직관적으로 이해하지만 설명하기 어려운 개념에 대해 한 번 질문해보겠습니다. 먼저, 함수란 무엇인가요?

수를 넣으면 다른 수가 나오는 것?

중요한 예입니다. 함수란 수를 집어넣으면 다른 수를 뱉어내는 것. 가장 쉽게 떠오르는 정의는 그렇지요. 함수를 처음 배울 때 자주 등장하는 간단한 함수로, 제곱하는 함수가 있습니다. 2를 집어넣으면 4가 나오고, -3을 집어넣으면 9가 나오죠. 그런 함수를 다음과 같이 표현합니다.

$$f(x) = x^2$$

괄호 안에 수를 넣으면, 그 수의 제곱이 나온다는 뜻이지요.

$$f(x) = a_n x^n + a_{n-1} x^{n-1} + \cdots + a_1 x + a_0$$

이러한 꼴의 함수들을 '다항식'이라고 하는데 아주 중요한 함수입니다. 다항식의 큰 장점은 계산하기 쉽다는 것입니다.

$$g(x) = x^{100} + x^{99} + x^{98} + \cdots + x + 1$$

예를 들어 위 식은 길기는 하지만, $x=3$에서의 값을 구하라고 하면 기계적으로 계산할 수 있습니다. 3의 100제곱 더하기 3의 99제곱 더하기 3의 98제곱 더하기…… 이렇게 일일이 계산하면 되겠죠. 그런데 같은 함수라도 표현하는 방법이 여러 가지일 수 있습니다. 위의 $g(x)$는 다음과 같이 고칠 수도 있습니다.

$$g(x) = \frac{x^{101} - 1}{x - 1}$$

앞서 일일이 계산했던 식이 $g(3)=(3^{101}-1)/2$이 되었으니, 계산하기가 쉬워졌지요. 표현하는 방법에 따라서 계산이 쉬울 수도, 어려울 수도 있습니다.

$$h(x) = \frac{f(x)}{g(x)}$$

다항식 $f(x)$, $g(x)$를 가지고 새로운 함수를 만들 수 있는데, 위와 같은 함수를 유리함수라고 합니다. 유리함수 역시 값을 계산하는 것은 비교적 용이합니다.

그런데 다항식이나 유리함수에 비해, $\sin(x)$, $\cos(x)$, e^x, $\log x$와 같은 함수들은 정의도 어렵고 값을 구하기는 더 어렵습니다. 여기서 갑자기 엉뚱한 질문을 할 수도 있지요. '값을 구한다는 것이 무슨 뜻이냐? $\sin(365°)$는 그 자체로서 수를 정의하지 않느냐?'

계산한다는 의미는 '다른 편리한 표현법을 찾는다'는 것입니다. 우리는 대부분 수를 10진법을 이용한 소수 형태로 사용하니까 보통은 적당한 소수로 근사한다는 뜻이 '계산'입니다. $\sin 365°$ 같은 경우 라디안radian으로 표현하는 것이 편리한데, 미적분학에서 이런 이상한 급수로 근사하는 방법을 배웁니다.

$$\sin(365°) = \sin\left(2\pi + \frac{5\pi}{180}\right)$$
$$= \left(\frac{5\pi}{180}\right) - \frac{\left(\frac{5\pi}{180}\right)^3}{6} + \frac{\left(\frac{5\pi}{180}\right)^5}{120} - \frac{\left(\frac{5\pi}{180}\right)^7}{5040} + \cdots$$

기초적인 함수도 계산하는 것은 어렵군요.

네. 이런 예에서 시작하여 여러 수학적 함수를 효율적으로 계산하는 방법론을 개발하는 분야를 '수치해석'이라고 합니다. 수학을 응용하려면 아주 중요한 작업입니다.

함수의 그래프라는 것이 있지요. 입력과 출력이 수 하나인 함수 $f(x)$가 있고, 좌표 평면에 $(x, f(x))$ 꼴의 점을 전부 찍으면 만들어지는 모양입니다. 가령 $C(t)$가 시간 t에 있는 한국 코로나 바이러스 확진자 수라면 그래프는 다음과 같습니다.

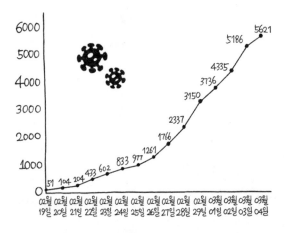

그래프를 보면 그동안 병이 확산돼온 상황을 일목요연하게 파악할 수 있죠. 그런데 $C(t)$가 어떤 종류의 함수인지 구체

적으로 알기는 어렵습니다. 오히려 $f(x)=x^2$ 같은 간단한 함수는 이해하기 쉽죠. 그래프를 한번 그려볼까요? 다음 모양이라고 알고 있을 겁니다.

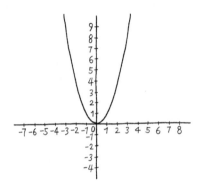

그런데 좀 멀리서 넓은 시각으로 보면 그래프가 어떻게 변하는지 알아볼까요?

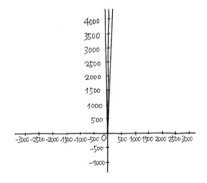

어떤가요?

큰 수의 단위에서 보니, 그래프가 거의 y축에 붙어 있는 것 같습니다.

그렇습니다. 이런 현상은 x에 비해서 x의 제곱이 워낙 크기 때문에 일어납니다. 그러니까 작은 수의 직관만으로는 간단한 함수의 성질도 잘못 알고 있을 수 있습니다.

요새는 함수를 가르치는 방법도 다양해지고 있습니다. 응용을 염두에 두고, 함수란 수를 입력하면 다른 수를 출력하는 프로그램 같은 것이라고 설명하기도 합니다. 함수를 이해하는 좋은 관점입니다. 물론 코로나 감염률 그래프에서 보았듯이 '함숫값을 실제 출력하는 프로그램'을 만드는 것은 결코 쉽지 않습니다. (이때는 세상 자체가 그 프로그램인지도 모르겠습니다.)

함수가 반드시 수만 입력으로 집어넣어야 하는 건 아닙니다. 함수의 정의역이라는 말을 기억하십니까?

정의역은 글자 그대로 '정의된 영역'을 말합니다.

함수가 무엇에 정의되어 있는가를 규명하는 것이 정의역이죠. 예를 들어 사람의 집합에 정의된 함수들을 찾아볼까요? 일상적으로 관심 있는 함수 가운데, 사람을 하나 집어넣으면 수가 나오는 함수에는 어떤 것이 있을까요?

사람 하나하나마다 수를 붙여주는 함수라면, 주민등록번호 같은 것도 함수라고 할 수 있습니까?

그렇죠. 좋은 예입니다. 주민등록번호라는 함수에서 '정의역'은 '우리나라에 거주하는 국민'입니다. 또 찾아볼까요? 쉽게 생각하면 체중도 사람의 함수입니다. 사람의 나이도 함수이고, 키도 마찬가지죠. 1분에 심장이 몇 번 뛰나 재는 맥박 수도 함수입니다. 우리가 늘 관심 가지는 종류의 함수들이죠. 이런 함수들 사이의 '관계'에도 관심이 많습니다. 가령 키와 체중의 상관관계는 어떤가요? 모두 사람의 집합에 정의된 함수들입니다.

이런 함수에 대해서도 수를 입력하는 함수와 비슷하게 표기할 수 있습니다. 예를 들면, 다음과 같이 쓸 수 있겠죠.

$$키(x)$$

여기서 x는 사람이었지요? 그럼 이렇게 씁니다.

$$키(김민형) = 약 174$$

그런데 이런 함수 가운데 더 자연스러운 함수가 있는가

하면 덜 자연스러운 함수도 있습니다. 처음에 말씀하신 주민번호 같은 것이겠죠. 사람을 보고 주민번호를 짐작할 수 있나요? 이는 짐작할 수 없는, 임의로 정한 함수입니다. (물론 완전히 임의는 아니지만요.) 그에 비해 나이는 어느 정도 짐작을 할수 있죠. 체중과 키도 마찬가지로 자연스럽습니다. 보통 과학에서 다루는 함수는 자연스러운 함수들입니다.

더 '수학적'이라고 느낄 만한 예로 수 몇 개의 순서쌍이 정의역일 수도 있습니다.

$$f(x, y) = x^2 - y^2$$

위 함수는 입력이 수 두 개이고 출력은 수 하나입니다. 입력이 수 여섯 개인 중요한 함수 중에 이런 것도 있습니다.

$$f(x, y, z, x', y', z') = \sqrt{(x-x')^2 + (y-y')^2 + (z-z')^2}$$

앞에서 배운 거리 공식이네요.

이것은 좌표가 (x, y, z), (x', y', z')인 두 점 사이의 거리를 출력하는 함수입니다. 생각해보면 이런 함수는 반드시 좌표로 표현할 필요가 없습니다. 입력이 공간상의 두 '점'이고 출력이 '수'인 자연스러운 함수입니다. 우리는 이런 정의역이 다양한 함수를 매일 신문을 읽으면서 봅니다. 지구 표면상에 정의된 함수 중에 매일 관심의 대상이 되는 '기온' 같은 함수가 바로 그것이죠.

함수의 공변역 즉, 함숫값이 되는 것도 수 하나일 필요는 없습니다. 평면에서 평면으로 가는 함수를 x, y좌표를 이용해서 정의할 수 있습니다. 예를 들면 (x, y)를 두 개의 함숫값 $(x^2 - y^2 + 1, 2xy + 3)$으로 가지고 있는 함수는 입력이 수 두 개이고 출력도 수 두 개죠.

$$f(x, y) = x^2 - y^2 + 1, \quad g(x, y) = 2xy + 3$$

그리고 함수를 다음과 같이 표기하기도 합니다.

$$(f(x, y), g(x, y))$$

정의역이나 공변역 모두 수와 상관없는 함수도 많습니다. 희한한 예로 사람의 집합에서 사람의 집합으로 가는 '어머니'라는 함수를 생각해볼 수 있습니다.

$$어머니(율곡) = 사임당$$

구체적으로 이런 식이지요. 그런데 함수를 얼마나 섬세하게 생각하느냐에 따라서 정의역이 확장되기도 합니다. 예를 들어 사인함수 같은 경우 처음에는 0에서 $90°$ 사이에 정의됐다가 정의역을 아무 각이나 다 잡아도 되도록 확장하죠. 또 때로는 함수의 정의역에서 고려했어야 할 '변수'를 무시하고 있었다는 사실을 발견하기도 합니다. 가령 앞에서 이야기한 나이, 체중 같은 함수는 사람의 함수이기도 하지만 시간에도 의존하지요? 따라서 체중 함수를 W라고 쓰면 사람이라는 변수를 x라고 하고, 시간을 t라고 써보죠.

$$W(x, t)$$

가령 대입을 해보면, 이런 표기법이 되겠군요.

W(김민형, 2019년 8월 16일 7시 37분)=비밀

사실 일상적으로도 그렇지만, 과학에서 제일 중요한 관심사 중 하나가 시간의 함수입니다. 주식 투자를 하는 사람의 관심사로는 $K(t)$ 코스피 지수 같은 것이 있을 겁니다. 이런 함수는 과거값은 알고 있지만, 굉장히 알고 싶은 '미랫값'은 어려운 대표적인 함수입니다.

평면상에서 움직이는 점을 시간의 함수 두 개로 표현하기도 합니다.

$$(f(t), g(t))$$

예를 들자면 $(\cos(t), \sin(t))$는 시간이 지남에 따라 원 주위를 돌아가는 점입니다. 공간상에서 돌아다니는 점은 함수

세 개로 표현할 수 있습니다.

$$(f(t), g(t), h(t))$$

그럼 질문. $(\cos(t), \sin(t), t)$는 어떤 경로를 따라서 움직일까요? (생각해보세요.)

태양계 안에서 천체가 움직일 때 가능한 $(f(t), g(t), h(t))$를 분류한 것이 뉴턴의 가장 위대한 업적이죠. 나아가 아인슈타인의 일반상대성이론은 우주의 모양 함수 $S(t)$라는 함수의 성질을 나타내고 있습니다. $S(t)$란 시간이 t일 때 우주의 모양입니다. 아인슈타인 방정식이란 이 함수가 만족해야만 하는 방정식을 제시하고 있죠.

$$U(t)$$

어쩌면 과학의 궁극적인 목적이 위의 함수를 기술하는 것이라고 할 수도 있습니다. 여기서 $U(t)$란 시간이 t일 때 '우주의 상태'입니다. 그러니까 $U(t)$는 $S(t)$의 정보를 포함하지만, 그 외에도 많은 정보를 가지고 있습니다.

물리학에서는 어떤 시스템의 한순간 상태가 미래와 과거를 모두 결정한다고 믿습니다. 뉴턴의 운동법칙에 의해서 입자의 어느 한순간 위치와 속도가 전 궤적을 결정한다는 사실이 전형적인 믿음입니다. 따라서 '우주의 10초 후 상태'가 현재 상태의 함수인 것이죠. 그 함수를 F라 할 때(future라는 뜻으로) 어느 상태 x에서든 $F(x)$는 x에서 시작한 우주의 10초 후 상태입니다. 10초에 한 번씩 우주를 관찰하면서 진화 과정을 살펴보면 이렇게 변해나가겠지요.

$$x, F(x), F(F(x)), F(F(F(x))), \cdots$$

방금 우주 전체에 대해서 거창하게 이야기했지만, 입자 하나의 움직임에 대해서도 똑같은 이야기를 전개할 수 있습니다. 이런 이유로 함수의 '거듭 작용'이 역학의 주요 분야로 발전했습니다.

그런데 우주나 입자가 아니라 고작 실직선에 정의된 간단한 함수도 거듭 적용하면 상당히 복잡한 현상을 나타낼 수 있습니다. 예를 들어 $f_c(x) = cx(1-x)$ 꼴의 경우를 볼까요? 이 함수는 c의 값에 따라 거듭 적용했을 때 성질이 미묘하게 변하는 모습을 보여줍니다. 우선 c를 2로 잡고, 0과 1 사이의 각종 점 a에 스무 번까지 적용해보겠습니다. 계산은 제가 할 테니, 여러분은 나타나는 숫자만 확인하십시오. 그러니까 20개의 함숫값을 아래와 같이 출력하는 것입니다.

$$f(a), f(f(a)), f(f(f(a))), \cdots, f^{20}(a)$$

$c=2$

a	$f_c^n(a)$														
0.7	0.42	0.4872	0.499672	0.5	0.5	0.5	0.5	0.5	0.5	0.5	0.5	0.5	0.5	0.5	0.5
0.9	0.18	0.2952	0.4161	0.4859	0.4996	0.5	0.5	0.5	0.5	0.5	0.5	0.5	0.5	0.5	0.5
0.4	0.48	0.4992	0.499999	0.5	0.5	0.5	0.5	0.5	0.5	0.5	0.5	0.5	0.5	0.5	0.5

어느 순간부터 항상 0.5가 나옵니다!

이번에는 c를 3.2로 잡고 해보겠습니다. 확실한 패턴을 보기 위해서 50번까지 거듭 적용했습니다. 출력이 좀 길지만, 겁먹지 마십시오.

$c=3.2$

a	$f_c^n(a)$
0.7	0.672 0.705331 0.665085 0.71279 0.655105 0.723016 0.640845 0.736521 0.620986 0.75316
	0.594912 0.771173 0.564688 0.78661 0.537136 0.795587 0.520411 0.798667 0.514554 0.799322
	0.5133 0.799434 0.513086 0.799452 0.513051 0.799455 0.513046 0.799455
	0.513045 0.799455 0.513045 0.799455 0.513045 0.799455 0.513045 0.799455 0.513045
	0.799455 0.513045 0.799455 0.513045
0.9	0.288 0.656179 0.721946 0.642368 0.73514 0.623069 0.751533 0.59754 0.769555
	0.567488 0.785425 0.539304 0.795057 0.521413 0.798533 0.51481 0.799298 0.513346
	0.79943 0.513093 0.799451 0.513052 0.799455 0.513046 0.799455 0.513045
	0.799455 0.513045 0.799455 0.513045 0.799455 0.513045 0.799455 0.513045
	0.799455 0.513045 0.799455 0.513045 0.799455 0.513045 0.799455 0.513045
0.4	0.768 0.0570163 0.784247 0.541452 0.194502 0.52246 0.798386 0.515091 0.799271
	0.513398 0.799426 0.513102 0.799451 0.513054 0.799455 0.513046 0.799455 0.513045
	0.799455 0.513045 0.799455 0.513045 0.799455 0.513045 0.799455 0.513045
	0.799455 0.513045 0.799455 0.513045 0.799455 0.513045 0.799455 0.513045

잘 들여다보니, 어느 순간부터 0.799455, 0.513045 두 값 사이를 왔다갔다 하고 있지요?

이번에는 $c=3.5$로 놓고 해보겠습니다.

$c=3.5$

a	$f_c^{\ n}(a)$									
	0.735	0.681712	0.759432	0.639433	0.806955	0.545225	0.867841	0.401425		
	0.84099	0.46804	0.871425	0.392152	0.834291	0.483873	0.87409	0.385199	0.828873	
0.7	0.49645	0.874956	0.382928	0.82703	0.50068	0.874998	0.382817	0.826938	0.50089	
	0.874997	0.38282	0.826941	0.500884	0.874997	0.38282	0.826941	0.500884		
	0.874997	0.38282	0.826941	0.500884	0.874997	0.38282	0.826941	0.500884		
	0.315	0.755212	0.647033	0.799335	0.561396	0.861807	0.416835	0.850793	0.444306	
	0.864144	0.410898	0.847213	0.453051	0.867285	0.402856	0.84197	0.465697	0.870882	0.393564
0.9	0.93535	0.481392	0.873788	0.385989	0.829505	0.494993	0.874912	0.383043	0.827124	0.500466
	0.874999	0.382814	0.826936	0.500894						
	0.874997	0.38282	0.826941	0.500884	0.874997	0.38282	0.826941	0.500884		
	0.874997	0.38282	0.826941	0.500884	0.874997	0.38282	0.826941	0.500884		
	0.84	0.4704	0.871933	0.390829	0.833286	0.486221	0.874336	0.384555	0.828354	
	0.497643	0.874981	0.382864	0.826977	0.500802	0.874998	0.382818	0.82694	0.500887	
0.4	0.874997	0.38282	0.826941	0.500884	0.874997	0.38282	0.826941	0.500884		
	0.874997	0.38282	0.826941	0.500884	0.874997	0.38282	0.826941	0.500884		
	0.874997	0.38282	0.826941	0.500884	0.874997	0.38282	0.826941	0.500884		

이 경우에는 네 개의 값 0.874997, 0.38282, 0.826941, 0.500884 사이를 순회합니다.

이런 실험을 계속하다보면, c가 커질수록 순회하는 극한값의 개수는 2개, 4개, 8개, 16개······ 이렇게 늘어납니다.

$c=3.56995$ 정도에 이르면 이 현상이 없어지고 거듭 적용했을 때 생기는 수열이 혼란스럽게 움직입니다. 초기 조건의 변화에 민감하게 반응하고 있는 것이지요. 이 현상을 카오스chaos라고 합니다. 다음의 그래프는 c의 변화에 따라서 극한값이 변하는 모습을 보여주는 그림입니다.

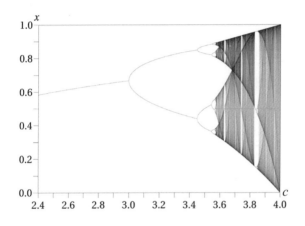

상당히 복잡하죠? 간단한 함수도 거듭 작용하면 상당히 복잡한 구조를 내포할 수 있음을 보여주는 사례입니다. 그렇다면 과연 우주의 진화는 얼마나 더 복잡한 걸까요? 여러분의 상상에 맡겨보겠습니다.

좌표란 무엇인가

우리가 계속해서 중요하게 다루고 있는 좌표에 대해 알아봅시다. 좌표는 페르마와 르네 데카르트René Descartes가 만든 표현법이죠. "나는 생각한다, 고로 존재한다"라는 명언을 남긴《방법서설Discours de la Methode》이라는 책의 부록에 처음 등장했는데, 좌표의 발명은 인류의 역사와 수학사에서 매우 중요한 사건이었습니다. 기하학을 언어로 명료하게 표현할 수 있는 개념적 틀이기 때문입니다.

좌표는 그 자체로 함수이기도 합니다. 어떻게 보면 함수 중에서도 굉장히 중요한 함수이죠. 보통 좌표 평면을 그릴 때 직각으로 만나는 축을 두 개 그립니다. 그리고 나서 필요한 것은 무엇이죠? 단위입니다. 우리가 그 단위를 1센티미터로 정한다고 가정합시다. 이렇게 직각으로 만나는 선 두 개를 결정

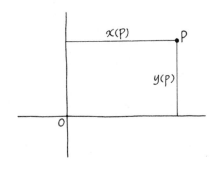

하고 나서 그 사이에 길이의 단위를 직선상에 정해주고 나면, 이 평면상에 x라는 함수와 y라는 함수가 결정이 됩니다. 다시 말해 평면상의 점에 수를 두 개씩 대응시킬 수 있다는 의미입니다. 점 P가 있을 때 y축까지의 직선 거리가 $x(P)$의 값이고, x축까지의 거리가 $y(P)$가 됩니다.

축, 단위, 그리고 양수의 방향도 정해주어야 하네요. 생각해보면 이것은 x축과 y축에 1의 위치를 표시하는 것과 같습니다. 평면이 사분면으로 나뉘어서 어느 부분에 있느냐에 따라 x, y 좌표가 거리일 수도 있고 '-거리'일 수도 있습니다. 어찌됐든 선 두 개를 그림으로써 평면상에 x라는 함수와 y라는 함수가 생겼죠. 그리고 이 두 개의 함수가 '좌표계'를 이룹니다.

x함수와 y함수 두 개의 값으로 점들을 구분할 수 있다는 의미군요. 두 개 좌표가 있으면 점의 위치를 찾을 수 있으니까요.

아주 좋은 설명입니다. 앞서 사람의 집합에 정의된 함수와 비교해보면, 우리가 사람 개개인을 이처럼 자연스러운 함수 둘로 구분하기는 어렵겠지요? 예를 들어서 키와 체중만으로 그 사람이 누구인지는 파악할 수 없을 테니까요.

지금 다룬 x, y 좌표계 말고도 기하학적인 좌표계들은 핑장히 많습니다. 사실 평면상의 점들을 묘사하려면 x함수, y함수만 있는 건 아니거든요. 잘 알려진 것 중에 r과 θ라는 두 개의 함수도 있습니다. r과 θ로 이뤄진 좌표계를 '극좌표계'라고 부르는데, r은 점 P에서 원점까지의 거리를 나타내는 함수 $r(P)$의 값이고, 원점에서 이 점까지의 선분이 x축과 이루는 각도가 $\theta(P)$의 값입니다.

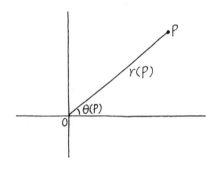

각도와 거리가 있어도 점의 위치를 찾는 게 가능합니다.

r과 θ를 주어도 점들을 구분하는 게 가능하기 때문에 이를 극좌표계라 부릅니다. 이런 종류의 함수를 이용하는 데는 굉장히 다양한 방법이 있어서, 좌표계의 종류만 가지고 일종의 이론을 만들기도 합니다. 가령 2차원 평면이라는 이야기를 할 때, 2차원은 수학적으로 무엇을 의미할까요?

x함수와 y함수가 있으니까, 2차원은 함수의 수를 의미할 것 같습니다.

정확합니다. 바로 차원의 정의가 그렇습니다. 차원이란 어떤 기하학적인 집합의 점들을 일대일로 묘사할 때 필요한 함수의 개수를 의미합니다. 평면상의 점들을 묘사할 때는 어떤 종류의 좌표를 정하든지 항상 함수 두 개가 필요합니다. 바로 그것이 2차원이라는 의미입니다. 우리가 자주 사용하는 x, y의 함수도 있지만, r, θ일 수도 있지요. 다른 종류의 좌표계도 가능한데, 좌표계를 이루는 함수의 개수로 차원이라는 게 결정되는 겁니다.

지구상의 점들을 표현할 때는 무엇으로 정하죠?

위도, 경도를 사용합니다. 그러고 보니 위도와 경도는 모두 지구 표면상의 함수네요.

우리가 지금 있는 이 위치에 위도와 경도, 그러니까 독립된 함수 두 개가 있는 셈입니다. 지구의 '표면'은 2차원이라는 의미입니다. 역사적으로 지구 표면의 좌표계를 위도, 경도로 통일하여 사용한 것은 그리 오래되지 않았지요. 아마도 각 지역마다 자기 나름대로의 좌표계를 사용했을 것입니다. 중요한 것은 좌표계란 주어진 기하적인 객체를 수 사이의 순서 쌍으로 묘사하는 데 필요한 함수들을 의미하며, 여기에 필요한 함수가 몇 개인가에 따라 주어진 객체의 차원을 뜻한다는 것입니다.

함수의 개수가 차원이라면, 2.3차원과 같은 소수 차원도 가능한가요?

가능합니다. 다만 조금 더 희한한 공간이겠지요. 자연스러운 수학적인 공간, 기하적인 공간 들은 보통 자연수 차원을 갖게 되는데, 상당히 복잡한 공간들이 존재합니다. 이처럼 차원의 개념을 확장하는 것도 가능합니다.

사인과 코사인 정복하기

이번엔 여러분이 학교에서 배운 수학 중 가장 안 좋은 기억으로 남았을 '삼각함수'에 대해 이야기해봅시다. 사인sin, 코사인cos 다들 기억나시죠? 그 정의는 다음과 같습니다. 선분 a, b, c로 이뤄진 직각삼각형이 있습니다.

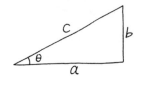

$$\cos\theta = \frac{a}{c}, \ \sin\theta = \frac{b}{c}$$

그런데 이 경우 삼각형의 크기는 상관없이 사인함수와 코사인함수의 값이 항상 같은 값이 나옵니다.

변의 길이와 상관없이 각도가 중요합니다.

네, 삼각함수에서는 바로 각도가 중요합니다. 삼각형의 크기를 더 키워도 직각삼각형 입면과 각도만 똑같으면 항상 같은 양이 나오는 것이 삼각함수입니다. 삼각함수는 삼각형 자체의 함수가 아니고 각도의 함수인 것이죠. 그런데 이 각도라는 개념도 제 생각에 상당히 고등한 개념으로 보입니다. 각도는 도대체 무엇을 의미하는 걸까요?

약간 어렵습니다. 일종의 회전량으로 보면 어떨까요?

아주 좋은 접근법인 것 같네요. 여태까지 제가 들어본 답변 중에 가장 좋은 답변이었습니다. 기준 선분과 겹쳐 있던 두 번째 선분을 끝점 주위로 회전했을 때 회전한 정도를 측정한 것이 각도입니다. 말보다 그림으로 보는 게 더 좋겠군요.

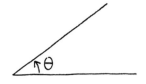

그런데 이때에도 회전량 자체는 측정을 해야 합니다. 양이라는 개념은 '크다, 작다', '이것보다 저게 크다, 작다'라는 판단을 할 수 있도록 일종의 원시적인 직관도 나타내지만, 정밀하게 이야기하려면 아무래도 수를 사용해야 합니다. 그렇다면 이 회전량을 수로 표현하려면 무엇이 필요할까요?

단위가 필요합니다.

그렇습니다. 길이와 마찬가지로 각도도 단위가 필요합니다. 그런데 단위를 정할 때는 약간의 임의성이 개입됩니다. 일상적으로는 각도를 도라고 표현하고, 1°, 2°, 3°로 씁니다. 그렇다면 1°는 무엇을 의미할까요?

앞에서 이야기한 정의에서 시작하면, 한 바퀴 회전한 양을 360°로 정한 다음 그것의 1/360을 회전한 것이 1도입니다.

그렇습니다. 360°는 고대 바빌로니아의 60진법에서 비롯되었습니다. 당시 사람들이 360이라는 수를 선택한 이유는 수 자체가 그다지 크지 않으면서도 정수로 많이 나눌 수 있는 수이기 때문이었다고도 합니다. (하지만 이런 고대사는 조심해서 받아들이는 것이 좋겠죠. 옛 사람들의 동기를 정확하게 파악하는 건 어려우니까요.) 여러 개로 나누더라도 나오는 값이 정수로 쉽게 표현되기 때문에 이 수를 채택했다는 것. 그러니 사용하기 편한 수를 임의적으로 선택했다고 봐도 무방할 겁니다.

혹시 라디안이라는 개념이 생각나나요? 학교에서 배운 개념을 떠올려봅시다.

반지름이 1인 원상에 부채꼴을 잡았을 때 생기는 호의 길이와 반지름의 길이와 똑같아지면 그 부채꼴의 각도를 1라디안으로 정합니다.

맞습니다. 다시 설명해보지요. 지름이 1인 원의 둘레, 원주를 π라고 부릅니다. 지름이 1일 때 원주가 π인 이유는 뭐죠?

그렇게 약속했기 때문입니다.

그렇죠. 약속은 곧 정의라는 말입니다. π의 정의는 바로, 지름이 1인 원이 있으면 그 원 둘레의 길이를 말합니다. 그럼 반지름이 1인 경우는 이 원이 두 배 확대되는 것이니 원주가 2π가 되겠죠? 그렇다면 반지름이 1인 원을 따라 절반, 180°만 회전하게 되면 호의 길이는 어떻게 될까요?

2분의 2π이니 답은 π입니다.

그럼 90도만 회전하면 어떨까요?

2분의 1π.

45° 회전하면? 4분의 1π. 360° 회전하면? 2π가 나오겠죠? 이게 라디안의 개념입니다. 어떤 각도의 라디안이란 반지

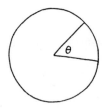

름이 1인 원을 그린 다음, 그 각도만큼 회전한 선분의 끝이 지나간 원호의 길이입니다.

라디안이란 길이를 측정하는 단위입니다. 임의적으로 360등분하여 만든 '도'에 비하면 기하학 그 자체에만 의존하기 때문에 더 자연스럽습니다. 물론 π라디안이 어디 있는지는 찾기 쉽지만, 1라디안이 어디 있는지는 찾기 어렵다는 단점은 있습니다. 180°가 π라디안이고 π가 약 3.14라는 것을 이용하면 1라디안은 57°쯤 되겠군요. 라디안은 길이의 단위만으로 정의할 수 있기 때문에 각도의 단위가 필요 없습니다. 순수 기하학적인 척도라는 이유 때문에 수학에서는 라디안을 더 선호하죠.

지름이 1인 원의 둘레를 π라고 정하자는 약속은 언제 만들어졌나요?

지름과 원주의 비율에 대해 알게 된 역사는 아주 오래됐습니다. 기원전 1900년에서 1600년 사이에 만들어진 바빌로니아와 이집트 문헌에 π의 근삿값들이 나온다고 합니다. 그런데 π의 이름 자체는 '둘레'라는 뜻의 그리스어 '$\pi\epsilon\rho\iota\mu\epsilon\tau\rho\sigma$'의 첫 글자를 따온 것이니, 아마 고대 그리스에서 처음 사용했겠지요. 물론 그 사람들은 π를 수로 생각하기보다는 '비율'로 여겼을 것입니다.

π는 그냥 기호가 아니고 특정한 무리수이지 않나요? 그러면 지름이 1일 때 원의 둘레가 π라는 게 단순히 약속이 아니라 실제로 측정을 해본 건 아닌가요?

원주의 길이가 무엇이든지 그걸 π라고 부르자는 것이 약속입니다. 그러고 나서 유리수로 표현할 수 있는지 측정해보려는 노력을 할 수 있습니다. 그래서 고대부터 π의 유리수 근삿값을 많이 사용했다고 하죠. 아르키메데스가 그런 노력을 체계적으로 한 끝에 다음과 같이 정밀한 부등식을 그의 논문에 넣을 수 있었습니다.

$$\frac{223}{71} < \pi < \frac{22}{7}$$

그러면 π라는 수는 어떻게 측정할까요? 상식적으로 생각하면 π가 3.14쯤 된다는 사실을 알기 전에 4보다 작다는 것 정도는 쉽게 파악할 수 있습니다. 어떻게 파악할까요?

음……. 4는 변의 길이가 1인 정사각형의 둘레를 생각해볼 수 있습니다. 둘레가 4인 정사각형 안에 지름이 1인

원이 쏙 들어가기 때문에 그 결론에 도달할 수 있습니다.

그렇습니다. 정확히 이런 그림이 되겠지요.

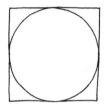

그런데 이것보다 조금 더 노력하면 π가 3보다는 크다는 사실도 유추할 수 있습니다. 어떻게 하냐면, 원을 여섯 등분하여 원 안에 정육각형을 만드는 겁니다.

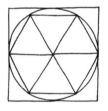

이렇게 정육각형을 여섯 등분하고 보니 정삼각형 여섯 개가 나왔습니다. 그렇죠? 이 육각형의 둘레 길이는 몇일까요? 원의 반지름인 1/2이 정삼각형의 한 변이니까 정육각형의 둘레는 3이 나옵니다. 그러니까 지름 1인 원의 둘레 π가 3보다는 크다는 사실을 유추할 수 있죠. 그래서 다음 부등식을 알아냈습니다.

$$3 < \pi < 4$$

아르키메데스는 이렇게 계속 원의 안과 밖에 n각형을 그려가면서 원주를 근사해나갔습니다. 현대 컴퓨터에서는 당연히 조금 다른 방식으로 계산하겠지요. 예를 들면 무한급수이론을 기초로 π를 근사해나가는 다음과 같은 방법이 있습니다.

$$\pi = 4 - \frac{4}{3} + \frac{4}{5} - \frac{4}{7} + \frac{4}{9} - \frac{4}{11} + \cdots$$

세 번째 항까지 계산하면 아래의 근삿값이 나오고,

$$4 - \frac{4}{3} + \frac{4}{5} = 3\frac{7}{15}$$

다섯 번째 항까지 더하면 근삿값이 이렇게 나오죠.

$$4 - \frac{4}{3} + \frac{4}{5} - \frac{4}{7} + \frac{4}{9} = 3\frac{107}{315}$$

그런데 이 방법은 그다지 효율적이지 못합니다. 굉장히 효율적인 급수로 이런 희한한 것도 있습니다.

$$\frac{1}{\pi} = 12 \sum_{n=0}^{\infty} \frac{(-1)^n (6n)! (545140134n + 13591409)}{(3n)! (n!)^3 (640320)^{3n+\frac{3}{2}}}$$

미국의 수학자이자 엔지니어인 데이비드 추드노프스키

David Chudnovsky와 그레고리 추드노프스키Gregory Chudnovsky 형제가 1988년에 찾아낸 것입니다. 저도 이런 급수가 어디서 나왔는지는 모릅니다만, 라이프니츠, 오일러, 라마누잔 등의 여러 방식 가운데 가장 효율적인 방법이라고 합니다.

효율적이라는 것은 무슨 뜻이지요?

예를 들어 '소수점 이하 열다섯 번째 수를 몇 번째 항까지 계산했을 때 발견하느냐?' 이런 것을 재는 척도입니다. 정확히 말해 유한 개의 항까지 더해서 역을 취했을 때 π의 실젯값에 가까워지는 속도가 굉장히 빠르다는 뜻입니다.

그런데 실젯값을 알기도 전에 어떻게 실젯값에 가까워지는 속도를 알 수 있지요?

좋은 질문이지만, 실젯값을 모른다는 말은 맞지 않습니다. 구체적인 소수점으로 표현하기 전에도 원주는 잘 정의된 값이니까요. 그래서 정의를 잘 이용하면 근삿값을 택했을 때 오차가 어느 정도인지 알 수 있습니다. 예를 들면, 우리는 π가 3보다 크고 4보다 작다는 사실을 통해 근삿값 3과 π의 오차가 1보다 작다고 단언할 수 있습니다. 이런 식으로 효율성을 계산할 수 있습니다. 아르키메데스가 찾은 근삿값 233/71은 233/71< π <22/7 이용하면 오차가 다음보다 작습니다.

$$\frac{22}{7} - \frac{223}{71} = \frac{1}{497}$$

이는 그 당시로는 상당히 작은 오차였겠죠. 어떤 양을 근사할 때 오차를 조정하려면 실젯값의 하한선과 상한선을 동시에 찾아주는 것이 중요합니다. 아르키메데스는 이런 사실을 굉장히 잘 알고 있는 실용적인 수학자였습니다. 잠시 π이야기로 빠졌네요. 다시 삼각함수로 돌아오지요.

중·고등학교 때 삼각함수를 배우면서 참 많이 어려웠을 겁니다. 사실 정의를 직접 이용해서 우리가 알 만한 수로 계산할 수 있는 사인, 코사인 값은 몇 개가 채 되지 않습니다. 기본적으로 우리가 손으로 쉽게 계산할 수 있는 사인, 코사인은 이것밖에 없으니 다시 외워보는 것도 좋겠습니다.

	0도	30도	45도	60도	90도
사인 a/c	0	$\frac{1}{2}$	$\frac{\sqrt{2}}{2}$	$\frac{\sqrt{3}}{2}$	1
코사인 b/c	1	$\frac{\sqrt{3}}{2}$	$\frac{\sqrt{2}}{2}$	$\frac{1}{2}$	0
탄젠트 a/b	0	$\frac{1}{\sqrt{3}}$	1	$\sqrt{3}$	∞

외운 것은 금방 잊어버리게 됩니다.

잊어버렸을 땐 아래처럼 삼각형 두 개만 그려보세요.

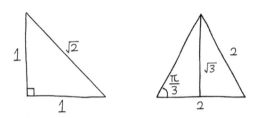

여기서 좀 더 어려운 계산을 해볼까요? cos 75°를 알고 싶으면 어떻게 할까요?

우리가 cos 45°와 cos 30°의 값을 알고 있으니 이를 더하면 될 것 같습니다.

그렇죠. 그런데 그냥 더해서는 안 되고, 이를 계산하기 위한 특별한 공식이 있습니다. 바로 삼각함수의 덧셈 공식입니다. 기억하시나요?

$$\sin(\alpha+\beta) = \sin\alpha\cos\beta + \cos\alpha\sin\beta$$
$$\sin(\alpha-\beta) = \sin\alpha\cos\beta - \cos\alpha\sin\beta$$
$$\cos(\alpha+\beta) = \cos\alpha\cos\beta - \sin\alpha\sin\beta$$
$$\cos(\alpha-\beta) = \cos\alpha\cos\beta + \sin\alpha\sin\beta$$

여기서 빼기가 들어가는 공식은 $\alpha-\beta=\alpha+(-\beta)$와 $\sin(-\beta)=$ $-\sin(\beta)$를 이용하면 $\alpha+\beta$의 경우로부터 따릅니다.

위의 공식과 표를 활용하여 cos(75)를 해봅시다.

$$\cos 75 = \cos(45+30) = \cos 45\cos 30 - \sin 45\sin 30$$
$$= \left(\frac{1}{\sqrt{2}}\right)\left(\frac{\sqrt{3}}{2}\right) - \left(\frac{1}{\sqrt{2}}\right)\left(\frac{1}{2}\right) = \frac{1}{2\sqrt{2}}(\sqrt{3}-1)$$

종종 수학과 산수를 구분하며 공식을 외우는 수학을 수준 낮게 여기는 경우가 있는데, 그렇지 않습니다. 공식은 매우 유용한 수학 도구죠. 삼각함수의 덧셈 공식 역시 하나의 이론적인 정리일 뿐만 아니라 계산 도구입니다. 삼각함수 덧셈 공식이 특별한 경우 θ와 ϕ가 같은 각도일 때만 해도 상당히 유용합니다. 그때는 공식이 다음과 같습니다.

$$\sin 2\theta = 2\sin\theta\cos\theta, \quad \cos 2\theta = \cos^2\theta - \sin^2\theta$$
$$= \cos^2\theta - (1-\cos^2\theta) = 2\cos^2\theta - 1,$$
$$\cos\theta = \sqrt{\frac{1}{2}(1+\cos 2\theta)}$$

그리고 다음의 등식도 성립합니다.

$$\sin^2\theta = 1 - \cos^2\theta = 1 - \frac{1+\cos(2\theta)}{2} = \frac{1-\cos(2\theta)}{2}$$

$$\sin\theta = \sqrt{\frac{1}{2}(1-\cos 2\theta)}$$

따라서 $\cos(2\theta)$로부터 $\sin\theta$와 $\cos\theta$를 계산하는 공식을 줍니다.

$$\cos\frac{\theta}{2} = \sqrt{\frac{1}{2}(1+\cos\theta)}, \quad \sin\frac{\theta}{2} = \sqrt{\frac{1}{2}(1-\cos\theta)}$$

두 식을 이렇게 써주면 알고 있는 $\cos\theta$에서 출발하여 계속 각을 이등분하면서 코사인과 사인을 계산할 수 있게 됩니다. 예를 들어서 $\cos 30 = \sqrt{3}/\sqrt{2}$에서 $\cos 15$, $\sin 15$, $\cos 7.5$, $\sin 7.5$, $\cos 3.75$, $\sin 3.75$, …를 다 계산할 수 있게 되는 것이죠. 물론 제곱근을 계산하는 방법도 알아야 하지만, 여기서는 다루지 않겠습니다. 요점은 우리가 가진 계산기에 여러 함수를 계산하는 데 필요한 알고리즘들이 저장돼 있어서 이런 수학을 정교하게 사용하고 있다는 사실입니다.

방금 다룬 수학은 간단한 사례들입니다. 코사인과 사인을 좀 더 효율적으로 생각하는 한 가지 기초적인 방법을 알려드리겠습니다. 먼저 반지름이 1인 원을 그린 뒤 (1, 0)점에서 출발하여 원을 따라서 θ라는 각도만큼 회전합니다. 이때 도달하는 점 P의 x좌표와 y좌표 값이 바로 $\cos\theta$와 $\sin\theta$가 됩니다.

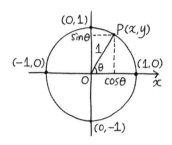

그림에 보이는 직각삼각형은 빗변이 1이죠, 그러니 $\cos\theta$는 밑변의 길이 나누기 1이고, $\sin\theta$는 높이 나누기 1이 됩니다. 그런데 밑변의 길이가 정확히 P의 x좌표이고 높이가 P의 y좌표임을 확인할 수 있습니다. 따라서 P의 좌표는 ($\cos\theta$, $\sin\theta$)로 표현됩니다. 이 사실을 이용하면 각도가 90°보다 클 때의 코사인과 사인의 정의를 이해할 수 있죠.

항상 헷갈리는 내용입니다.

어떻게 정의하느냐? 이제부터는 각도가 90°보다 커지더라도 똑같이 점의 x좌표를 $\cos\theta$라고 정의를 하고, 점의 y좌표를 $\sin\theta$로 정의합니다. 그렇다면 $\cos 180°$는 뭔가요?

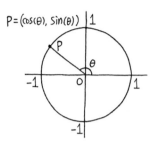

$P = (\cos(\theta),\, \sin(\theta))$

cos 180°는 점의 x좌표를 의미하므로 −1이 됩니다.

sin180°는 이 점의 y좌표이므로 0이 되고요.

cos 270°는 어떻게 될까요? cos 135°는 뭐가 되죠? 다음 그림을 살펴봅시다.

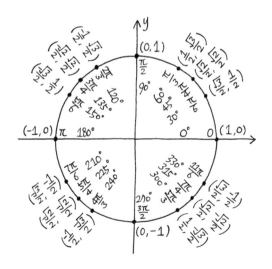

$-\sqrt{2}/2$입니다.

$\cos(-\theta)=\cos\theta$, $\sin(-\theta)=-\sin\theta$ 같은 식들도 원 위에 있는 점의 좌표를 생각하면 쉽게 알 수 있습니다. 원에서는 어느 θ에서 출발해도 360°를 더하면 같은 점으로 돌아오니까 사인과 코사인 값은 변하지 않는다는 점을 자연스럽게 받아들일 수 있습니다. 라디안을 이용해서 표현해볼까요?

$$\cos(\theta+2\pi)=\cos\theta, \ \sin(\theta+2\pi)=\sin\theta$$

여기서는 360°, 즉 2π의 배수를 더하거나 빼도 마찬가지지요. 계속 원래 자리로 돌아오니까요. 즉, 임의의 정수 n에 대해서 다음이 성립한다는 뜻입니다.

$$\cos(\theta+n2\pi)=\cos\theta, \ \sin(\theta+n2\pi)=\sin\theta$$

항상 그림을 그려놓고 시작하면 편리하겠군요. 그런데 도대체 이 사인, 코사인은 왜 만들어졌고, 어디에 쓰이는 건가요?

삼각함수 이론은 우리가 잘 알고 있듯이 바다에 떠 있는 배까지의 거리를 추정하거나, 높은 산의 고도 등을 측량하는 데 응용하기 위해 고안한 것이 그 시작이었다고 전해집니다.

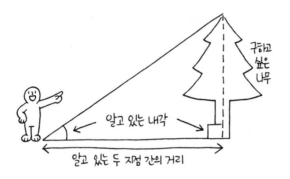

구하고
싶은
나무

알고 있는 내각

알고 있는 두 지점 간의 거리

그런데 실제 현대 세계에서의 응용은 조금 다릅니다. 아까 이야기한 성질, $\cos(\theta+n2\pi)=\cos\theta$, $\sin(\theta+n2\pi)=\sin\theta$가 바로 이 사인과 코사인의 가장 중요한 응용의 원천입니다. 그 비밀은 바로 변수에 있습니다. 우리가 흔히 함수를 표현할 때 변수를 x라고 쓰고, 또, 각도의 경우 θ를 사용했는데, 응용에서 가장 중요한 변수는 t라고 씁니다. t는 무엇을 의미할까요?

또 시간time인가요?

그렇습니다. 코사인과 사인을 시간의 함수로 보았을 때 가장 중요한 응용이 나타납니다. 그 이유는 직관적으로 판단할 수 있습니다. 변수를 시간으로 생각했을 때 식 $\cos(t+n2\pi)=\cos t$, $\sin(t+n2\pi)=\sin t$가 나타내는 바는 주기성입니다. 다시 말해 2π 주기를 가지고 같은 값으로 되돌아오는 함수들입니다. 사실 자연 현상에서는 이런 주기성이 굉장히 많이 나타납니다. 가령 행성의 운동에 주기성이 있다는 사실은 고대부터 잘 알려져 있었지요. 또 7강에서 설명하겠지만 공기 압력의 주기성이 우리가 듣는 소리의 높낮이로 인지됩니다. 그래서 어떤 현상이든 그 현상이 주기적으로 나타날 때, 사인과 코사인이 배후에 있는 경우가 대부분입니다.

또 함수를 약간만 바꾸어주면 주기를 조정할 수도 있습니다. 가령 $\sin(2\pi t)$는 어떤 성질을 가졌나요? 다음 계산에 따라 이제는 주기가 1이 됩니다.

$$\sin(2\pi(t+1)) = \sin(2\pi t + 2\pi) = \sin(2\pi t)$$

이렇게 해서 이번 시간에는 비교적 기초적인 개념들을 복습하는 데 시간을 할애했습니다. 어떠셨나요?

2부 · 수학의 모험

6강

수 없이 계산하기

고대 그리스식으로 계산한다면

먼저 질문으로 시작해봅시다. '실수'란 무엇입니까?

유리수와 무리수를 통틀어서 실수라고 합니다.

학교에서 배운 실수實數, real number의 개념을 떠올려보십시오. 실수에 대해서 처음 배울 때 어떤 집합이라고 배우죠?

실수는 양쪽으로 무한히 뻗어나가는 직선이 있을 때, 직선상의 점들로 이루어진 집합이라고 배웁니다. 중학교 3학년 교육과정에 나옵니다.

그렇지요. 직선 자체를 실수 집합●으로 여길 때 실직선 real line이라는 표현을 쓰기도 합니다. 우리에게 익숙한 관념으로서 '정의'는 언어를 사용한 묘사를 의미합니다. 그렇지만 직선은 언어로 표현하는 것이 아니고 직관에 의존하는 개념입니다. 하지만 실수 이론의 기초를 몰라도 우리는 중·고등학교에서 직선에 관한 직관을 이용해 계산도 하고 여러 가지 정리도 증명하죠. 궁극적으로 직선의 성질들을 포착하는 데 꼭 언어가 직관보다 안정적이라고 보기는 어려울 겁니다.

첫 시간에 고대 그리스 수학에서는 수보다 기하를 더 확실하게 믿었다고 지적했지요. 그래서 오늘은 실수 체계를 직선상의 점으로 여기는 파운데이션을 조금 소개해볼까 합니다. 그런데 한 가지 어려운 점은 실수 체계가 기하적인 구조 말고도 또 다른 구조를 가지고 있다는 사실입니다. 그게 뭘까요? 보통 우리가 수를 가지고 하는 작업이 무엇인가요?

더하고 빼는, 나누고 곱하는 일을 합니다.

더하고 빼고 곱하고 나누는 일, 즉 각종 연산을 합니다. 현대적인 사고 체계에서는 그런 연산을 대체로 언어, 특히 기

● 여기서 '직선상 점들의 집합'이라고 할 때의 '집합'이란 단어는 대체로 집합론에서 추구하는 절대적인 개념이 아니라 '모임'이라는 직관적인 뜻으로 썼습니다.

호로 묘사합니다. 가령 정수의 연산을 먼저 어느 정도 기계적
으로 익힌 다음, 유리수 연산은 정수의 비율로 나타내고, 실
수까지 생각하게 되면 유리수들로 근사함으로써 언어의 영역
안으로 끌어들이지요. 그렇기에 9+7=16, 9×7=63, 혹은 다음
연산을 보고 직선상의 수를 이용한 연산을 떠올리기는 힘들
것입니다.

$$
\begin{array}{r}
37 \\
\times\ 23 \\
\hline
111 \\
74 \\
\hline
851
\end{array}
$$

현대인은 컴퓨터의 관점을 가지고 있다는 것이 이런 뜻입
니다. 그러나 고대 그리스 수학자들은 수를 다루는 데 개념적
인 어려움을 느꼈습니다. 뿐만 아니라 수학의 파운데이션을
기하학으로 세웠기 때문에 당시 우리가 생각하는 실수의 개
념은 없었다고 보는 것이 옳습니다. 사실 유리수도 우리가 생
각하는 식의 수가 아니었지요.

앞서 고대 그리스에서는 유리수도 지금의 수가 아닌 비
율로 생각했고, 무리수는 수로 생각할 수 없었다고 말씀
하셨습니다. 그러면 그리스식 수 체계란 언어로 표현하

지 않고도 가능한 연산이라는 건가요?

그렇습니다. 한번 고대 그리스식 수 체계로 연산을 해볼까요? 언어로 표현하지 않고 직선상의 점을 가지고 직접 연산을 해보는 겁니다. 그냥 말로 하면 모호할 테니 구체적인 질문으로 시작하는 것이 좋을 듯합니다. A라는 점과 B라는 점이 있을 때, A+B라는 점은 어떻게 찾을까요?

일단 원점이 있어야 할 것 같습니다.

네, 먼저 원점이 정해져야 합니다. 원점이 하나 정해지면 A+B를 찾을 수 있죠.

원점부터 A까지의 길이만큼 B 옆에 붙여주면 더하기 계산이 가능할 것 같습니다.

원점부터 A까지의 길이를 L이라고 할 때, L만큼을 B에 붙여주면 A+B가 될 겁니다.

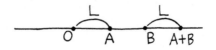

이처럼 수로 표기하지 않아도 직선의 직관을 사용해서 덧셈을 쉽게 이해할 수 있습니다. 그러면 A-B는 어떻게 할까요?

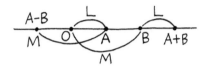

A에서 0 방향을 향해 B의 길이만큼 이동하면 됩니다.

좋습니다. 이렇게 완전히 기하학적으로 덧셈 뺄셈을 하는 것이 가능합니다. 수를 '지시'로 생각하면 직관적으로 파악할 수 있습니다. 그러니까 A를 0에서 A로 가는 화살표로 해석하는 것입니다. 그러면 +A를 'A만큼 가라'로, +B를 'B만큼 가라'로 생각하면, A+B는 두 지시를 합치는 것입니다. 'A만큼 가고 B만큼 가라.' 그렇다면 -B는 'B만큼 역방향으로 가라'로 해석합니다. 따라서 A-B는 'A만큼 가고 나서 B의 반대만큼 가라'가 되는 것이지요.

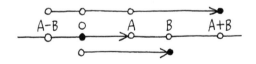

덧셈과 뺄셈을 할 때는 원점인 0이 꼭 필요하군요. 덧셈

에 대한 항등원이 직선상의 계산에서도 필요한 거네요.

덧셈과 뺄셈을 이해했다면, 이제 곱셈 AB를 해볼까요?

이건 좀 어렵습니다. 2B는 가능해 보입니다. B만큼씩 두 번 가면 되니까요. 하지만 그냥 AB라고 하면 잘 상상이 안 갑니다. 넓이를 구하는 게 아니고 직선 안에서 곱하기를 구하는 것이기 때문입니다.

그렇습니다. 우리가 A×B를 기하적으로 표현하려면 자연스레 면적을 생각하게 됩니다. 바로 고대 그리스 사람들은 수의 곱셈을 면적으로 해석했습니다. 그런데 지금 질문에서 요구하는 바는 직선이라는 수 체계 안에서의 연산이므로, 연산한 값은 또 직선상의 점이어야 합니다. 그러니 면적으로 표현되는 AB에 대응되는 직선상의 점을 찾아야겠죠.

말씀하셨듯이 2B는 B만큼 두 번 가면 되니 구하기 쉽습니다. 3B는 B만큼 세 번을 가면 되고요. −2B 역시 0의 반대편으로 B만큼 두 번 넘기면 됩니다. B에 정수를 곱하는 건 쉽죠.

(1/2)B, (1/3)B, 이런 것도 가능할 것 같습니다.

0에서 B 사이의 선분을 이등분, 삼등분하면 되겠죠. 유리수 $r=m/n$이 주어지면 rB를 만들 수 있겠네요. 그것은 mB를 찍은 다음 0과 mB 사이의 선분을 n등분하면 되지요. 그러면 $\sqrt{2}$B는 어떨까요?

그것도 근사해갈 수 있을 것 같습니다.

네, 그렇습니다. 1.414B, 1.4142B, 1.41421B 이런 식으로 유리수 배인 점들로 점점 다가갈 수 있습니다. 다시 말해, 실수 체계를 이미 알고 있는 상태에서 실수 a를 유리수의 수열로 근사하는 방법을 알고 있다면 aB에 근사한 값을 찾을 수 있습니다. 그런데 $\sqrt{2}$B를 기하적으로 한번에 만들 수는 없을까요?

자와 컴퍼스를 가지고 작도해보면 어떨까요?

사실 고대 그리스 수학은 자와 컴퍼스로 작도 가능한 모양에 대해서도 관심이 많았습니다. 다음의 그림처럼 직선상에 점을 찍을 때도 그런 작도법을 생각하는 것이 문제를 구체화하는 데 도움이 될 것 같습니다. 어쨌든 상당히 많은 실수 a에 대해서 aB를 만들 수도 있겠네요.

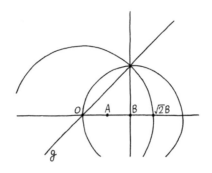

그런데 이 방법은 원래 질문에서 좀 멀어집니다. 이런 작업은 이미 알고 있는 실수를 B에 곱하는 것이지 점 A를 곱하는 것은 아니기 때문입니다. $\sqrt{2}$B를 찍을 수 있어도 $\sqrt{2}$는 직선상의 점이 아닙니다.

만약에 저 직선상에 0과 1이 있다면 어떨까요? 덧셈에서 항등원 0이 필요했던 것처럼, 곱셈의 항등원인 1이 어디 있는지 알면 2도 알고, -1도 알고, 각종 유리수 점도 찾을 수 있을 것 같습니다.

아주 좋은 지적입니다. 우리가 보통 거리를 수로 해석할 때 단위를 정하듯, 1을 정한다는 것은 단위를 정하는 것과 같은 의미이기도 합니다. 그러니까 단위가 결정되었기 때문에 곱할 수 있다고 해석할 수 있습니다. 1의 위치를 알면 구체적

으로 모든 유리수 점, 그리고 유리수 수열로 표현된 실수와 직선상의 점을 대응시킬 수 있게 됩니다

여기서는 어떤 수 체계에 대해서 생각할 필요 없이, 1만 정하고 나면 직선상의 점을 직접 곱할 수 있습니다. 가령 다음 그림에 자와 컴퍼스로 작도하며 AB를 찾는 방법이 묘사돼 있습니다.

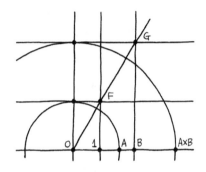

완전히 기하적으로 표현한 점들 사이의 곱셈입니다. 곱셈이 가능하니 나눗셈도 할 수 있습니다. 직선 OF는 기울기가 A인데 이것을 적당히 반사해서 기울기가 1/A인 직선을 만들면 B/A도 쉽습니다.

이렇게 만든 '직선 연산'은 고대 그리스 수학자들에게 굉장히 흥미로웠을 것입니다. 수학의 파운데이션을 기하학으로 세웠기 때문에 실수의 개념은 없었고, 유리수도 우리가 생각하는 식의 수는 아니었죠. 위의 그림처럼 두 양 사이의 비율로

서만 존재했던 것입니다. 그러니까 구와 구를 둘러싼 원통의 부피 비율은 2:3이라는 생각은 해도, 3/2이라는 분수가 있다고 생각하지는 않은 것 같습니다.

만약 기하학에 집착한 고대 그리스 수학자들이 직선상의 점만으로 대수적인 구조를 다 가진 수 체계를 구축했다면 수학의 발전이 많은 면에서 더 일찍 일어났을 수도 있다고 생각합니다. 그러나 지금 우리가 묘사한 기하적 연산은 17세기가 되어서야 데카르트를 통해 처음 체계적으로 기술되었습니다.

고대 그리스에는 0이라는 개념이 없었지요?

실제로 고대 그리스에서는 0의 개념이 없었고, 1도 때로는 수의 자격이 있을까 말까 했다고 합니다. 그러나 우리가 지금 생각하는 기하적 연산의 관점에서는 둘 다 핵심적인 개념입니다. 앞서 직선상의 점을 더할 때 덧셈의 항등원인 0이 필요하고, 곱할 때는 곱셈의 항등원 1이 필요했죠. 고대 그리스에서는 원점의 존재가 없었기 때문에 개념적인 진전이 더 어려웠던 게 아닌가 추측할 수도 있습니다.

평면에서 계산하기

원점이 있으면 직선상의 점뿐만 아니라 평면상의 점, 그리고 공간상의 점도 더할 수 있습니다. 시각적으로 이해하기 쉽도록 주로 평면상에서 이야기해보겠습니다.

A라는 점과 B라는 점이 있는데, 이번엔 직선이 아닌 평면에 있습니다. A+B를 구하고 싶은데 어떻게 할까요?

직선상에서 덧셈을 했듯이 이어 붙이면 되지 않을까요?

그렇죠. 직선상 두 점의 길이를 구할 때처럼 여기서도 원점을 이용하면 됩니다. 원점이 있으면 그냥 점이었던 것을 방향이 있는 직선으로 해석할 수 있습니다. 직선이 되면 이것도 이어 붙일 수 있겠죠?

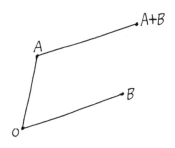

그림에서처럼 A+B가 되는 점을 찾았습니다. 그런데 한

가지, 출발점과 끝점을 구분하기 위해 직선만 그리지 많고 끝에 화살표를 하나 붙이겠습니다. A까지 화살표를 따라간 다음, 그 점에서부터 B 화살표의 지시를 따라 또 올라가서 도달한 점이 바로 A+B가 됩니다. 다시 말해 A로 가는 화살표와 B로 가는 화살표를 합성한 것이죠. 그렇게 도달한 점 역시 원점에서 시작한 화살표로 해석합니다.

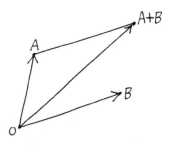

　　앞으로의 이야기에서는 항상 원점이 필요하므로 그냥 점과 원점에서 그 점까지 가는 화살표를 혼동하는 경우가 많을 것입니다. 굳이 구별하려면 점 A가 주어졌을 때 화살표를 $\overrightarrow{OA}$라고 씁니다. 'O에서 A까지 가는 화살표'의 자연스러운 표기법이지요. 또 다른 해석을 하면, 평행사변형을 이용해서 설명할수도 있습니다. A와 B를 더하려면 다음 그림처럼 두 선분과 평행한 선과 만나 만들어지는 평행사변형의 끝점으로 대각선을 긋는 것이죠.

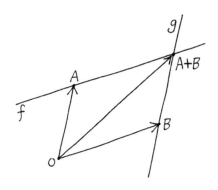

원점이 생기니 A+B를 구할 수 있었는데, 그러면 A×B를 할 수도 있을까요? 여기서도 1이 있으면 가능할까요?

좋은 아이디어입니다. 사실 1만 있으면 평면상의 곱셈도 가능합니다. 여기에 대해서는 저의 책 《수학의 수학》에서 비교적 상세하게 다루었습니다만, 지금은 다른 방향으로 이야기를 전개해보겠습니다. 먼저 2B를 평면상에서 먼저 구해봅시다. 쉽죠? B+B로 생각하면 되니까요.

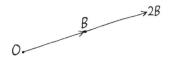

그러면 −B는? 방향만 바꿔주면 되겠죠.

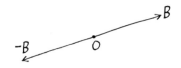

아까 직선상에서처럼 원점의 반대방향으로 B만큼 가라는 지시가 똑같습니다. 그러면 A-B도 A+(-B)로 만들어 보면 구할 수 있을 것 같습니다.

좋습니다. A+(-B)로 해석하면, -B는 'B와 반대 방향으로 B와 똑같은 길이만큼 나간다'라고 생각하면 됩니다. 따라서 A+(-B)는 'A만큼 갔다가 B만큼 후퇴하는 것'이라고 해석합니다.

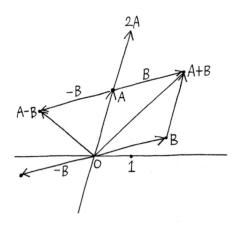

그런데 두 배의 B, 세 배의 B값을 구할 수 있다고 했듯, B/2도 할 수 있습니다. 어떻게 하면 될까요?

B와 원점의 가운데 점을 정하면 될 것 같습니다.

그런 방식이라면 (3/2)B도 구할 수 있겠죠? B를 1.5배 늘렸다고 생각해도 될 겁니다. 그러니까 이런 식으로 임의의 유리수가 있으면 rB를 구할 수 있다는 것입니다. r이 양수이면 같은 방향으로, 음수이면 그 반대방향으로 넘기는 것입니다. 즉 원점만 정하고 나면 평면상의 점들은 모두 더하거나 뺄 수 있고, 화살표의 길이를 바꿈으로써 평면상의 점에 실수를 곱할 수도 있습니다.

또 실수를 유리수로 근사하는 방법을 쓰나요?

좋은 질문입니다. 지금 우리가 택한 파운데이션에서 실수라는 것은 직선상의 점이라고 했지요? 그러니 그런 점 r과 평면상의 점 B가 주어졌을 때 기하적으로 직접 rB를 만들 수 있어야 합니다. 그러기 위해서 우선 평면 안에 직선을 하나 그릴 터인데 아까 여러분이 이야기한 것처럼 우선 평면상에 점 1이 주어졌다고 합시다. 그러면 0과 1을 지나는 직선 L이 정해집니다.

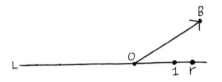

　　실수 r은 이 직선상의 한 점입니다. 그러면 rB는 다음과
같이 구합니다.

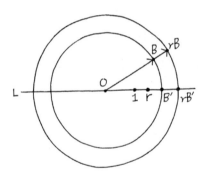

　　화살표 B를 직선 L쪽으로 회전하면 직선상에 점 B′가 생
기죠? 그러면 B′는 실직선상에 있으니까 rB′를 찾을 수 있게
됩니다. 이것을 다시 원래의 B방향으로 회전하면 rB가 되겠
죠. 이렇게 평면상의 덧셈과 평면상의 점에 실수를 곱하는 것
까지 정의했습니다. 여기서도 0과 1을 모두 활용했습니다.

증명, 그리고 더 좋은 증명

지금 배운 평면 연산의 개념적인 위력을 보기 위해서 간단한 응용을 하나 살펴보겠습니다. 우리가 처음 만났을 때 바리뇽의 정리를 공부했습니다. 바리뇽의 정리는 사각형을 아무렇게나 그린 뒤에 각 변에 중점을 찍은 다음 이 중점을 연결하면 평행사변형이 된다는 내용이었습니다. 이 정리를 화살표 연산으로 재해석해봅시다.

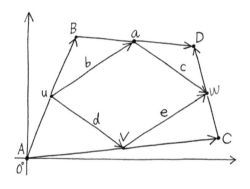

그림에서 가운데 사각형의 변 b와 e가 평행하고 길이가 같다는 것을 증명하고 싶습니다.[*] 그런데 변 b와 e가 평행하고 길이가 같다는 것은, b와 e를 화살표로 보고 화살표의 출발

---

[*] 이 사실만으로 가운데 사각형이 평행사변형이라는 사실이 성립됩니다. 그런데 더 확인하고 싶으면 변 c와 d에 대해서 거의 같은 논리를 한 번만 더 전개하면 됩니다.

점을 원점으로 옮겼을 때 같은 화살표가 된다는 뜻이겠죠? 화살표가 같다는 것은 방향과 길이가 같다는 뜻이니까요. 그러면 모든 화살표의 출발점을 원점으로 옮기고 나서 연산을 해봅시다. 먼저 화살표 b는 변 u의 중점에서부터 점 B까지 갔다가, 다시 변 a의 중점까지 간 화살표라 할 수 있으므로 이렇게 나옵니다.

$$b = (\tfrac{1}{2})u + (\tfrac{1}{2})a$$

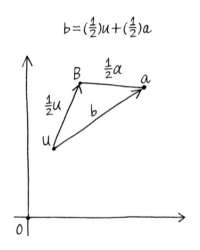

화살표 e 역시 같은 방법으로 이렇게 구할 수 있겠죠.

$$e = (\tfrac{1}{2})v + (\tfrac{1}{2})w$$

그런데 이 두 식의 관계를 구하면 다음 등식이 성립합니다.

$$b=(\tfrac{1}{2})u+(\tfrac{1}{2})a=(\tfrac{1}{2})(u+a)=(\tfrac{1}{2})(v+w)=e$$

등식에서 $b=(1/2)u+(1/2)a=(1/2)(u+a)=(1/2)(v+w)=e$
는 왜 성립하지요?

$$u+a=v+w$$

그 이유는 위의 등식에서 따릅니다. 그리고 그것은 원래
그림을 보면 자명합니다.

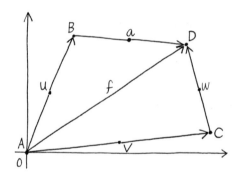

대각선을 가로지르는 화살표 f가 화살표 $u+a$와도 같고
화살표 $v+w$와도 같습니다. 달리 말하면 $u+a$와 $v+w$의 끝점이
같지 않으면 사각형이 될 수가 없습니다. 만약 합이 같지 않으
면 모양이 이렇게 되겠지요.

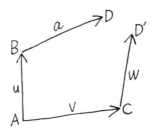

그러네요! 뭔가 변을 화살표로 이해하는 것이 꽤 복잡하지만 증명 자체는 더 쉽게 끝나버렸습니다.

그런데 이 증명은 첫 시간에 닮은꼴 삼각형을 이용한 증명보다 더 간단하다는 것 외에도 개념적으로 훨씬 명료한 면이 있습니다. 보통 수의 경우와 비교해보면 논리가 더 명확해집니다. 네 개의 수 x, y, z, w가 있을 때 $x+y$와 $w+z$가 같으면 $(1/2)(x+y)$와 $(1/2)(w+z)$도 같다. 이는 너무 당연하지 않나요? 그런데 이 당연한 사실을 화살표 연산에 적용하고 있을 뿐입니다. 훨씬 더 자연스러운 증명인 셈이지요.

따라서 이 연산을 통해서 해석하면 바리뇽의 정리가 쉽게 일반화되기도 합니다.

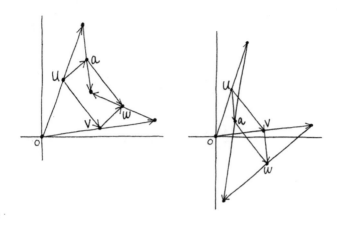

이렇게 사각형이 찌그러져도 평행사변형이 나오나요?

그렇죠. 앞서 우리가 보인 증명의 또 다른 특징으로는 대수적인 증명이라는 것입니다. 즉 $u+a=v+w$이면 $(1/2)(u+a)=(1/2)(v+w)$라는 사실인데, 이는 사각형의 모양과 상관없이 $u+a$와 $v+w$의 끝점이 맞닿아 있으면 됩니다. 이때도 닮은꼴 삼각형으로 증명할 수도 있지만 대수적인 증명은 더 자세히 볼 필요도 없지요. 오른쪽 그림처럼 모양을 더 변형시켜도 됩니다. 심지어 이를 3차원으로 만들어 증명할 수도 있습니다. 이때도 A, B, C, D를 꼭짓점으로 갖는 사각형이 있고 네 변의 중점 E, F, G, H를 잇는 평행사변형이 생깁니다.

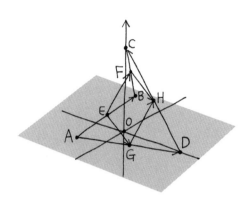

저것도 사각형이라고 볼 수 있나요?

사각형이든 아니든 상관이 없습니다. 이 관점의 장점이 바로 점 네 개를 이은 모양이 사각형이든 아니든 상관없이 바리뇽의 정리를 증명할 수 있다는 것입니다. 공간상 화살표의 연산만 하면 되니까요. 공간상의 화살표를 연산하는 것과 평면에서 화살표를 연산하는 것은 개념적으로 차이가 없습니다. 다음 그림처럼 원점에서 가는 화살표들을 공간에서 합성하면 되니까요.

그러니까 똑같은 증명을 그냥 공간상의 화살표에서 하든, 평면에서 하든 아무 차이가 없다는 뜻이군요.

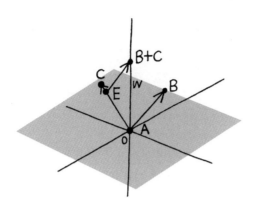

사각형이 무엇이냐, 어떻게 생겼느냐보다는 화살표 사이의 관계가 핵심인 것입니다. 즉, 다음이 성립한다는 사실만 알면 평행사변형은 반드시 생깁니다.

$$\overrightarrow{AB} + \overrightarrow{BC} = \overrightarrow{AD} + \overrightarrow{DC}$$

손가락으로 화살표를 따라가며 확인하니 이해가 됩니다. 이 화살표를 부르는 이름이 따로 있습니까?

이왕 여기까지 왔으니 수학적 용어를 소개하도록 하지요. 이미 아시는 분도 계시겠지만 평면이나 공간상의 점들을 이렇게 화살표로 생각할 때 이를 '벡터'라고 부릅니다. 원점을 하나 정하고 나면 모든 점을 벡터로 생각하고 연산을 정의할 수 있습니다.

벡터를 꽤 어려운 개념으로 알고 있는데, 그냥 저 화살표들인가요?

네, 점 자체를 벡터라고 보기도 하지만, 원점이 주어진 상태에서는 점과 화살표가 지닌 정보가 정확히 같습니다.

그런데 왜 똑같은 원리를 다른 방식으로 증명해 보여주신 건가요?

수학자들 사이에서 가끔씩 회자되는 말이 있습니다. "한 번 증명할 가치가 있는 명제는 여러 번 증명할 가치가 있다." 그 이유는 증명이 여러 개 있으면 명제가 이야기하는 현상을 다방면에서 이해하게 되기 때문입니다. 또 여러 증명 가운데 '이 증명이 더 좋다'라는 가치 판단을 내릴 수도 있습니다. 증명이 더 간단해서이기도 하지만 반드시 그렇지는 않죠. 방금 본 바리뇽 정리의 증명도 세미나를 시작하며 살펴본 것보다 간단하지 않은 면도 있습니다. 왜냐하면 증명을 하기 위해서 벡터 연산이라는 구조를 도입할 필요가 있었죠. 그래서 삼각형의 닮은꼴에 대한 기초적인 논리보다 더 복잡하다는 주장도 가능합니다. 그렇지만 우리는 이 구조를 통해 현상의 핵심적인 성질을 밝힐 수 있었습니다.

$$u + a = v + w \text{이면,} \quad \frac{1}{2}(u + a) = \frac{1}{2}(v + w) \text{이다.}$$

이런 일은 수학에서 자주 일어납니다. 때로는 상당히 추상적일 수도 있는 사고의 틀을 어렵게라도 형성하고 나면, 문제의 핵심이 드러나기도 하고 여러 현상을 통일된 관점에서 기술할 수 있게 되기도 합니다. 바리뇽 정리의 벡터 연산 증명은 이런 과정의 간단한 사례입니다.

물론 이런 예는 다른 학문에서도 쉽게 찾아볼 수 있습니다. 예를 들어서 물리학에서는 '전자기장', '중력장' 같은 데서 나오는 '장field'이라는 굉장히 추상적인 개념이 세상의 거의 대부분을 통일적으로 기술할 수 있게 해주었으니까요.

서로 다른 관점에 대한 수학 이론

바리뇽의 정리를 벡터를 이용해 대수적으로 해석하고 나니 '공간 사각형'에도 바리뇽의 정리가 성립한다는 놀라운 점을 발견할 수 있었습니다. 그렇지만 그림 그리는 편의를 위해서 다시 평면벡터로 돌아가서 이번엔 복합 연산을 해보겠습니다. 계속되는 연산에 지치겠지만, 천천히 따라와보기를 바랍니다.

지금까지 벡터의 실수배, 그리고 벡터의 합을 이야기했으니 두 연산을 복합해서, 벡터 v, w와 실수 a, b로 이뤄진 $av+bw$ 모양의 벡터들을 생각해봅시다. 이는 쉽게 말해 v를 a만큼 잡아 늘이고 (물론 축소일 수도 있고) w를 b만큼 잡아 늘인 다음에 더해준다는 의미입니다. 그러면 여기서 기하학적인 직관을 키우기 위해서 약간 어려운 질문을 한꺼번에 하겠습니다. a와 b를 둘 다 0과 1 사이의 모든 실수로 잡고 $av+bw$를 계산한 결과를 모두 모아놓으면 어떤 모양이 될까요? (여기서는 $av+bw$의 끝점에 대한 질문입니다. 자꾸 벡터와 벡터의 끝점을 혼동하면서 이야기해서 죄송합니다.)

실수는 직선상의 집합이라고 하셨으니까, 직선 두 개 사이를 촘촘히 메운다고 생각하면 평행사변형이 나올 듯합니다.

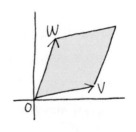

그렇습니다. 평행사변형을 빈틈 없이 가득 메우는 점들이 생깁니다. 파악이 잘 되나요? 0부터 1사이에서 a를 바꿔나가면 av의 길이가 0에서 v까지 오르락내리락하게 됩니다. 아래 그림처럼요.

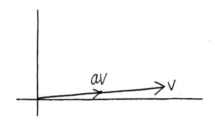

또한 b를 0부터 1 사이에서 바꿔나가면 w를 따라서 길이가 바뀔 테고요.

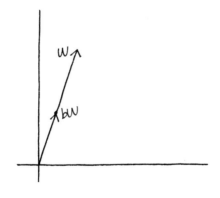

이렇게 a와 b를 0과 1 사이에서 바꿔나가면, 평행사변형 안에 있는 점이 모두 생성되게 됩니다.

그러면 이제 a, b를 0에서 2까지 허용하면 어떻게 될까요? 더 큰 평행사변형 안의 점들이 다 생기겠지요.

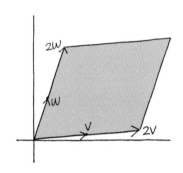

이번에는 a는 -1에서 0까지 놓고, b는 똑같이 아까처럼 0에서 1까지 놓겠습니다. 그리고 나면 $av+bw$는 어떻게 될까요? 우선 음수인 a를 곱하면 v가 반대방향으로 내려가겠죠. 그러면 a가 0과 -1 사이를 오갈 때 av는 0과 $-v$를 잇는 선상에서 움직이겠지요?

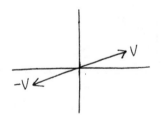

bw는 똑같으니까 이 두 개를 합한 것을 전부 구하면 이런 형태의 평행사변형이 나옵니다.

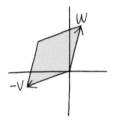

그러면 b도 −1에서 0까지로 바꿔주면?

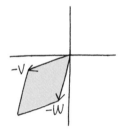

w를 반대 방향인 −w로 만들어준 다음 합성하면 이런 모양이 생기죠.

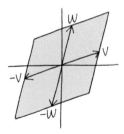

한번에 a, b를 둘 다 -1에서 1까지 실수들 사이에서 고르면 앞의 그림처럼 큰 평행사변형 안에 점들이 다 생깁니다.

자, 그럼 다시 원래 질문으로 돌아가서, $av+bw$ 꼴의 점들을 구할 때, a와 b가 임의의 실수일 경우를 생각해봅시다. 그러면 어떤 점들이 생길까요?

모든 수가 다 들어갈 수 있으니 그럼 평면상의 모든 점이 다 포함될 것 같습니다.

그렇습니다. 전체 평면을 다 덮어버리겠죠. 모든 a를 다 허용하면 av는 v를 지나는 직선상의 아무 점이나 다 생성할 수 있게 되고, 마찬가지로 bw는 w를 지나는 직선상의 점들을 다 표현합니다. 그런 두 벡터를 아무렇게나 더하면 평면상의 어느 점이든 나타낼 수 있겠죠.

죄송하지만 조금 근본적인 질문이 있습니다. 이 내용은 왜 배우는 것이지요? 직선이나 평면상의 연산을 기하적으로 하는 것이 흥미롭기는 하지만, 목적이 무엇인지 감이 잘 안 잡힙니다.

질문 감사합니다. 제 생각을 따라서 여러분을 끌고 가다

보니 듣는 입장에서는 당연히 길을 잃기 쉬울 겁니다. 이를 배우는 목적은 관점 차이의 수학의 간단한 사례를 보기 위함입니다.

관점 차이가 수학과 무슨 관계지요? 수학은 관점과 상관없이 객관적인 것이 아닌가요?

대체로 객관적으로 만들려고 노력하지요. 그런데 지금 이야기는 어떻게 보면 주관의 차이를 객관적으로 묘사하는 방법에 대한 것입니다. 바로 좌표를 다르게 잡는 방법을 말합니다. 수학의 언어로 말하면 좌표축을 다르게 그리면 좌표가 어떻게 변하는지 묘사하기 위함입니다.

서로 다른 좌표축이라는 개념은 상당히 수학적인데, '관점 차이의 수학'이라고 하니 어색하게 들립니다.

그렇지요. 그럼에도 불구하고 상당히 일반적인 이야기이기도 합니다. 좌표계는 결국 세상에 있는 것들을 언어로 묘사하는 것이잖아요? 그러니 다르게 묘사했을 때 서로 번역하는 방법론을 가지고 있으면 좋을 겁니다. 좌표계 사이의 관계는 정확히 그런 번역 사전 같은 것입니다. 그리고 사실 굉장히 광

범위한 관점 차이를 이 맥락에서 이해할 수 있게 되죠. 우리는 모두 무의식적으로라도 세상의 모든 물체를 구분하는 좌표계를 머릿속에 가지고 있다고 해도 과언이 아닙니다. 사실 이 이야기는 '상태 공간'이라는 개념으로 이어지는데, 다음 기회에 자세히 설명하겠습니다.

조금 더 과학적으로 중요한 동기도 있습니다. 우리는 지금 좌표를 이용해 평면 같은 객관적인 객체를 수로 표현하고 있습니다. 제가 그것을 '주관'이라고 하는 이유는 사람에 따라서 좌표를 다르게 잡을 수 있기 때문입니다. 그런데 현대적인 관점에서는 '점'과 '점의 좌표'를 동일시하려고 합니다.

만약 점의 좌표를 정하는 방법이 여러 가지이면 동일시하는 데 당장 어려움을 느낄 것입니다. 따라서 '점'은 '좌표와 좌표 변환 공식'을 다 포함한 '정보'를 표현한다고 보는 것이 옳습니다. 좌표만 가지고 표현하는 정보가 객관성을 지니려면 '좌표와 상관없다'는 것을 보여야 합니다. 대표적인 경우가 두 점 사이의 거리 공식입니다.

$$d((x, y), (x', y')) = \sqrt{(x-x')^2 + (y-y')^2}$$

이러한 '좌표로부터의 독립성'을 보이는 과정에서 좌표 변환 공식이 중요하게 이용됩니다. 이런 아이디어를 고등하게 승격시킨 유명한 원리가 바로 "물리적인 법칙은 어느 좌표에서 보더라도 같은 꼴이어야 한다"라는 것입니다. 아인슈타인이 이 원리를 체계적으로 표명한 뒤 그를 기반으로 상대성이론을 구축했습니다.

마치 뉴스에서 사건을 다룰 때 하나의 사건을 두고 서로 다른 언어권에서 서로 다른 관점을 가지고 이야기하지만, 전해지는 정보는 객관적이어야 하는 것과 같은 이치로 보입니다.

다시 앞서 다룬 원리로 돌아가서 구체적으로 다루고자 하는 결론은 이것입니다.

(1) 벡터 v와 w를 서로 다른 방향●으로 잡으면 임의의 점 P가 결정하는 벡터 $\overrightarrow{OP}$를 $av+bw$ 꼴로 나타낼 수 있다.

(2) 그리고 거기서 a와 b는 점 P에 따라 유일하게 결정된다.

그래서 임의의 점 P가 주어져서 위와 같이 썼을 때 a, b를 P의 v좌표와 w좌표로 볼 수 있다는 것입니다.

이 관점에서는 구체적으로 P가 주어졌을 때 a, b를 계산

● 서로 다른 방향' 이란 말은 w를 지나는 직선과 v를 지나는 직선이 다르다는 뜻입니다.

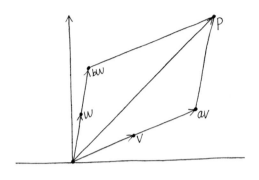

$$\overrightarrow{OP} = av + bw$$

하는 것도 쉽습니다. 벡터 v를 지나는 직선을 Lv, w를 지나는 직선을 Lw라 하면 점 P를 지나면서 Lw와 평행한 선이 Lv를 만나는 점이 a를 결정합니다. 그리고 점 P를 지나면서 Lv와 평행한 선과 Lw를 만나는 점이 b를 결정합니다. (이런 것을 말로 표현하는 것은 저도 참 헷갈립니다!) 다음 그림을 보면 자명할 것입니다.

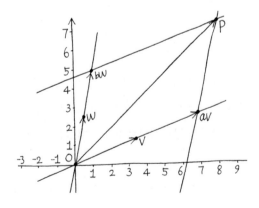

지금 설명하는 v, w좌표의 관점은 벡터 두 개가 주어졌을 때 이는 좌표축 두 개를 잡고 각 축에 단위를 결정하는 것과 같다는 의미이기도 합니다. 우리가 많이 사용하는 좌표 평면의 경우 직각으로 만나는 선 두 개를 x축과 y축이라 부르고, 양쪽에 원점에서의 거리가 1이 되는 점을 정하고 나면 x, y 좌표계가 결정됩니다. 그런데 v, w좌표 역시 다음과 같이 길이가 1인 벡터 i와 j를 정하고 나면 P의 x, y좌표를 (a, b)라고 부를 때와 다음은 같은 뜻입니다.

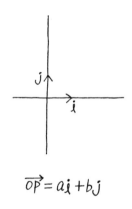

$$\overrightarrow{OP} = a i + b j$$

즉, x, y좌표란 벡터의 관점에서 i, j 좌표와 같은 것이군요.

x, y 좌표는 벡터의 관점에서 i, j 좌표와 같다. 나아가 v, w 좌표는 x, y좌표와 달리 v와 w가 서로 직각일 필요도 없고 길이가 같을 필요도 없다는 데서 더 일반적인 좌표계입니다.

기울어져도 상관없다는 말씀이시죠?

그렇습니다. 보통은 직각 좌표계에 대해서 많이 생각하지만, 사실 좌표의 목적은 수 두 개를 가지고 평면상의 점을 표현하는 것입니다. 따라서 반드시 직각 좌표를 잡을 필요가 없죠. 임의의 서로 다른 방향의 벡터 두 개만 고정하면 좌표가 정해진다는 이야기입니다. 되풀이하자면 어떤 점 P가 있으면 $av+bw$ 꼴로 유일하게 두 수 a, b를 이용해서 표현할 수 있기 때문에, v좌표와 w좌표를 정할 수 있다는 것입니다.

임의의 벡터 두 개를 사용해서 좌표를 만들 수 있다는 사실이 굉장히 중요한 관점입니다. 너무 자주 강조하는 것 같지만 임의의 좌표를 잡아주고 그런 좌표들 사이의 관계를 생각하는 것이 아인슈타인이 상대성이론을 발견하는 데 있어서 결정적으로 중요한 과정이었습니다.

관점들 사이의 관계

약간 어려울까 걱정되면서도 여러 좌표에 대한 이야기를 조금 더 하겠습니다.

'좌표'는 정확히 어떤 의미일까요? 저조차도 설명하기

어렵다고 이야기한 바 있습니다. 근본적으로는 기하적인 위치를 자연스럽게 함수로 묘사하는 방법이라고 했습니다. 그리고 평면에서는 어떤 좌표계를 쓰더라도 점은 항상 수 두 개와 대응된다는 설명도 했습니다.

2차원이기 때문이라고 하셨지요?

그렇습니다. 좌표계를 어떻게 잡더라도 점의 위치를 나타내는 데는 수 두 개가 필요하다는 것을 '2차원의 정의'라고 볼 수 있습니다. 예를 들어 평면 좌표계 가운데 극좌표계도 다뤘습니다. 극좌표계는 점 하나를 묘사하기 위해서 원점에서의 '거리'와 '방향'을 나타내는 좌표계를 말합니다. 가령 원점에서 어느 방향으로 100m를 가라고 할 때 정확하게 점을 지정할 수 있습니다. 그런데 방향을 지정하려면 어떻게 해야 할까요? 보통 지구상에서는 '동서남북'을 가리지만 이 정보만으로는 정확한 방향을 이야기할 수 없지요. 따라서 '동북', '동북동' 이런 식으로 더 잘게 나누기 시작합니다. 그러다 보면 궁극적으로 어떤 체계적이고 정확한 방법을 찾게 될 것입니다.

비행 관련 영화를 보면 각도를 이용하지 않나요?

그렇지요. 평면상의 방향에 대해서 분명하게 이야기하는 방법 중 하나는 특정한 방향을 기준으로 각도를 측정하는 것입니다. 처음 연산을 다룰 때 이미 0과 1 두 점을 잡은 것처럼, 0에서 1로 가는 방향을 기준으로 삼으면, 모든 방향을 각도로 나타낼 수 있습니다.

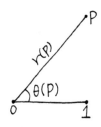

극좌표계에서는 위와 같이 점 P의 원점에서의 거리를 $r(P)$로 놓고 벡터 $\overrightarrow{0P}$가 벡터 $\overrightarrow{01}$과 이루는 각도를 $\theta(P)$로 표기하는 전통이 있습니다. 그러면 당연히 두 값 $r(P)$, $\theta(P)$가 주어지면 점 P가 결정되지요. 이 두 수가 P의 극좌표입니다. 아까 이야기한 생성벡터 v, w를 이용한 좌표계와 성질이 상당히 다른 데도 좌표가 두 개의 수로 이루어지는 현상은 같습니다.

2차원의 의미가 무엇인지 점점 파악이 되네요.

좌표는 실용적으로나 개념적으로나 굉장히 중요하기 때

문에 대학교 수리물리학 교재에서 각종 좌표계와 그들 사이에 관계를 보기 위한 복잡한 이론과 수식을 다룹니다. 많은 학생이 지겨워하는 내용이기도 합니다.

'좌표 사이의 관계를 본다'는 것이 무슨 뜻이지요?

이것이 아까 언급한 '관점 차이의 객관적인 묘사'입니다. 가령 v, w를 이용한 좌표계를 x, y 좌표계로 바꾸는 작업 같은 것입니다. '좌표 변환 공식'이라는 거창한 이름도 있습니다.

역사적으로 가장 유명한 좌표 변환 중 하나는 움직이는 좌표계로의 좌표 변환입니다. 바로 아인슈타인의 상대성이론에 매우 중요하게 사용되는 공식인데요, 정확히 이해할 필요는 없지만 수식으로 관찰해봐도 좋습니다. 이때는 시공간 좌표를 다 고려하여 공간 좌표 (x, y, z)에 시간 t가 추가된 (t, x, y, z)를 사용합니다.

이를 좌표계 1이라고 할 때, 두 번째 좌표계 (t', x', y', z')는 $t=0$일 때 좌표계 1과 똑같은 공간 좌표를 사용하지만, x축의 양수방향으로 속도 v로 이동하는 사람이 보는 좌표계입니다. 그때 둘 사이의 좌표 변환은 이런 식으로 나타냅니다.

$$t' = \frac{1}{\sqrt{1-\frac{v^2}{c^2}}}\left(t - \frac{vx}{c^2}\right)$$

$$x' = \frac{1}{\sqrt{1-\frac{v^2}{c^2}}}(x - vt)$$

$$y' = y$$

$$z' = z$$

바로 이것이 상대성이론의 가장 기본적인 명제입니다. 여기서 c는 빛의 속도이기 때문에 보통은 v가 c보다 훨씬 작습니다. 따라서 좌표 변환은 근사적으로 다음과 같습니다.

$$t' = t, \quad x' = x - vt, \quad y' = y, \quad z' = z$$

좌표계 2의 공간원점 $(0, 0, 0)$이 좌표계 1의 관점에서는 $(vt, 0, 0)$에 가 있기 때문에 이것은 상식적인 좌표 변환입니다. 가령, 시간 t에 x'좌표가 10이면, x좌표는 $10+vt$가 됩니다. 그러나 빛의 속도에 가까워지는 운동이 있을 때는 상당히 복잡한 교정이 필요합니다. 이 좌표 변환에 대한 조심스러운 사고가 20세기 초에 인간의 우주관을 혁명적으로 바꾸었다고 해도 과언이 아닙니다.

아무래도 좌표 변환 이야기는 어렵습니다. 그래도 한번쯤 이해하려고 노력해야 하는 이유는 어느 정도 알겠습니다.

감사합니다!

그런데 한 가지 의아한 것이 있습니다. 우리가 실수 체계를 직선에 대한 직관만으로 기술해보기 위해 점의 연산, 벡터 개념을 배웠습니다. 점과 벡터는 기하로서 이해했는데, 평면 연산 이야기로 넘어가면서 좌표를 강조하게 되고 점점 더 수 이야기로 돌아가는 것 같습니다.

매우 철학적인 질문입니다. 눈에 보이는 평면 이야기로 시작했다가, 2차원이 '수 두 개의 순서쌍'과 같은 개념이라고 이야기했죠. 순서쌍 자체가 추상적이기 때문에 다시 직관의 영역에서 추상의 영역으로 돌아온 느낌입니다. 그래서 상당히 유용한 관점 하나를 명확하게 밝혀보겠습니다.

수 자체가 무엇인지는 별로 중요하지 않다.

그러면 무엇인지도 모르는 것들에 대해서 도대체 왜 그

좋은 반박입니다. 그런데 우리가 알고 있다고 생각하는 대부분의 개념도 마찬가지 아닌가요? 물리학에서 공부하는 '중력장', '전자기장', '입자'나 사회과학에서의 '사회', 인문학에서의 '문화'는 어떤가요? 이 가운데 공부의 대상이 무엇인지 정확히 이야기할 수 있는 경우가 있나요? 'X가 무엇이냐'라는 질문에 우리가 분명한 답을 줄 수 있는 것은 아무 것도 없습니다. 그럼에도 우리는 각종 물체의 성질을 파악하며 세상을 이해해갑니다. 직선에 대한 직관을 활용한 실수 체계에 대해서도 여러 가지 엉뚱한 질문을 해볼 수 있습니다.

가령 '직선상의 점이라고 했는데 어느 직선이냐?' 물으면 답하기 어렵습니다. 평면벡터에 실수를 곱할 때도 0과 1을 지나가는 직선을 실수 집합으로 생각했듯이, 0, 1을 다른 점들로 고르면 실수 집합도 달라질 것이니까요. 결국은 모든 직선이 같은 성질을 가졌고, 그 직선 위에 0, 1을 어떻게 고르더라도 생기는 수 체계는 근본적으로 같다는 입장을 취할 수밖에 없습니다.● 또 한 가지 관점은 마치 플라톤처럼 어떤 '전형적인 직선'이 세상에 실제 있다고 일단 믿고, 실직선이 그 전형

● 현대 수학에서 '동형사상'이란 개념이 '근본적으로 같다'는 직관을 분명하게 하게 위해서 개발됐습니다.

적인 직선의 점들이라고 생각하는 것입니다.

그 어떤 직관적인 파운데이션도 개념적인 어려움에 부딪히는 것을 피할 수는 없습니다. 그래서 결국은 실수 체계가 구체적으로 무엇이냐는 질문은 피하고 적당한 성질들을 가정한 다음 그 구조를 이용해 더 고등한 작업을 진행하게 되는 것입니다.

실수의 집합은 결국 '유리수들의 극한'으로 해석한 대수적인 성질도 가지고 있고, 직선으로 해석한 기하적인 성질도 있으며, 대수적인 구조와 기하적인 구조 사이에 복잡한 상호작용도 있습니다. 고차원 공간도 이 비슷한 성질들을 항상 감안하면서 공부하는 것이지요.

좌표 변환 공식

좌표 변환 공식에 대해 좀 더 자세히 살펴봅시다. 점과 벡터에 대해 이야기할 때 좌표 사이에서 의사소통이 필요하니 먼저 x, y좌표를 잡고 시작합니다. 벡터 v, w의 x, y좌표를 $(v_1, v_2), (w_1, w_2)$라고 합시다. 그러면 v, w좌표가 (a, b)인 점의 x, y좌표를 알아내려면 어떻게 해야 할까요? 사실은 좌표의 정의를 생각하면 쉽게 파악할 수 있습니다. P의 v, w좌표가 (a, b)가 된다는 말의 뜻은 다음과 같이 나타낼 수 있습니다.

$$\overrightarrow{OP} = av + bw$$

그런데 $v = v_1 i + v_2 j$, $w = w_1 i + w_2 j$니까 $\overrightarrow{OP} = av + bw = a(v_1 i + v_2 j) + b(w_1 i + w_2 j) = (av_1 + bw_1)i + (av_2 + bw_2)j$가 되므로, P의 x, y좌표는 $(av_1 + bw_1, av_2 + bw_2)$입니다.

$$(a, b) \rightarrow (av_1 + bw_2, \quad av_2 + bw_2)$$

즉, 위 공식이 v, w좌표를 x, y좌표로 바꾸는 간편한 공식입니다. 이런 것이 좌표 변환 공식의 전형적인 예입니다.

또 하나의 예로 극좌표를 x, y좌표로 변환하는 방법을 볼까요? 직각삼각형의 빗변과 각도가 다음과 같이 주어졌을 때 사인함수를 생각해봅시다.

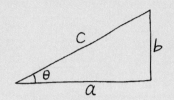

밑변을 a, 높이를 b로 놓으면 다음과 같습니다.

$$\cos(\theta) = \frac{a}{c}, \sin(\theta) = \frac{b}{c}$$

따라서 a = c cos (θ), b = c sin (θ) 이렇게 쓰는 것이 편리합니다. 이것을 이용해서 좌표 변환 공식을 찾아봅시다.

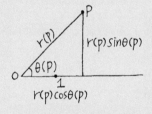

$$(r, \theta) \rightarrow (r \cos(\theta), r \sin(\theta))$$

또 다른 간단한 좌표 변환 하나로, 회전 변환이라는 것이 있습니다. 벡터 i, j를 시계 반대 방향으로 각도 θ만큼 돌린 벡터 둘을 v와 w로 놓으면, 다음이 성립합니다.

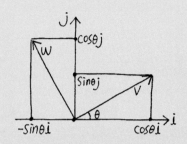

$$v = \cos(\theta)\, i + \sin(\theta)\, j, \quad w = -\sin(\theta)\, i + \cos(\theta)\, j$$

다음 v, w를 각도 Φ만큼 또 시계 반대 방향으로 회전한 벡터들을 p, q라 할 때, 방금 i, j에 적용한 논리를 똑같이 v, w에 적용할 수 있습니다. (고개를 살짝 돌려 보세요)

$$p = \cos(\Phi)\, v + \sin(\Phi)\, w, \quad q = -\sin(\Phi)\, v + \cos(\Phi)\, w$$

i, j의 관점에서 p, q는 각도 θ + Φ만큼 회전한 벡터이므로 이렇게 쓸 수도 있습니다.

$$p = \cos(\theta + \Phi)\, i + \sin(\theta + \Phi)\, j$$
$$q = -\sin(\theta + \Phi)\, i + \cos(\theta + \Phi)\, j$$

p, q의 v, w좌표를 x, y좌표로 바꾸는 방법도 알 수 있지요. 위와 같은 방법으로 다시 p에 대해서만 구해볼까요?

$$p = \cos(\Phi)\, v + \sin(\theta)\, w$$

$$= \cos(\Phi)(\cos(\theta)\,i + \sin(\theta)\,j) + \sin(\Phi)(-\sin(\theta)\,i + \cos(\theta)\,j)$$

약간 복잡하지만 정리를 하면 다음과 같이 성립합니다.

$$p = (\cos(\theta)\cos(\Phi) - \sin(\theta)\sin(\Phi))\,i$$
$$+ (\sin(\theta)\cos(\Phi) + \cos(\theta)\sin(\Phi))\,j$$

또한 p의 i, j 좌표를 두 가지 다른 방식으로 표현했으나 좌표 자체는 같아야 하므로 아래의 두 공식이 따릅니다.

$$\cos(\theta+\Phi) = \cos(\theta)\cos(\Phi) - \sin(\theta)\sin(\Phi)$$
$$\sin(\theta+\Phi) = \sin(\theta)\cos(\Phi) + \cos(\theta)\sin(\Phi)$$

이는 여러분이 잘 알고 있는 '삼각 함수의 덧셈 공식'입니다. θ회전한 다음에 Φ회전하는 것과 θ + Φ를 한번에 회전하는 것이 같다는 당연한 원리를 표현한 것일 뿐입니다.

순차적으로 회전하는 거나 한꺼번에 회전하는 거나 모두 같다는 사실을 좌표 변환의 관점에서 살펴보았습니다.

7강

차원이 다른 정보들

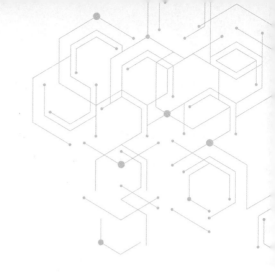

추상적인 공간을 상상하기

우리는 3차원 공간에 살고 있기에 4차원 세계를 느낄 수가 없습니다. 그런데 4차원의 세계를 느끼지 못해도 수학적으로 표현할 수는 있습니다. 4차원 공간이라는 개념이 상당히 이상하게 느껴지겠지만 엄밀하게 수학적으로는 그냥 실수 네 개의 순서쌍의 집합을 말합니다. 다른 4차원 공간도 가능하지만 실수 네 개의 순서쌍의 집합이 기본적인 4차원 공간입니다. 즉 4차원 공간 안에는 $(0, 0, 0, 0)$, $(1, 3, 5, 7)$, $(\sqrt{2}, -\pi, e, \sqrt{3})$ 등이 다 점으로 들어 있습니다. 이 관점에서 보면 현대 수학은 정말로 수에 많이 의존하고 있는 셈이죠.

높은 차원의 공간을 다룰 때 그것을 우리가 직접 볼 수 있는 것은 아니죠? 그렇기 때문에 높은 차원을 엄밀하게 정의하기 위해서는 실수의 집합과 직선이 같다는 것, 실수 두 개의 순서쌍과 평면이 같다는 사실, 그리고 실수 세 개의 순서 세 쌍이 공간과 같다는 사실을 이용하여 파악하는 겁니다. 그러니까 높은 차원의 공간에도 저차원에서 익숙한 종류의 좌표계가 존재한다는 가정을 받아들이고 시작합니다.

좌표축이 네 개 있다면 무엇을 의미할까요? 이런 직관을 이용하여 실수 네 개의 순서쌍으로 눈으로 볼 수 없는 4차원 기하를 탐구해보는 것입니다. 보통 실수 집합을 R이라고 쓰고 실수 n개의 순서 n쌍 집합을 R^n이라고 씁니다. 그래서 4차원 공간은 이렇게 정의할 수 있습니다.

$$R^4 = \{(x, y, z, w) \mid x, y, z, w \in R\}$$

더 나아가 다차원 공간에 대해 이야기할 수도 있습니다. 다차원 공간은 추상 대수적인 관점으로부터 나오는 굉장히 중요한 개념적 도구입니다. 예를 들자면 상대성이론에서는 시간과 공간을 합쳐서 시공간이 4차원 공간을 이룬다고 하고, 초끈이론Super String Theory에서는 10차원 시공간을 전제로 합니다. 이런 이론을 만드는 데 필요한 기본 틀이 바로 공간의 추상 대수적인 이론입니다.

4차원도 어려운데, 10차원 공간은 무슨 뜻인가요? 좌표축이 열 개나 된다는 의미인가요?

간단하게 말하면, 기본적인 10차원 공간은 실수 열 개의 순서 열 쌍의 집합입니다. 수학에서는 R^{10}이라고 표기합니다.

수의 집합을 공간이라고 부를 수 있습니까? 우리가 아는 공간의 의미와는 다른 듯합니다.

그렇죠. 낮은 차원 공간에서부터 따져보면 직관적으로 이해할 수 있습니다. 가령 평면상의 점과 실수의 순서쌍을 좌표를 이용해서 나타낼 수 있었죠? 그때는 눈에 보이는 것을 좌표로 나타낸 것입니다. 3차원까지는 수로 표현하지 않고도 다른 직관이나 인식을 이용해 기하를 나타낼 수 있지만, 4차원부터는 수로 나타내는 정보 그 자체가 공간입니다. 그렇게 정의를 하고 나서 만약에 다른 물리적인 의미에서 높은 차원 공간이 존재한다는 사실이 발견된다면, 우리가 이미 정보의 입장에서 대수적으로 개발한 기하학이 그대로 적용될 것이라고 수학자나 물리학자는 생각합니다.

여러 의미에서 '차원'의 개념은 정보량과 밀접한 관계가 있습니다. 차원을 정보량으로 정의하고 나면, 기하에 대한 직관을 더 구체적으로 표현할 수 있게 됩니다. 예를 들면, 4차원 공간에 구가 있다고 할 때 이를 그림으로 그려볼 수 있나요? 상상하기 어렵겠죠?

그런데 이를 수로 표현할 수는 있습니다. 앞서 다룬 두 점 사이의 거리 공식을 4차원에서 적용하면, 4차원 공간 속의 점 P, Q는 실수의 순서쌍 네 개인 $P=(a, b, c, d)$, $Q=(a', b', c', d')$라고 쓰고, P와 Q 사이의 거리는 이렇게 씁니다.

$$\sqrt{(a-a')^2+(b-b')^2+(c-c')^2+(d-d')^2}$$

그냥 2차원과 3차원의 공식에 항 하나를 더 추가했을 뿐이군요?

그렇습니다. 그런데 이런 정의는 자연스럽게 4차원 기하를 개발하는 데 기반이 됩니다. 4차원 공간에서 구의 정의는 중점 $P=(a, b, c, d)$를 하나 정하고 그 점으로부터 일정한 거리 r에 놓인 점들의 집합이지요? 따라서 이를 거리 공식에 적용해보면 4차원 공간 속의 점 (x, y, z, w) 중에서 다음을 만족하는 점들입니다.

$$\sqrt{(x-a)^2+(y-b)^2+(z-c)^2+(w-d)^2}=r$$

'P에서 거리가 r인 (x, y, z, w)들의 집합'을 등식으로 표현한 것이군요.

바로 그렇습니다. 익숙한 모양으로 이렇게 써도 되지요.

$$(x-a)^2 + (y-b)^2 + (z-c)^2 + (w-d)^2 = r^2$$

더 쉬운 예로, 4차원 안에서 $(x, 0, 0, 0)$ 꼴의 점들을 다 모아놓으면 어떤 모양일까요?

나머지는 다 0이고 x밖에 없으니까 1차원 공간 직선과 같겠네요.

$(x, 0, 0, 0)$은 4차원에서의 '좌표축' 중에 하나이지요. $(0, y, 0, 0)$ 꼴의 점들도 또 하나의 좌표축을 이루고 $(0, 0, z, 0)$, $(0, 0, 0, w)$ 이런 것들도 마찬가지입니다. 그러면 $(x, y, z, 0)$ 꼴의 점들은 무엇일까요?

마지막 좌표는 0으로 고정되니까 3차원 공간이겠네요.

그렇습니다. 보통 3차원에서 (x, y), (y, z), (x, z) 평면을 이야기하듯, 4차원 안에는 (x, y, z), (x, y, w), (x, z, w), (y, z, w) 공간이 들어가 있습니다. 물론 이것을 직접 그릴 수는 없습니다. 그래서 자주 다음과 같이 3차원의 대응되는 그림을 이용해서 직관을 키웁니다.

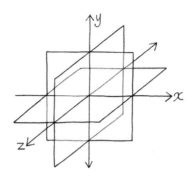

먼저 $(x, y, z, 1)$ 꼴의 점들을 그림으로 표현하면 어떨까요?

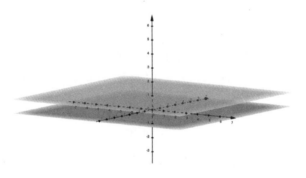

이것도 3차원 공간인데 원점을 지나지 않고 떠 있는 모습입니다.

이런 추상 기하에 익숙해지려면 조금씩 주어진 개념들을 활용하는 연습 문제를 생각해보는 것이 좋습니다. 우선 4차원

구●가 3차원 공간과 만나는 점들이 어떤 모양일까 생각해보는 겁니다.

중점을 원점에 놓고 보면 (a, b, c, d)는 $(0, 0, 0, 0)$이므로 방정식은 다음과 같습니다.

$$x^2 + y^2 + z^2 + w^2 = r^2$$

그런데 여기서 w만 0이 되면 3차원 공간과 같지 않나요? $(x, y, z, 0)$ 꼴의 점들을 보면 3차원 공간과 같다고 했지요? 그런 점 사이에서는 방정식이 익숙한 구의 방정식이 됩니다.

$$x^2 + y^2 + z^2 = r^2$$

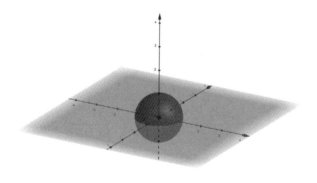

● 여기서 한 가지 조심할 점은 '4차원 공간 속의 구'라는 표현이 더 정확하다는 것입니다. 왜냐하면 구 자체의 내부 구조는 3차원이기 때문입니다. 3차원 공간 속의 구가 지구 표면처럼 평면으로 느껴지는 것과 같은 원리입니다.

따라서 $w=0$을 만족하는 3차원 공간과 4차원 구의 교집합이 보통의 3차원 구가 된다는 것을 보았습니다.

이번에는 좀 더 역동적인 상황을 생각해보지요. 반지름이 1인 4차원 구를 3차원에 천천히 밀어 넣을 때 3차원에서 경험하는 현상을 살펴보지요. 중점을 $(0, 0, 0, t)$로 잡은 다음에 t를 움직이겠습니다. 즉, 중점을 w축을 따라서 움직인다는 이야기입니다. 방정식은 다음과 같습니다.

$$x^2+y^2+z^2+(w-t)^2=1$$

그럼 우선 t가 클 때를 검사해봅시다. $t=5$ 정도를 볼까요?

$$x^2+y^2+z^2+(w-5)^2=1$$

$w=0$인 공간을 만나는 부분은 방정식이 아래와 같습니다.

$$x^2+y^2+z^2+5^2=1$$
$$x^2+y^2+z^2=-24$$

이것은 3차원 공간 속에서 어떤 모양일까요?

그냥 방정식으로 생각하면 해가 없을 것 같은데, 그렇다면 중점이 $(0, 0, 0, 5)$인 구는 $(x, y, z, 0)$ 꼴의 3차원 공간을 만나지 않겠군요.

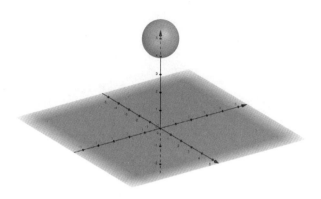

네. 정확합니다. 중점을 계속 낮추어야 $w=0$ 공간을 만납니다. t가 1이면 어떨까요?

방정식이 $x^2+y^2+z^2+(w-1)^2=1$이니까, $w=0$과 만나는 점들은 $x^2+y^2+z^2+1=1$입니다.
따라서 $x^2+y^2+z^2=0$이므로, x, y, z가 모두 0일 수밖에 없습니다.

그렇습니다. 그러니까 중점이 $(0, 0, 0, 1)$인 구는 $w=0$ 공간을 원점에서만 만납니다.

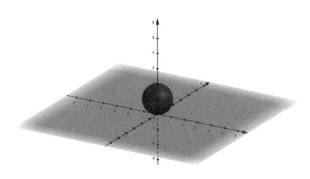

　일반적으로 중점이 $(0, 0, 0, t)$인 구가 $w=0$ 공간을 만나는 점들은 방정식이 다음과 같습니다.

$$x^2 + y^2 + z^2 = 1 - t^2$$

　따라서 t가 크면 해가 없고, $t=1$일 때 한 점이 생기고, t가 1에서 0까지 작아지면서 구의 반지름이 점점 커집니다. t가 0일 때 반지름 1로 제일 커졌다가 0 아래로 내려가면서 반지름이 다시 작아지지요. $t=-1$에서 또 한 점으로 줄어들고 나서 없어집니다.

[7강] 차원이 다른 정보들

여기서도 유사한 과정을 3차원에서 그렸습니다. 그때는 $w=0$ 공간에 대응되는 것이 평면이 되고 만나는 점들은 원을 이룹니다.

우리가 시각적으로 경험하는 현상은 3차원에 머물지만 대수적인 관점에서 4차원 현상을 분석해보면 뭔가 기하적으로 예측할 만하고 일관성 있는 일이 일어남을 관찰할 수 있습니다. 여기서 '관찰'은 당연히 눈으로 하는 것은 아니고, 어떤 사고 체계 속에서 일어나지만, 보통의 모양을 경험하는 과정과 강력한 상관관계가 있다는 것을 다차원 기하를 하면 할수록 알게 됩니다.

대수적인 정보만으로 하는 기하가 눈으로 보고 손으로 만지는 기하를 재현하면서 다차원으로 확장된다는 말씀이군요.

정보의 차원

그런데 공간의 수 차원을 정보로 받아들이는 방식이 우리 실제 생활에서는 어떻게 활용이 되나요?

제가 좀 서둘러 이야기하고 지나간 개념이 정보의 차원입니다. 과학의 발전 단계에서 수학과 물리학의 여러 이론적인 판도를 보면 정보의 차원이 직관적으로 파악하는 기하적 차원보다 더 근본적임을 알 수 있습니다.

여기서는 데이터의 분포를 어떻게 표현하는가를 통해 확인해보겠습니다. 이런 아이디어의 기초는 전통적인 통계학에서도 볼 수 있습니다.

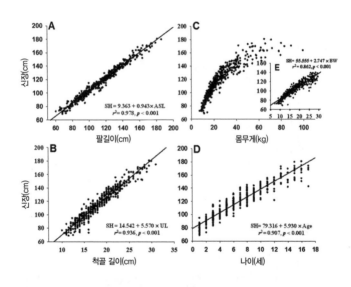

위 그림은 중국 의학회지에 실린 청소년 수백 명의 신체에 관한 통계 자료입니다. 왼쪽 상단의 그래프는 키와 팔길이

사이의 상관관계를 나타냅니다. 가령 (100, 102) 좌표를 가진 점은 팔길이가 100cm, 키가 102cm인 사람이 있다는 정보입니다. 그래프를 보면 수많은 점이 모여 있는데, 그 모양이 일정한 형태를 띠고 있죠?

정확하진 않지만 점들의 분포를 보면 대체로 키가 크면 팔이 길고, 키가 작으면 팔이 짧다는 걸 알 수 있습니다.

그런데 이 그래프에서 수많은 점 사이를 지나가는 선이 하나 있죠? 이 점들 사이를 지나가도록 가장 적당한 직선을 긋는 과정을 전통적인 회귀분석回歸分析, regression analysis이라고 합니다. 회귀분석 그래프에서 재밌는 것은 (팔길이, 키) 순서쌍의 분포는 수 두 개로 이뤄져 있는데, 결국 우리가 얻는 궁극적인 정보는 그래프상의 직선 위에 있는 1차원 정보라는 사실입니다. 다시 정확히 말을 다듬으면 독립적으로 연속 변화가 가능한 양은 하나라고 할 수 있습니다. 이 예시에서는 키를 팔길이의 함수로 생각할 수도 있고, 또 팔길이를 키의 함수로 볼 수도 있습니다. 좌표 둘 중에 하나만 알면 나머지 하나가 (근사적으로) 결정돼버리기 때문이죠. 다시 말해 측정한 양의 개수보다 정보의 차원이 낮은 간단한 경우입니다.

사실은 이런 정보량의 문제를 좌표 변환의 관점에서 생

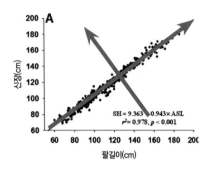

각하는 것은 정보를 해석하는 데 상당히 중요합니다. 즉, 좌표를 이와 같이 잡으면 사실은 R^2 안의 정보가 아니라 실수 하나, R의 정보밖에 없음이 분명합니다.

이렇게 보면 처음에 잡은 (키, 팔길이) 좌표는 '잘못된 좌표'인 셈입니다. 이런 정보 처리 문제에서는 우리가 앞서 다룬 일반적인 v, w좌표와 좌표 변환 이론이 중요해집니다. 제가 좀 느슨하게 서로 다른 좌표들을 '관점의 차이'라고 표현했죠? 그런데 여기서는 정확한 정보량을 효율적으로 포착하도록 정보 공간의 좌표를 잘 잡는 것이 관건입니다. 이런 식으로 관점을 바꾸어 좌표를 적절하게 잘 잡기 위한 이론을 principal component analysis, 우리말로 주성분 분석이라고 합니다.

반면 평면 전체에 있는 각각의 점들은 x좌표와 y좌표가 독립적으로 움직이기 때문에 수 두 개가 모두 주어지지 않으면 점이 결정되지 않습니다. 그런 면에서 평면 전체의 정보는

2차원입니다. 다음 그림은 (부모의 키, 자녀의 키) 순서쌍의 분포를 보여줍니다.

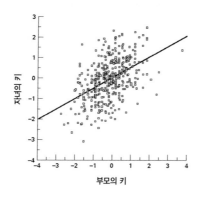

이 경우는 회귀분석을 하려고 노력해도, 주어진 부모 키 와 대응되는 자녀의 키가 비교적 고르게 분포되어 있죠. 부모 의 키가 작은데 자녀가 큰 경우도 많고, 부모 키가 커도 자녀 가 작은 경우도 많습니다. 평면 전체를 덮는 것이 아니지만, 정보는 2차원적 성격이 강합니다. (물론 실생활 데이터에 대해서 는 실제 분포의 변화량에 대해서 논란의 여지가 많습니다.)

정보의 분포를 통해 1차원이냐, 2차원이냐를 따지는 것 이군요. 이런 정보의 분포를 읽는 일이 앞으로는 점점 더 중요할 것 같습니다.

빅데이터의 시대에는 앞서 제시한 것보다 훨씬 복잡한 정보가 수시로 채집되고 있습니다. 너무 방대해서 수집한 정보를 이해하기도 어렵죠. 의학과 신약 개발에서 매우 중요한 유전자 데이터 분석을 예로 들어 볼까요? 인간의 세포는 약 2만 개의 유전인자가 발현되면서 단백질을 생성합니다. 주어진 세포 내에서 각 유전인자가 어느 정도 발현되는지 측정하는 기술을 유전자 발현 배열gene expression array이라고 합니다. 세포의 성질이란 어느 단백질이 세포 내에서 얼마만큼 생성되냐로 결정되므로, 발현 배열이 세포를 분류하는 데도 사용되고 병든 세포를 추적하는 데도 사용됩니다.

　모든 유전인자의 발현량을 전부 측정하면 각각의 세포마다 약 2만 개의 측정값이 생성되는 걸 확인할 수 있겠죠? 즉 세포 하나를 정량적으로 표현하면 자그마치 순서쌍 2만 개, 2만 차원 공간 R^{20000}의 원소라는 뜻입니다. 세포 1만 개에 대해서 이 측정을 한다면 2만 차원 공간 안에 점이 1만 개 찍히는 셈이지요. 너무 커서 데이터를 측정하는 게 불가능할 것 같지 않나요?

　그런데 앞서 키와 팔길이의 상관관계를 통해 확인했듯이, 유전인자의 발현량에도 '상관관계'가 많습니다. 그런 상관관계를 될 수 있는 한 많이 발견한다면 정보의 차원을 효율적으로 줄일 수 있겠죠. 마치 (키, 팔길이)의 두 좌표를 1차원 정보로 읽었듯이 말입니다. '세포 공간'의 좌표를 잘 잡는 문제는 현대 생물학에서 매우 중요한 과제 중 하나입니다.

무한 차원!

2만 차원 이야기가 나온 김에 마지막으로 차원이 무한대인 정보 공간과 무한 차원 좌표 변환을 다루어볼까 합니다. 이번 세미나에는 상당히 고등한 개념이 등장합니다. 읽고 이해가 안 가더라도 전혀 걱정 마십시오. 대충 듣거나 그냥 건너뛰어도 상관없습니다. 그러나 저에게는 너무나 흥미로운 내용이기 때문에 꼭 설명해보고 싶습니다!

상상이 가지 않습니다. 유전자 정보보다 더 고등한 기술을 다루는 건가요?

겁먹지 않아도 됩니다. 무한 차원의 공간을 이루는 현상은 사실 우리에게 매우 익숙하고 구체적인 현상입니다. 바로 '소리'의 공간에 관한 이야기거든요. 우리는 소리를 정보로 변환하는 기술을 매우 익숙하게 사용하죠? 결론부터 말하면 소리는 무한 차원 공간을 이루는데, 이 공간의 구조를 잘 분석하고 적당한 좌표를 활용하면 소리를 '처리'하는 데 큰 도움이 됩니다.

소리를 처리한다는 것은 녹음 기술 말씀인가요?

네, 녹음 기술도 그렇고 각종 초음파 검사기, 또 보청기 기술도 소리를 정보로 처리하는 기술입니다. 이 기술에도 수학적 이론이 매우 중요한 역할을 하고 있죠. 우선 인터넷 도구로 실험을 조금만 해보겠습니다. 구글에서 음 생성기, 혹은 online tone generator라고 검색하면 실험할 수 있는 사이트가 몇 개 뜹니다. 바로 특정한 주파수의 소리를 만들어주는 프로그램인데요, 먼저 주파수 440㎐의 음을 들어볼 겁니다. 440㎐는 1초에 440번 진동한다는 의미입니다.

무엇이 1초에 440번 진동하나요?

여러 가지가 있습니다. 소리를 내는 것은 바이올린이나 기타의 현일 수도 있고, 스피커의 자석일 수도 있지만, 우리가 귀로 감지하는 진동은 공기 압력의 파동입니다. 다음의 그림처럼 말이죠.

우리가 음악을 재생시키면, 자석의 진동을 따라서 스피

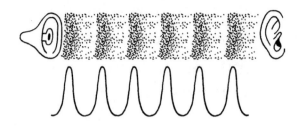

커 막이 앞뒤로 미세하게 진동하면서 앞에 있는 공기의 압력을 바꾸게 됩니다. 따라서 스피커와 귀 사이에 압력이 높고 낮은 부분이 교차하는 파동이 스피커에서 귀 쪽으로 이동하게 되죠. 스피커와 귀가 관으로 연결됐다고 생각하면 압력의 변화를 쉽게 상상할 수 있을 것입니다. 그런데 관이 없더라도 비슷한 효과가 일어나고 있습니다. 아래 그림과 같이 파면이 사방으로 퍼지기 때문입니다. (물론 관이 있으면 효과가 훨씬 선명합니다. 한번 해보십시오.)

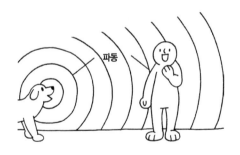

파동

앞서 말한 440㎐는 공기의 고압 파면이 1초에 440번 지나간다는 의미입니다. 그래서 실제 귀 앞에 있는 공기의 압력을 시간의 함수로 측정해보면 함숫값이 굉장히 빠른 속도로 오르내린다는 이야기입니다. 너무 빠르게 진행되기 때문에 우리는 귀로 압력의 변화를 직접 느끼기보다 변화하는 속도, 즉 주파수를 음높이로서 감지하게 되는 것입니다. 440㎐의 파동 주파수는 피아노의 중간 '라'음으로 느껴집니다. 그렇다면 880㎐는 어떤 소리가 날까요? 한번 실험해보십시오.

정확히 한 옥타브 높은 음이 납니다.

그렇죠. 우리는 두 배의 주파수를 한 옥타브 높은 음이라고 느낍니다. 550㎐와 1,100㎐를 비교해도 후자가 딱 한 옥타브 위입니다. 그럼 주파수를 3/2배로 늘리면, 이때는 어떻게 들릴까요? 음계 중에서 중간 '도'로 들리는 음의 주파수는 261.6㎐인데, 여기에 3/2을 곱하면 다음과 같습니다.

$$\left(\frac{3}{2}\right)261.6\,\text{Hz} = 392.4\,\text{Hz}$$

이 주파수는 음계 중에 '솔'과 대응됩니다. 두 음을 한 번에 울리면 화음을 이루는데, 이를 보통 5도 화음이라고 합니다. 다시 말하면 5도 화음은 높은 음이 낮은 음의 2분의 3배라는 것과 같은 뜻입니다. 옥타브 화음도 그렇고, 5도 화음도 그렇고, 조화를 잘 이루는 음이죠? 우리는 왜 이 화음을 조화롭게 느끼는 걸까요?

어릴 때부터 받아온 음악 교육의 영향 아닐까요?

그런 주장도 있기는 합니다. 인지과학에서는 음악의 효과 중 어느 부분이 자연 현상이고 어느 부분이 문화와 교육의 산물인지, 그 영향이 서로 어떻게 얽히는지를 연구 대상으로 봅니다. 더 복잡한 질문도 많죠. 가령 어떤 음악이 슬프게 들린다는 것은 문화와 전통 때문일까요, 아니면 음악 자체의 성질이 그런 것일까요? 어떻게 생각하세요?

본연의 인간 감정이 크게 작용하지 않을까요? 외국어로 된 노래를 들을 때 가사는 이해할 수 없어도 슬픈 감정은 전해지기 때문입니다.

여기서도 슬픈 음악, 가령 단조가 더 슬프게 들리는 것이 본질이라는 주장이 있고, 순전히 문화의 효과라는 주장도 있습니다. 여기에 대해서 제가 아는 바는 전혀 없습니다. 그런데 화음을 이루는 여러 음 사이의 비율을 신비롭게 여겨서 크게 강조하여 설명한 것이 바로 피타고라스 학파였습니다. 5도 화음은 주파수의 비율이 3/2이고, 4도 화음은 4/3, 3도 화음은

5/4와 대응된다는 사실 등을 그들이 발견했다고 합니다. 이를 통해 피타고라스는 굉장히 많은 자연 현상을 수로 설명할 수 있다는 비약을 했다고 전해집니다.

피타고라스가 주파수에 대해서 알고 한 이야기인가요?

그렇지는 않았겠지요. 전설에 따르면 대장간의 망치 소리를 비교했다고 합니다. 망치 무게의 비율에 따라서 화음이 생기다 말다 했다는 것이지요. 그런데 실제 망치로 화음을 만드는 것은 불가능했을 것 같고, 다른 방법으로 현의 길이 사이의 비율을 관찰했을 것입니다. 바이올린이나 기타, 피아노 등을 연주할 때 나오는 주파수 공식도 있습니다. 현의 길이를 L, 현의 장력을 T, 밀도를 d라고 할 때 현에서 나오는 주파수 f는 다음 식을 만족합니다.

$$f = \frac{n}{2L}\sqrt{\frac{T}{d}} \qquad n = 1, 2, 3 \cdots$$

이 식은 길이가 반으로 줄어들면 주파수는 두 배가 되고, 2/3가 되면 주파수가 3/2이 되는 관계를 나타내지요. 피타고라스는 아마도 쉽게 관찰할 수 있는 리라lyra 같은 악기의 현의 비율에 관심이 많았을 것 같습니다.

'장력'은 무슨 뜻인가요?

현의 '팽팽함'을 이야기합니다. 예를 들어 기타 같은 악기에서는 현의 끝을 나사로 조여서 더 세게 잡아당기게도 하고 좀 느슨하게 풀어주기도 하지요? 나사를 조이면 음높이가 높아지고, 풀면 낮아져서 이를 통해 음을 조율하게 됩니다. 그런데 앞의 식을 이용하면 나사를 조여서 음높이가 얼마나 높아지는가 정확하게 계산할 수 있습니다. 가령 음을 두 배로 높이려면 장력을 얼마만큼 늘여야 할지 계산해볼 수 있나요?

주파수가 두 배가 돼야 하는데, 앞의 식에 따르면 $\sqrt{T}$에 비례하니까, $\sqrt{T}$ 부분이 두 배가 되려면 네 배 세게 잡아당겨야 합니다.

그러니까 이 식은 당기면 음이 높아지는 현상을 설명해주기도 하지만, 그보다 훨씬 정확한 정량적인 정보를 제공하고 있습니다. 좀 더 파고들어가서 밀도 d의 역할도 잠깐 생각해볼만 합니다. 혹시 아시겠나요?

$\sqrt{d}$가 분모에 있으니까 밀도가 올라가면 음이 내려가겠죠? 기타 줄로 생각해보면, 같은 길이의 줄이라도 현이

굵어지면 음이 낮아지는 걸 나타내는 것 같습니다

　그렇습니다. 간단해 보이면서도 자연 현상에 대한 많은 정밀한 정보가 들어 있는 주파수 공식입니다.

　그런데 저런 식은 어디서 나온 건가요?

　약간의 기초 물리학이 필요합니다. 사실은 뉴턴의 두 번째 운동법칙 $F=ma$로부터 나온 것이거든요. 이 법칙을 현의 모든 작은 부분에 적용하면 현의 가속도가 만족하는 소위 '미분방정식'이 나오고 그것을 풀면 주파수 공식이 나옵니다.

　현의 가속도라는 것이 이해하기 어렵습니다

　현의 각 부분이 장력의 영향으로 운동을 하고 그 운동 역시 뉴턴의 법칙을 따른다는 이야기입니다.

　아까 말씀하신 $f=(n/2L)\sqrt{(T/d)}$에서 n은 무엇입니까?

　그것은 임의의 자연수인데요, 이는 현이 진동할 때 들려오는 '배음倍音' 현상입니다. 현이 울릴 때 가장 크게 들리는 것은 n이 1일 때의 주파수 $(1/2L)\sqrt{(T/d)}$이지만, 그것의 배수가 되는 주파수들도 동시에 섞여서 나옵니다. 실제로 바이올린 연주를 들을 때 분명 하나의 현만 그었는데 소리가 상당히 풍부하게 들리지요? 이것이 배음의 효과입니다. 플룻 같은 악기가 상대적으로 음색이 연한 것은 그런 배음이 약하기 때문이고요. 어떤 음이든 배음이 섞여 나오는 것이 실제 현상입니다.

보통 n이 1인 상태를 근본 모드fundamental mode라고 부르고, n=2이면 두 번째 모드, n=3이면 세 번째 모드라고 부르는데요, 일반적으로 현이 진동하는 상태는 모든 모드의 합성이라고 생각할 수 있습니다.

보통은 n이 커질수록 기여하는 소리가 작기 때문에 들리

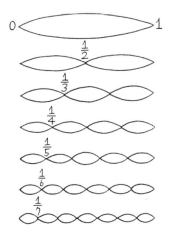

는 음높이는 근본 모드가 결정하지만 그 소리가 교묘하게 배
음들에 의해서 변형됩니다. 그런데 조금 신기한 것이 n번째
모드의 모양이 다음의 사인함수의 그래프와 같다는 것입니다.

$$\sin\left(\frac{n\pi x}{L}\right)$$

여러 모드가 같이 울릴 때는 이 사인함수를 더해야 합니다.

소리의 '정보'

그런데 이렇게 주파수로 측정되는 소리에 공간이라는 말
이 왜 붙고, 그것이 어째서 무한 차원이 되지요?

이야기가 좀 빗나갔네요. 기본적인 사실을 다시 요약하
자면 소리란 우리 귀가 느끼는 공기 압력의 변화 패턴입니다.
그렇다면 그것을 수학적으로 함수로 표현하는 것이 좋겠지
요? 그런데 공기 압력의 변화 패턴이 어째서 함수가 될까요?
바로 변화 패턴이라는 말 속에 힌트가 들어 있습니다.

아, 공기압이 시간의 함수군요!

그렇습니다. 공기압이 시간의 함수입니다. 그것을 $P(t)$ 라고 표기하겠습니다. 들리기 시작하는 시점을 $t=0$이라 놓고 소리가 끝나는 시간을 $t=E$라 놓겠습니다(E=end). 지금 다루 고자 하는 것은 $t=0$에서 $t=E$까지 들리는 모든 소리의 집합입 니다.

이렇게 말하면 상상하기 어렵지요? 그런데 그렇게 어렵 지만은 않은 것이 다음 모양의 모든 함수의 집합이라고 생각 하면 됩니다.

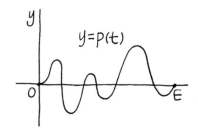

이는 시간이 흐를 때의 압력 변화를 나타내는 그래프입 니다. 점의 y좌표가 압력이고, $y=0$을 아무 소리도 안 들릴 때 의 대기압으로 잡습니다. 그러니까 더 정확하게 이야기하면 y좌표는 대기압의 평형 상태가 위아래로 변하는 정도를 나타 냅니다. 예를 들자면 주파수가 2인 소리를 다음과 같이 생성 할 수 있습니다.

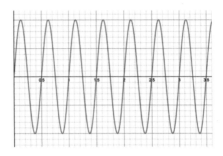

　　t=0과 t=1 사이에 고압점이 두 번 일어나는 것이 보이지요? 주파수가 440인 소리는 다음의 왼쪽 그래프입니다.

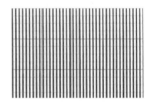

　　왼쪽 경우는 0과 1 사이에 고압 파면이 440개가 있어서 변화를 볼 수 없을 정도로 여러 번 오르내리는 것을 의미합니다. (우리가 귀로 압력의 변화를 직접 감지하지 못하는 것과 비슷한 상황입니다.) 확대해서 보면 오른쪽 그림처럼 압력의 빠른 기복이 보입니다. 이 두 경우는 변하는 모양이 상당히 일률적이라서 주파수가 정해져 있습니다. 그런데 우리가 듣는 일반적인 소리는 보통 특정한 주파수로 정해진 소리가 아니죠?

대부분 들리는 소리는 음높이가 없거나 알아차리기 어렵습니다.

정보 처리의 입장에서는 소리의 정보를 근사적으로 포착하기 위해서 이런 방법을 사용합니다. 아주 큰 수 N을 잡은 다음, 소리가 시작되고 끝나는 0에서 E까지의 구간을 N등분한 뒤, E/N 주기로 압력을 측정합니다.

$$\left(P\left(\frac{E}{N}\right),\ P\left(\frac{2E}{N}\right),\ P\left(\frac{3E}{N}\right),\ \cdots,\ P\left(\frac{(N-1)E}{N}\right),\ P(E)\right)$$

이것을 소리 P의 N차원 샘플링 정보벡터라고 합니다. 벡터라고 부르는 이유는 실수 N개의 순서 N쌍이므로 R^N 안의 점 혹은 벡터로 간주하는 것입니다.

앞서 대수적으로 정의한 N차원 공간이 등장하는군요.

그렇습니다. 여기서 각각의 $P(kE/N)$는 특정한 시간에 측정한 값이니까 소리 함수의 시간 좌표라고 생각하는 것이 좋습니다. 그런데 주의할 점은 소리 P가 이 벡터에 의해서 결정되는 게 아니라는 점입니다. N을 아무리 크게 잡아도 소리가 E/N과 $2E/N$ 사이에서 어떻게 변하는지 N등분한 점에서의 값만으로는 정확하게 알 수 없습니다.

　　N차원 정보벡터는 어디까지나 소리 함수 P를 근사하는 벡터이지 전체 정보를 다 가지고 있을 수는 없습니다. 그것은 N을 아무리 크게 잡아도 마찬가지입니다. 그런 의미에서 소리의 공간은 무한 차원일 수밖에 없습니다.

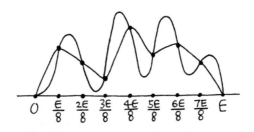

　　유한 개 값을 측정하는 것만으로는 0과 E 사이에서 변하는 함수가 결정되지 않는다는 뜻이군요.

　　그런데 또 하나의 놀라운 사실은 임의의 소리 함수를 다음의 급수 함수로 표현할 수 있다는 것입니다.

$$P(t) = A_1 \sin\left(\frac{\pi t}{E}\right) + A_2 \sin\left(\frac{2\pi t}{E}\right) + A_3 \sin\left(\frac{3\pi t}{E}\right) + A_4 \sin\left(\frac{4\pi t}{E}\right) + \cdots$$

　　그러니까 임의의 소리가 특정한 주파수를 가진 소리들의 합성이라는 뜻입니다. 따라서 소리에 대한 정보는 계수 A_i들이 다 가지고 있습니다. 다르게 생각하면 $\sin(n\pi t/E)$ 꼴의 함수들이 평면벡터 $v\ w$가 결정하는 v, w 좌표계처럼 소리 함수 공간 안에서 좌표계가 되고, 어떤 소리 함수 $P(t)$가 주어졌을 때 계수 A_i들이 P의 좌표들이 된다는 것입니다. 이를 주파수 좌표계라 부르면 좋겠네요. 함수 하나마다 무한 개의 계수가 있기 때문에 이 관점에서 또다시 소리 공간이 무한 차원임이 드러납니다. 이 정보처리의 입장에서는 주파수 좌표계가 아주 유용합니다. 우선 기술적으로 사인함수를 생성하는 것이 비교적 용이하죠. 저도 공학적인 측면은 잘 모르지만 사실은 아까 이야기한 현의 진동으로부터도 짐작할 수 있습니다. 그때 진동하는 모양이 $\sin(n\pi t/L)$ 꼴이라고 했지요?

$$\sin\left(\frac{n\pi x}{L}\right)\sin\left(\frac{n\pi vt}{L}\right)$$

그런데 시간에 따른 변화는 위 식으로 표현됩니다. 여기서 $v=\sqrt{T/d}$입니다. 이것은 아까 언급한 파동방정식 때문입니다. 그래서 시간의 함수로 본 진동, 그리고 거기서 따르는 공기압의 변화는 사인함수가 됩니다. 이런 사인함수는 현뿐만 아니라 많은 주기적인 자연 현상에서 자주 등장합니다. 그래서 공학에서도 사인함수가 쉽게 사용되는 것 같습니다. 소리 공간에서는 사인함수들의 주파수 좌표계가 가장 자연스러운 좌표계라고 할 수 있습니다.

어쨌든 우리는 소리를 녹음하고 싶으면 A_i들의 정보만 보존할 수 있으면 됩니다. 물론 소리를 정확하게 알려면 무한히 많은 정보가 필요하지만 우리 귀로는 어차피 높은 주파수는 들리지 않기 때문에 조금 큰 k에 대해서 A_k까지만 알면 됩니다. 결국은 녹음을 할 때도 이 계수들의 정보만 가지고 있으면 원래 소리를 재현할 수 있습니다.

그런데 소리로부터 그 주파수 좌표들을 어떻게 알아낼 수 있나요?

네, 그 부분이 중요하고 참 재미있기도 합니다. 적당한 크기의 정보벡터로부터 사인함수 좌표를 알아낼 수 있습니다. 정보벡터는 적당한 순간의 소리 크기를 측정하기만 하면 됩니다.● 가령 A_n을 알고 싶으면 아주 큰 N에 대해서 다음 값을 측정합니다.

$$A_n = \frac{2}{N}\left(P\left(\frac{E}{N}\right)\sin\left(\frac{\pi t}{N}\right) + P\left(\frac{2E}{N}\right)\sin\left(\frac{2\pi t}{N}\right)\right.$$
$$\left. + P\left(\frac{3E}{N}\right)\sin\left(\frac{3\pi t}{N}\right) + \cdots + P\left(\frac{(N-1)E}{N}\right)\sin\left(\frac{(N-1)\pi t}{N}\right)\right)$$

위의 양에는 $P(t)$와 $\sin(n\pi t/E)$의 N차원 정보 내적이 나옵니다. 일반적으로 함수 f와 g의 N차원 정보 내적은 아래와

● '소리 크기'와 '공기 압력'은 근본적으로 같습니다. 더 정확히 이야기하자면 평형 상태와의 압력 차이를 소리의 크기로 경험합니다.

같이 정의할 수 있습니다.

$$\langle f(t), g(t) \rangle = \sum_{k=1}^{N} f\left(\frac{kE}{N}\right) g\left(\frac{kE}{N}\right)$$

사실은 이 식 자체가 좌표 변환 공식입니다. (이 식의 근원은 '더 알아보기'에서 설명하겠습니다.) $P(kE/N)$ 값, 즉, 소리함수의 시간 좌표들을 주파수 좌표로 바꾸어줍니다.

이런 식으로 소리의 주파수 좌표를 이용해서 정보를 저장하고 처리하는 방법론을 '푸리에 급수Fourier series' 이론이라고 합니다. 18세기에 다니엘 베르누이Daniel Bernoulli와 오일러가 처음 시작하여 19세기에 조지프 푸리에Joseph Fourier라는 프랑스 수학자가 체계적으로 정립했습니다. 위에 써 있는 복잡한 내적은 N이 커지면서 사실은 적분으로 주어집니다.[•]

$$\langle f(t), g(t) \rangle = \int_{0}^{E} f(t) g(t) \, dt$$

선분을 잘게 N등분해서 더하는 것이 실제 이 적분을 계산하는 방식이기도 하고 또, 아주 실용적입니다.

$$P\left(\frac{kE}{N}\right) \sin\left(\frac{\pi n k}{N}\right)$$

[•] 정확히 얘기해서 적분은 $\frac{1}{N}\sum_{k=1}^{N} f\left(\frac{kE}{N}\right) g\left(\frac{kE}{N}\right)$의 극한입니다.

좌표를 계산하려면 위의 값을 계산해서 더해주어야 하는데, $P(kE/N)$는 그 순간 소리의 크기일 뿐이니까 직접 측정해서 값을 구하면 되지 함수의 수학적 표현이 따로 필요한 것이 아닙니다. 이 공식을 이용해서 A_n을 1,000개 정도씩 계산해서 저장해놓았다가 소리를 재현할 필요가 있을 때 다음 함수를 생성하면 원래 소리 $P(t)$가 되살아납니다.

$$P(t) = A_1 \sin\left(\frac{\pi t}{E}\right) + A_2 \sin\left(\frac{2\pi t}{E}\right) + A_3 \sin\left(\frac{3\pi t}{E}\right) + A_4 \sin\left(\frac{4\pi t}{E}\right) \\ + \cdots A_{1000} \sin\left(\frac{1000\pi t}{E}\right)$$

이 절차에 해당하는 간단한 사례를 보여드리겠습니다.

$$P(t) = 15t - 95t^2 + 180t^3 - 100t^4$$

다음 그림은 위 함수의 그래프입니다. (여기서는 E를 1로 잡았습니다.)

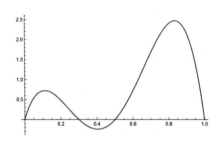

100등분해서 샘플링한 그래프는 다음과 같습니다.

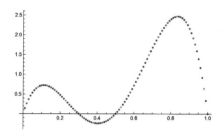

다음 그림은 $\sin(\pi t)$의 그래프를 샘플링한 그림입니다.

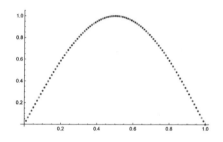

이제 $P(t)$와 $\sin(n\pi t)$의 내적을 해서 $\langle \sin(n\pi t)$, $\sin(n\pi t)\rangle$=50으로 나눈 결과, 즉 A_n의 값을 n은 1부터 20까지 계산합니다.● 계산한 값은 $P(t)$의 $\sin(\pi t)$, $\sin(2\pi t)$, …, $\sin(20\pi t)$ 좌표가 되므로, 이 값들로 $P(t)$를 재현하려면 특정

● 0.881003, -0.967546, 1.0654, -0.120943, 0.247973, -0.0358348, 0.0921604, -0.0151177, 0.0437083, -0.00774005, 0.0240348, -0.004479, 0.0145936, -0.00282039, 0.0095127, -0.00188923, 0.00654016, -0.00132664, 0.00468685, -0.000966898

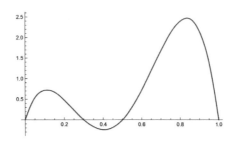

함수를 이용합니다.* 이 함수의 그래프를 그려보면 위 그림처럼 원래 그래프와 거의 같은 모양이 나옵니다. 이렇게 음 생성기로 적당한 사인함수의 합성을 해서 $P(t)$가 무슨 소리인지 들어볼 수도 있습니다.

근본 주파수와 기본 입자

지금까지 열심히 공부하고 계산해본 주파수 좌표 A_n들은 주어진 소리에 각 주파수의 성분이 어느 정도 들어 있는

---

* $0.881003 \sin[\pi t] - 0.967546 \sin[2\pi t] + 1.0654 \sin[3\pi t] - 0.120943 \sin[4\pi t] + 0.247973 \sin[5\pi t] - 0.0358348 \sin[6\pi t] + 0.0921604 \sin[7\pi t] - 0.0151177 \sin[8\pi t] + 0.0437083 \sin[9\pi t] - 0.00774005 \sin[10\pi t] + 0.0240348 \sin[11\pi t] - 0.004479 \sin[12\pi t] + 0.0145936 \sin[13\pi t] - 0.00282039 \sin[14\pi t] + 0.0095127 \sin[15\pi t] - 0.00188923 \sin[16\pi t] + 0.00654016 \sin[17\pi t] - 0.00132664 \sin[18\pi t] + 0.00468685 \sin[19\pi t] - 0.000966898 \sin[20\pi t]$

가 분석하는 데에 사용됩니다. 인터넷으로 'online spectrum analyzer'를 검색하면 녹음한 소리의 성분 분석기가 나옵니다. 이 성분 분석기를 통해 바이올린 연주나 새가 지저귀는 소리를 분석하면 각각 다음의 그림이 나옵니다. 그림에서 수평 축은 시간이고 수직 방향은 주파수입니다.

'성분 분석'할 때의 성분은 물론 주파수 좌표입니다. 어떤 주어진 순간에 나오는 소리 안에 주파수들이 어떻게 섞여 있는가를 보여주는 것입니다. 이 그림에서는 다양한 색은 사

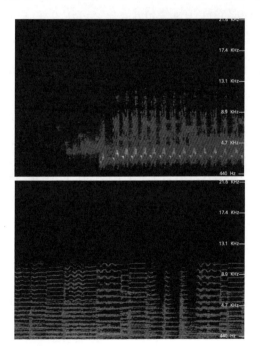

실 A_n의 크기를 나타냅니다. 밝은 색일수록 A_n의 값이 크다는 뜻입니다. 바이올린의 성분 분석 그래프에 배음들이 잘 나타나지요?

소리를 주파수로 분석한다는 것은 과학적으로 어떤 의미가 있나요?

소리의 주파수 분석은 과학의 패러다임에 중대한 변화를 일으켰습니다. 보통 우리가 듣는 소리가 직접 나타나지 않는 더 근본적인 성분으로 이루어져 있고 수학적인 방법론으로 그 성분들을 계산해낼 수 있다는 착안은 20세기 입자물리학 이론의 발전에 지대한 영향을 미쳤기 때문입니다.

물질을 이루고 있는 기본 입자가 미세한 물질의 성질도 있지만, 앞서 설명한 진동하는 현의 '모드' 같은 성질을 동시에 가지고 있다는 것이 양자역학의 관점이기도 합니다. 이는 보통의 물체도 충분히 자세히 들여다보면 빠르게 진동하는 파동 같은 형태를 가지고 있다는 의미입니다. 눈에 보이는 큰 물체보다 입자를 더 근본적인 실체로 보는 것도 근본 주파수와 비슷합니다.

주파수 분석은 빛에도 비슷하게 적용할 수 있습니다. 보통 태양이나 별도 각 주파수의 빛의 합성으로 나타낼 수 있기 때문입니다. 17세기에 뉴턴이 한 실험 중에 하나가 바로 프리즘에 빛을 통과시킨 실험입니다.

프리즘에 빛을 통과시키면 빛이 여러 갈래로 쪼개져서 나옵니다. 그게 뉴턴이 한 실험이군요?

그렇죠. 물론 빛이 유리를 통과할 때 색이 나타나는 현상은 상당히 오래전부터 관찰됐지만, 이것을 체계적으로 분석하기 시작한 사람은 뉴턴이었습니다. 이 현상에 대한 이론은 19세기에 이르러서야 구축되기 시작합니다. 빛이 파동의 성질을 가지고 있다는 것은 그전에도 알려져 있었지만, 푸리에 급수처럼 성분 분석을 할 수 있는 수학적 구조는 19세기에 밝혀진 것입니다. 빛을 여러 주파수로 갈라내는 데 필요한 기술은 소리의 경우와 다르나 파동방정식의 수학을 이용한다는 점에서 수학적인 이론은 상당히 유사합니다.

이것은 수학적 사실의 보편성을 잘 나타내주는 사례이기도 합니다. 소리와 빛처럼 상당히 달라 보이는 두 현상의 저변에 비슷한 구조가 깔려 있다는 사실을 수학을 통해서만 밝힐 수 있기 때문입니다. 소리와 빛의 유사성은 그 당시 학자들에게 큰 인상을 남겼는데, 유명한 시인이자 과학, 특히 빛에 관심이 많았던 괴테J.W. von Goethe도 이 사실을 굉장히 중요하게

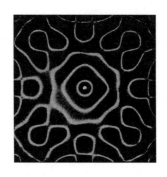

여겼습니다. 물론 푸리에 급수를 알았던 것은 아니고, 물리학자 에른스트 클라드니Ernst Chladni의 18세기 말 실험에 지대한 영향을 받았죠. 클라드니는 금속이나 유리판에 모래알을 뿌리고 바이올린 현으로 판의 가장자리를 그어서 소리를 내면 온갖 신기한 패턴이 모래로 그려진다는 사실을 발견했습니다. 위 사진이 바로 실험의 결과입니다. 이 실험은 클라드니에게 상당한 유명세를 안겨주었고, 괴테 외에도 헤겔, 쇼펜하우어 같은 철학자들은 그의 실험이 물질 세계와 영적인 세계의 연결점을 마련해준다고 믿기도 했죠.

이처럼 눈으로 보이는 현상에 대한 직관은 결국 푸리에, 그리고 현대적인 의미의 빛 이론을 정립한 제임스 맥스웰James C. Maxwell에 의해서 수학적으로 확인되었습니다. 더군다나 20세기 들어 양자 전기장론은 빛을 주파수로 갈라내는 과정이 그야말로 빛의 기본 입자, 즉 빛을 구성하는 광자를 파악하는

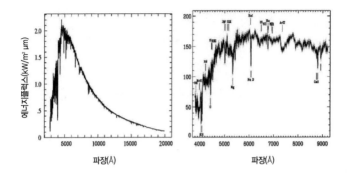

것과 같다는 사실을 밝혀냈죠.

하나의 빛에 특정한 주파수의 빛이 얼마나 섞여 있는가를 알아낼 수 있는 테크놀로지는 뉴턴 이후로 계속 발전해왔습니다. 그래서 지금의 천문학에서는 주어진 빛에 들어 있는 주파수의 분포도를 일상적으로 이용합니다.

위의 그래프 두 개는 천체의 빛 성분을 분석한 그래프입니다. 주어진 빛 안에 각 파장의 빛이 얼마만큼 들어 있는지를 분석한 것인데요, 눈에는 매우 희미하게 보이는 빛이지만, 매우 세밀한 기계를 이용하면 각 주파수를 갈라내어 분석할 수 있습니다.●

그런데 무슨 빛을 분석한 그래프인가요?

● 엄밀히 말해 그래프에는 주파수보다 파장이 적혀 있는데, 파장×주파수 = 빛의 속도라는 등식에 의해 파장에 들어 있는 정보나 주파수 분석이나 정보는 같습니다.

두 개 중 하나는 은하계에서 나온 빛이고 다른 하나는 햇빛을 나타낸 그래프입니다. 파장의 분포가 왼쪽과 오른쪽이 상당히 다르지요? 왼쪽은 5,000Å옹스트롬Angstroms이 지배적인데 오른쪽은 여러 파장이 꽤 고르게 분포돼 있습니다. 어느 게 은하계이고, 어느 게 태양인지 알아맞혀 보십시오.

해는 뭔가 한 개의 성질을 가지고, 은하계는 여러 성질의 빛이 섞여 있을 테니까 왼쪽이 해일 것 같습니다.

아주 정확한 분석입니다. 상식적으로 생각해도 태양의 빛은 근본적으로 간단하겠지만, 은하계에는 굉장히 많은 별이 섞여 있겠죠? 각각의 별은 특별한 색을 지니고 있습니다. 노란색에 가까운 5,000Å이 지배적인 왼쪽 그래프는 아마도 햇빛일 겁니다. 오른쪽 분포 그래프에는 여러 색깔의 별이 막 섞여 있으니 은하계를 나타내겠죠. 인간의 눈만으로는 은하계의 빛이 다 희미하게 보여 구분할 수 없으니 성질을 파악하려면 이런 성분 분석이 핵심적입니다.

그래프에 물질의 원소 표시도 되어 있는데, 햇빛은 어떤 원소에서 나오는 파장이 가장 많을까요? 수소가 지배적입니다. 별 바깥 부분은 수소이고 안으로 갈수록 핵융합을 통해서 만들어진 무거운 원소들이 많아집니다. 별이 오래될수록 무거운 원소들이 더 많아지는 것이지요. 굉장히 젊은 별은 파란색에 가깝고, 오래될수록 빨간색에 가깝다고 합니다.

그런데 이런 화학적 작용을 자세히 알지 못하더라도, 그냥 보면 희미한 빛을 시간을 들여 관찰하면서 그 구성 성분을 분석해 이 분포도를 만들면, 그 빛이 별에서 나온 건지 은하계에서 나온 건지 금방 구분이 되겠죠. 또 각 원소가 발하는 빛의 파장이 서로 다르므로 별 안에 원소가 어떻게 배합되어 있는지도 알아낼 수 있습니다. 멀리서 오는 굉장히 다양한 빛의 정보를 이해하기 위한 근본적인 테크닉은 성분 분석입니다. 파장의 분포도를 세밀하게 분류하다 보면 생전 처음 보는 종류의 분포를 확인할 수도 있을 겁니다. 모르는 물체가 등장한 것이니 깜짝 놀랄 만한 일이 벌어진 것입니다. 우주에 사는 새로운 시스템의 발견은 그런 식으로 이루어지는 셈입니다.

주파수 좌표 알아내는 법

적당한 순간의 소리 크기를 측정한 정보벡터로부터 주파수 좌표를 알아낼 수 있습니다. 가령 A_n을 알고 싶으면 아주 큰 N에 대해서 다음 값을 측정합니다.

$$A_n = \frac{2}{N} \left[P\left(\frac{E}{N}\right) \sin \frac{n\pi}{N} + P\left(\frac{2E}{N}\right) \sin \left(\frac{n\pi 2}{N}\right) + P\left(\frac{3E}{N}\right) \sin \left(\frac{n\pi 3}{N}\right) + \cdots + P\left(\frac{(N-1)E}{N}\right) \sin \left(\frac{n\pi(N-1)}{N}\right) \right]$$

이 식을 이해하려면 평면 벡터의 v, w 좌표를 구하는 문제를 잠시 복습해야 합니다. 즉, v, w를 고정하면 임의의 평면 벡터 u를 av + bw 꼴로 나타낼 수 있습니다. 일반적으로는 v, w를 아무렇게나 정해도 되지만 우리에게 익숙한 직교좌표계처럼 서로 직각으로 잡으면 a, b를 구하는 데 아주 편리할 겁니다. 비교적 단순한 대수적인 방법이 있다는 이야기인데, 그것은 벡터의 내적이라는 함수때문입니다. 벡터 두 개 u와 u′가 주어 지면 그들의 내적이란 다음과 같이 정의됩니다.

$$\langle u, u' \rangle = |u| \, |u'| \cos \theta$$

여기서 $|u|$, $|u'|$는 u와 u′의 길이를 나타내고 θ는 두 벡터 사이의 각도입니다.

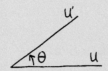

내적을 함수라고 하는 이유는 ⟨u, u'⟩는 실수이지만 u, u'의 함수로 생각할 수 있다는 뜻입니다. 내적함수는 벡터 기하에서 절대적으로 중요한 함수입니다. 가령 u, u'를 같게 놓으면 ⟨u, u⟩ = |u|², 즉 u의 길이의 제곱이 됩니다. 정의로부터 따르는 또 하나의 중요한 성질은 u, u'가 서로 수직이면 내적은 0이라는 것입니다. (직각의 코사인이 0이기 때문입니다.)

내적함수는 벡터 사이의 각도를 몰라도 끝점의 좌표만 알면 내적의 좌표를 쉽게 계산할 수 있다는 점에서 매우 편리한 함수입니다. 각 벡터의 끝점의 좌표를 $u = (u_1, u_2)$, $u' = (u'_1, u'_2)$라고 쓰면 이렇게 계산할 수 있습니다.

$$\langle u, u' \rangle = u_1 u'_1 + u_2 u'_2$$

즉, 각 좌표를 곱한 다음 결과를 더해주면 되죠. 예를 들어서 아래와 같습니다.

$$\langle (1, 2), (3, 4) \rangle = 3 + 8 = 11$$

이 계산법으로부터 내적의 많은 대수적인 성질들을 유도할 수 있습니다. 가령 임의의 벡터 t, u, u', 그리고 임의의 실수 a에 대해서 다음의 경우가 성립합니다.

$$\langle t + u, u' \rangle = \langle t, u' \rangle + \langle u, u' \rangle$$
$$\langle u, t' + u' \rangle = \langle u, t' \rangle + \langle u, u' \rangle$$
$$\langle au, u' \rangle = a \langle u, u' \rangle$$
$$\langle u, au' \rangle = a \langle u, u' \rangle$$

이것을 v, w 좌표를 구하는 데 어떻게 쓸까요? 요점은 u = av + bw이고 v와 w가 직각임을 알고 있으면 양쪽을 다 v와 내적을 취해서 다음이 성립합니다.

$$\langle u, v \rangle = a \langle v, v \rangle + b \langle v, w \rangle = a \langle v, v \rangle$$

따라서 아래와 같은 간단한 식이 따릅니다.

$$a = \langle u, v \rangle / \langle v, v \rangle$$

마찬가지로 b를 구할 수 있습니다.

$$b = \langle u, w \rangle / \langle w, w \rangle$$

내적이라는 것은 임의의 차원에서 거의 같은 공식으로 정의할 수 있습니다. n차원에서 $u = (u_1, u_2, u_3, \cdots, u_n)$, $u' = (u'_1, u'_2, u'_3, \cdots, u'_n)$이라는 두 벡터가 주어지면 다음과 같이 정의합니다.

$$\langle u, u' \rangle = u_1 u'_1 + u_2 u'_2 + u_3 u'_3 + \cdots + u_n u'_n$$

이것은 완전히 대수적인 정의 같지만 낮은 차원 공간에서 익숙해져 있는 기하적 성질을 많이 보유하고 있습니다.

$$P(t) = A_1 \sin(\pi t) + A_2 \sin(2\pi t) + A_3 \sin(3\pi t) + A_4 \sin(4\pi t) + \cdots$$

앞서 소리함수 P가 주어졌을 때, 위의 꼴로 표현하는 문제가 좌표를 구하는 문제와 같다고 했습니다. 말하자면 A_n은 P의 $\sin(n\pi t)$ 좌표라는 이야기입니다. 어떤 소리 함수 P의 $\sin(n\pi t)$ 좌표를 알고 싶으면 적당한 내적을 사용하는 것이 핵심적인 아이디어입니다.

$$P(t) = A_1 \sin(\pi t) + A_2 \sin(2\pi t) + A_3 \sin(3\pi t) + A_4 \sin(4\pi t) + \cdots$$

서로 다른 $\sin(n2\pi t)$, $\sin(n2\pi t)$ 직각으로 만드는 내적만 있으면 위 함수에서 A_n을 구하고 싶을 때 양쪽을 $\sin(n\pi t)$와 내적하여, 아래의 간편한 식이 나옵니다.

$$\langle P(t), \sin(n\pi t) \rangle = A_n \langle \sin(n\pi t), \sin(n\pi t) \rangle$$
$$A_n = \langle P(t), \sin(n\pi t) \rangle / \langle \sin(n\pi t), \sin(n\pi t) \rangle$$

이 계산은 앞서 보여드렸던 계수 계산식에서 나왔습니다. 소리 함수 $f(t)$, $g(t)$가 있으면 다음과 같이 정의합니다.

$$\langle f(t), g(t) \rangle = f(\frac{E}{N}) g(\frac{E}{N}) + f(\frac{2E}{N}) g(\frac{2E}{N}) + f(\frac{3E}{N}) g(\frac{3E}{N})$$

$$+ f(\frac{4E}{N})\, g(\frac{4E}{N}) + \cdots + f(\frac{(N-1)E}{N})\, g(\frac{(N-1)E}{N}) + f(E)\, g(E)$$

즉 $f(t)$와 $g(t)$의 N차원 정보벡터

$$(f(\frac{E}{N}),\, f(\frac{2E}{N}),\, \cdots,\, f(E)),\ \ (g(\frac{E}{N}),\, g(\frac{2E}{N}),\, \cdots,\, g(E))$$

의 내적입니다. 이것을 $f(t)$와 $g(t)$의 샘플링 내적이라고 합시다. 물론 N을 크게 잡을수록 소리함수의 많은 정보를 포착하는 벡터의 길이가 길어집니다. 아까도 지적했듯이 소리함수들은 0에서 E까지의 구간에서 마음대로 변하므로 무한 차원 공간을 이루지만 N차원 샘플링 정보벡터들은 그 무한 차원 정보의 유한 차원 근삿값으로 생각할 수 있습니다. 중요한 점은 위 정의로 아주 큰 N을 잡고 계산하면 다음의 경우가 성립합니다.

$$\langle \sin(\frac{n\pi t}{E}),\, \sin(\frac{n\pi t}{E}) \rangle = 0$$

$$\langle \sin(\frac{n\pi t}{E}),\, \sin(\frac{n\pi t}{E}) \rangle = \frac{N}{2}$$

따라서 이를 계산하면 다음과 같습니다.

$$A_n = \langle P(t), \sin(\frac{n\pi t}{E}) \rangle / \langle \sin(\frac{n\pi t}{E}), \sin(\frac{n\pi t}{E}) \rangle$$

$$= [P(\frac{E}{N}) \sin \frac{n\pi}{N} + P(\frac{2E}{N}) \sin(\frac{n\pi 2}{N}) + P(\frac{3E}{N}) \sin(\frac{n\pi 3}{N}) +$$

$$\cdots + P(\frac{(N-1)E}{N}) \sin(\frac{n\pi(N-1)}{N})] / (\frac{N}{2})$$

$$= \frac{2}{N}[P(\frac{E}{N}) \sin \frac{n\pi}{N} + P(\frac{2E}{N}) \sin(\frac{n\pi 2}{N}) + P(\frac{3E}{N}) \sin \frac{n\pi 3}{N} +$$

$$\cdots + P(\frac{(N-1)E}{N}) \sin(\frac{n\pi(N-1)}{N}) + P(E) \sin n\pi]$$

이것이 바로 앞에서 쓴 복잡한 공식입니다. ($\sin n\pi = 0$이기 때문에 마지막 항은 없애도 됩니다.)

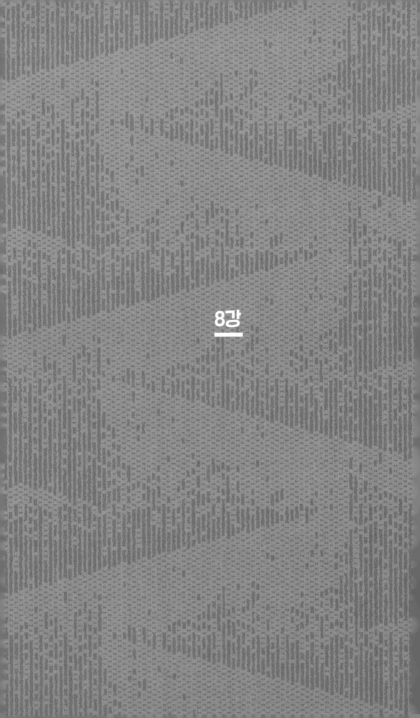

8강

우주의 모양을 찾는 방정식

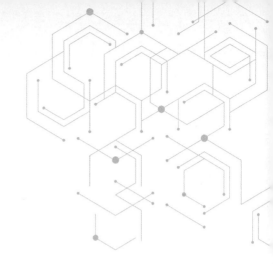

로저 펜로즈의 거시적인 마음

여러분은 한번쯤 이 그림을 본 적이 있을 겁니다. 현재 옥스퍼드 대학교 수학과의 명예교수인 로저 펜로즈Roger Penrose와 그의 아버지인 심리학자 라이어널 펜로즈Lionel Penrose가 1958년에 영국 심리학회 저널에 출판한 논문에 소개한 그림으로, 지금은 '펜로즈 삼각형Penrose triangle'이라고 알려져 있습니다. 여기서 질문 하나를 던져보죠. 이 그림을 실제 모형으로 만들 수 있을까요?

실제로 만드는 것은 불가능하다고 알고 있습니다. 하지만 왜인지는 설명하기 어렵습니다.

왜 불가능할까요? 로저 펜로즈는 평소 과학 연구를 할 때 혼자서 그림을 많이 그린다고 합니다. 시각적인 사고를 굉장히 중시하기 때문에 어려운 아이디어를 이해하는 데 도움을 줄 만한 이미지를 고안해내려고 부단히 노력하는 것이죠. 1954년 암스테르담에서 개최된 제10회 세계수학자대회에 참가했던

그는, 학회장 근처 박물관에서 열린 M. C. 에셔M. C. Escher의 전시회를 방문하게 됩니다. 펜로즈는 그 전시회에서 에셔가 그린 〈상대성Relativity〉을 보고 깊은 영감을 받았다고 하죠.

앞의 에셔 그림 속 건축물은 중력이 여러 방향으로 작용하여 물리적으로 실현하기 어렵지만, 펜로즈는 기하적으로는 모두 가능한 건축물이라는 점에 주목합니다. 그래서 '실물같이 그릴 수 있으면서도 기하적으로 불가능한 모양이 있을까?' 하는 질문을 하게 되죠. 집에 돌아온 그는 심리학자인 아버지와 상의한 끝에 여러 가지 나무 모델을 만들어보기도 합니다. 그 결과가 펜로즈 삼각형과 아래의 무한 계단이었습니다.

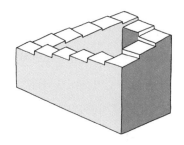

거꾸로 에셔가 펜로즈의 논문을 읽고 만든 작품도 있습니다. 1960년에 나온 〈올라가기 내려가기ascending and descending〉가 대표적입니다. 에셔는 이 판화의 초기본에 펜로즈의 아버지에게 헌정하는 문구를 넣어 보내주었고, 이 작품은 현재 옥스퍼드 대학교의 애시몰리언 미술관Ashmolean

Museum이 소장하고 있습니다.

펜로즈 계단이나 에셔의 그림과 비슷한 장면을 영화에서 종종 본 적이 있습니다. 가령 데이비드 보위를 주인공으로 한 컬트 영화 〈미로〉, 그리고 〈인셉션〉에도 등장합니다.

사실 펜로즈의 가장 중요한 학문적인 업적은 블랙홀 형성에 관한 연구입니다. 블랙홀이란 중력이 너무 강해서 빛조차 빠져나오지 못하는 검은 천체를 말합니다. 이 블랙홀 두 개가 충돌하는 사태가 일어나면 '중력파'를 일으킬 수 있게 되죠. 아인슈타인의 일반상대성이론의 입장에서는 중력이란 우주의 '모양'이기 때문에 블랙홀같이 밀도 높은 개체들이 충돌할 때 주위의 모양을 급속도로 변형시키면서 그 변형의 효과가 파도처럼 퍼져나갑니다. 이것을 중력파라고 하는데, 그런 중력파의 존재가 2016년에 검출되면서 화제가 되었습니다.

펜로즈는 블랙홀이 상당히 쉽게 일어나는 현상임을 이론적으로 예측했습니다. 쉽게 일어난다는 게 무슨 뜻일까요? 우주 모양의 진화를 묘사하는 방정식을 아인슈타인 방정식이라고 합니다. 이 방정식은 우주의 각 부분이 서로 어떻게 엮여 있는지, 또 시간에 따라서 어떻게 변하는지를 기술합니다. 뉴턴의 방정식이 힘을 받는 물체의 경로를 파악하는 데 사용되듯이, 아인슈타인 방정식은 우주의 모양과 진화를 파악하는 기본적인 도구죠. 다르게 표현하자면 뉴턴은 중력의 작용에 주력한 반면, 아인슈타인은 중력 자체의 본질과 형성에 집중한 것입니다.

여기에 더해 펜로즈의 정리는 적당한 물리적 조건 속에서, 특히 큰 별이 죽어갈 때 그 주위에 블랙홀을 수반한다는 것을 아인슈타인 방정식의 해를 통해 알 수 있다고 말합니다. 이전에는 블랙홀 같은 현상의 가능성은 알고 있었지만 수학적으로만 존재하고 실제로는 생기기 어려울 것이라는 의견이 지배적이었습니다. 이론을 근거로 예측할 때 '가능하다'와 '확률적으로 많이 일어난다'라는 입장에는 큰 차이가 있죠. 후자가 당연히 더 유용한 정보입니다.

펜로즈는 워낙 기발한 사람이라 이상한 아이디어가 많았고 동시에 이처럼 우주의 모양과 형성에 대한 특출하게 심오한 이론도 남겼습니다. '불가능한 모양'이 그 이상한 아이디어 중 하나죠.

앞서 펜로즈의 삼각형이 왜 불가능한지 묘사하기 어렵다고 말씀하셨는데, 왜 그런가요?

이런 모양은 부분적으로 보면 만드는 데 아무 문제가 없습니다. 전체적으로 불가능할 뿐이죠. 부분적인 성질은 구현할 수 있는데 전체적인 성질이 불가능할 수도 있다. 다시 말해 부분만으로는 전체적인 구조를 파악할 수 없다는, 어쩌면 단순하고도 난해한 현실을 간략하게 표현하는 그림입니다.

그렇다면 펜로즈의 삼각형은 착시와 어떻게 다른가요?

글쎄요. 위 펜로즈 삼각형의 나무 모형은 확실히 착시이지요. 그림은 부분과 전체 사이의 갈등을 나타낸 '불가능한 모양'입니다. 가능한 것처럼 그렸다는 의미에서 일종의 착시이기도 하네요. 펜로즈는 여기서 더 나아가 이런 종류의 불가능성을 수학적으로 분류하는 게 가능한가? 하는 질문을 던졌고, 이를 분류하는 방법론도 제시했습니다.

희한한 사람이네요. 블랙홀 구조는 상당히 심각한 수학인데, 이런 수학은 일종의 게임처럼 보이거든요.

심각한 과학을 하면서도 동시에 마치 아이 같은 면도 많아서, 자기 머릿속에 들어오는 무엇이든 이론을 제시해본 것입니다. 그런데 이런 여러 가지 불가능한 모양을 만드는 데서 그치지 않고, 불가능성을 분류하는 수학적 이론이 가능한가라는 질문으로 이어집니다. 그렇게 나온 논문이 바로 〈불가능한 모양의 코호몰로지On the Cohomology of Impossible Figures〉라는 논문입니다.

코호몰로지Cohomology라는 개념은 상당히 어려운 위상 수학의 개념으로, 제가 연구하는 대수적 위상수학, 그리고 산술 기하라는 분야에서도 가장 중요한 개념 중 하나입니다. 이 분야에서는 모양을 공부할 때 대수적인 구조를 사용합니다. 예를 들면 어떤 모양의 '오일러 수'라는 개념이 대수적 위상수학의 아주 기초적인 출발점입니다. 오일러 수 같은 개념을 조금 더 근본적으로 고등하게 만든 것이 코호몰로지 구조이지요. 이 코호몰로지의 관점에서는 블랙홀 이론과 불가능한 구조 사이에 깊은 관련이 있는데, 이는 둘 다 물체의 거시적인 성질에 대한 고찰에서 나온다는 점이 그렇습니다. 그러니까 펜로즈는 불가능한 모양을 정의한 데서 나아가 그것을 체계적으로 대수적 위상수학과 연결시키자는 제안도 한 것입니다.

펜로즈는 수리 물리학자 중 처음으로 시공간의 위상적인 구조를 철저하게 고려함으로써 아인슈타인 방정식과 블랙홀에 대한 독창적인 이론으로 일반상대성이론의 발전에 지대한 기여를 했습니다. 펜로즈 이전에는 아인슈타인 방정식을 대체로 함수론의 입장에서만 연구했기 때문에 거시적인 통찰이 결여된 상황이었거든요. 1960년대에 펜로즈가 거시적인 테크닉을 도입하면서 일반상대성이론의 판도를 혁명적으로 바꾸어 놓았습니다.

그의 사례는 우주의 거대한 구조를 생각할 때나 우연한 게임을 개발할 때나 깊이 있는 연구에는 통합적인 사고에 대한 집착이 표현된다는 진리를 잘 나타내고 있습니다.

우주의 모양

펜로즈가 블랙홀 이론을 통해 일반상대성이론과 우주론을 발전시켰다고 하셨는데, 아인슈타인의 방정식이란 무엇인가요?

아인슈타인 방정식이란 우주 모양 그 자체를 기술하는 방정식을 말합니다.

먼저 모양이 방정식을 만족한다니, 무슨 의미일까요? 어떻게 보면 아인슈타인이 이론을 만들 당시에는 방정식의 구체성보다도 모양이 방정식을 만족한다는 개념 자체가 굉장히 어려웠을 것입니다. 그런데 그렇게 어렵지만도 않은 것이, 7강에서 다룬 진동하는 현의 모양이 만족하는 파동 방정식도 일종의 모양이 만족하는 방정식입니다.

현의 모양의 방정식이 함수로 표현된 것처럼, 우주의 모양도 함수로 표현될 수 있나요?

정확히 그렇습니다. 현의 모양을 묘사하는 데 필요한 함수보다는 훨씬 복잡하겠지만, 근본적으로는 '우주의 모양 함수'가 있다고 보면 됩니다. 어느 주어진 순간에도 우주의 모양 함수는 우주의 각 부분 사이의 평형을 나타내는 특정한 방정식을 만족해야 하고, 시간에 따른 변화도 방정식을 만족해야 하는 것이죠. 쉽게 말해 우주의 모양은 항상 아인슈타인 방정식을 만족하면서 시간에 따라 진화하고 있다고 생각하면 됩니다.

그럼 아인슈타인 방정식은 대수인가요, 기하인가요? 모양에 대한 것이니까 기하 같으면서, 방정식이라고 하면 또 대수가 생각납니다.

양쪽 다 해당됩니다. 보통 기하를 묘사하기 위해서 대수를 많이 사용하게 된다는 것을 앞서 이야기했습니다. 가령 좌표는 위치를 표현하기 위해서 수를 사용하므로 이는 대수적입니다. 조금 더 나아가 점의 위치가 변하는 것을 '좌표들이 시간의 함수가 된다'고 표현합니다. 각 좌표가 함수라고 할 때, 이 역시 대수라고 할 수 있죠. 즉 기하를 묘사하기 위해서 결국 대수적인 구조를 사용하고 있는 것입니다.

아래 식은 아인슈타인의 방정식입니다. 이해가 안 되더라도 방정식을 한 번 보는 것도 좋습니다.

$$R_{\mu\nu} - \frac{1}{2}Rg_{\mu\nu} = \frac{8\pi G}{c^4}T_{\mu\nu}$$

읽는 방법도 모르겠습니다.

그렇지요? 찬찬히 짚어가며 약간만 해석해봅시다.

저 μ, ν들이 무엇을 의미하지요?

그것이 어쩌면 이 방정식에서 설명하기 가장 쉬운 부분일지도 모르겠습니다. 바로 0에서 3까지의 숫자를 나타냅니다. 이와 같은 모양의 방정식 열 개가 다음과 같이 각각 따로 있는데 한꺼번에 표현했을 뿐입니다.

$$R_{00} - \frac{1}{2}Rg_{00} = \frac{8\pi G}{c^4}T_{00}$$

$$R_{01} - \frac{1}{2}Rg_{01} = \frac{8\pi G}{c^4}T_{01}$$

$$R_{10} - \frac{1}{2}Rg_{10} = \frac{8\pi G}{c^4}T_{10}$$

$$\cdots$$

$$R_{23} - \frac{1}{2}Rg_{23} = \frac{8\pi G}{c^4}T_{23}$$

역시 복잡합니다. g_{00}, g_{01},⋯ 이런 것들은 무엇을 의미합니까?

모두 함수입니다. 정확히 표현하면 시공간 내적을 표현하는 함수들입니다.

시공간 내적이라니 어렵게 들립니다.

공간 내적의 개념을 잠깐 살펴봅시다. 내적(內積, inner product)이란 벡터의 길이에 대한 정보와 두 개의 벡터 사이에 각도에 대한 정보를 다 가진 함수입니다. 보통 기하에서 공간 벡터 $v=(v_1, v_2, v_3)$, $w=(w_1, w_2, w_3)$가 있을 때 내적은 다음과 같이 주어집니다. (일부러 벡터 두 개의 함수로 표현했습니다.)

$$g(v, w) = v_1 w_1 + v_2 w_2 + v_3 w_3$$

현대 기하에서는 내적이 기하 자체의 정보를 포함하고 있다고 생각합니다. 그래서 기하 자체를 바꾸기 위해 내적을 다르게 정의할 수도 있습니다. 그러니까 벡터 두 개의 함수를 다르게 정의하고 이를 통해 벡터의 길이와 벡터 둘 사이의 각도를 측정함으로써 '비유클리드 기하'라는 것을 만들 수 있습니다. 일반적으로 내적은 다음과 같은 꼴의 함수입니다.

$$g(v, w) = g_{11} v_1 w_1 + g_{22} v_2 w_2 + g_{33} v_3 w_3$$
$$+ g_{12} v_1 w_2 + g_{13} v_1 w_3 + g_{21} v_2 w_1$$
$$+ g_{23} v_2 w_3 + g_{31} v_3 w_1 + g_{32} v_3 w_2$$

계수가 총 아홉 개지만 사실은 적당한 기하적 성질을 표현하는 데 필요한 조건 중에 어떤 계수들은 같아야 한다는 제약이 들어가기 때문에 $g_{\mu\nu} = g_{\nu\mu}$, 즉 $g_{12} = g_{21}$, $g_{13} = g_{31}$, $g_{23} = g_{32}$가 반드시 성립돼야 합니다. 각 계수 $g_{\mu\nu}$를 어떻게 정하느냐에 따라 기하의 성질이 결정됩니다.

내적이 의미하는 게 무엇이지요? 무엇을 알기 위해 만들어진 개념인가요?

내적이 곧 기하입니다. 내적은 현대 기하학의 발전에 결정적인 영향을 준 개념 중 으뜸이라 해도 과언이 아닙니다. '내적'은 평소에 익숙했던 것보다 더 일반적인 형태를 허용함으로써 기하를 바꿀 수 있다는 착상에서 나왔습니다. 내적을 다르게 정의함으로써 곡선의 길이나 두 점 사이의 최단 거리 같은 것이 바뀌면서 직선의 개념 자체가 바뀌고, 공간이 휘고 비틀리는 현상을 시각적으로 전혀 볼 수 없는 상황에서도 함수로 표현할 수 있게 됩니다. (더 알아보기를 참고하십시오.)

무엇보다도 내적 개념을 통해 공간의 모양을 밖에서 들여다보지 않고 순전히 안에서만 포착할 수 있는 방법이 생겼다는 점이 중요합니다. 이 관점에서부터 우주의 모양을 거론하는 데 필요한 내면 기하가 개발되었기 때문입니다. 전작《수학이 필요한 순간》에서도 2차원 곡면에 집중해서 내면 기하에 대한 직관적인 설명을 했었습니다.

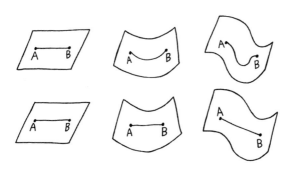

그림에서 A, B 두 점 사이의 거리를 세 가지 경우에 비교해보면, 첫 번째 평평한 평면에서는 '밖에서 본 최단 거리'와 '평면 안에서의 최단 거리'가 같지만, 두 번째와 세 번째 휘어진 곡면에서는 곡면 안에서만 움직일 때의 '내면 최단 거리'와 밖에서 볼 때의 최단 거리가 다릅니다. 여기서 핵심은 기하가 휘어진 상태를 평면상의 '내적의 변화'로 해석할 수 있다는 것입니다. 평면뿐 아니라 고차원 공간에도 똑같은 개념을 적용하기만 하면 된다는 것이 강점입니다.

특히 기하를 바꾸는 데 있어서 중요한 점은 벡터의 출발점에 따라서 내적이 바뀌게 할 수도 있다는 것입니다. 변수의 수가 많아지지만 조금만 써보겠습니다.

$$
\begin{aligned}
g(x, y, z, v, w) = {} & g_{11}(x, y, z)v_1w_1 + g_{22}(x, y, z)v_2w_2 \\
& + g_{33}(x, y, z)v_3w_3 + g_{12}(x, y, z)v_1w_2 \\
& + g_{13}(x, y, z)v_1w_3 + g_{21}(x, y, z)v_2w_1 \\
& + g_{23}(x, y, z)v_2w_3 + g_{31}(x, y, z)v_3w_1 \\
& + g_{32}(x, y, z)v_3w_2
\end{aligned}
$$

이 수식은 v, w에 의존하는 형태는 항상 비슷하지만, 계수들이 공간상의 점에 따라서 바뀔 수 있다는 것을 의미합니다. 그런 뜻에서 내적 자체가 공간상에 정의된 함수가 됩니다. 평면뿐 아니라 고차원 공간에도 이와 똑같은 개념을 적용하

내적을 이용해 기하 바꾸기

2차원의 예를 통해 접근해봅시다. 평면상에 원점까지의 거리가 1 보다 작은 점들을 D라고 합시다. 그러니까 원판 모양입니다. 이제 이 원판의 기하를 바꾸겠습니다.

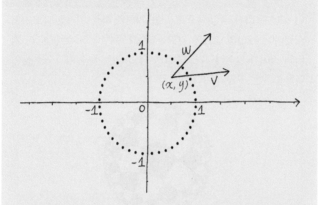

어느 점 (x, y)에서 출발하는 벡터 (v_1, v_2), (w_1, w_2) 사이의 내적을 이렇게 정의합니다.

$$g(x, y, v_1, v_2, w_1, w_2) = \frac{(v_1 w_1 + v_2 w_2)}{(1 - x^2 - y^2)^2}$$

가령 $(0, 1/2)$에서 출발하는 벡터 v의 길이를 구해보겠습니다.

$$\sqrt{\frac{v_1^2 + v_2^2}{(1 - \frac{1}{4})^2}} = \sqrt{\frac{16(v_1^2 + v_2^2)}{9}} = \frac{4}{3}\sqrt{v_1^2 + v_2^2}$$

일반적으로 $x^2 + y^2 = r^2$인 점에서 출발한 벡터의 길이는 아래와 같습니다.

$$\sqrt{\frac{v_1^2 + v_2^2}{(1-r^2)^2}} = \frac{1}{1-r^2}\sqrt{v_1^2 + v_2^2}$$

이 식은 우리가 당장 눈으로 보는 기하와 다른 기하를 내포하는 식입니다. 원반의 경계에 가까워질수록 r은 1에 가까워지니까 벡터의 길이가 늘어납니다. 그 효과 중 하나는 최단 거리 곡선들이 다음과 같은 모양이 된다는 것입니다.

직관적인 이유는 어느 점에서 시작해도 조금 안쪽으로 돌아서 가는 길이 더 짧은 경로이기 때문입니다. 이 기하를 푸앵카레 원판 Poincaré disk이라고 부릅니다. 에셔가 이 기하를 기반으로 만든 작품도 여러 개 있는데, 그림에서 보이는 곡선이 푸앵카레 원반 기하에서는 직선이고, 오각형은 모두 면적이 같습니다.

기만 하면 된다는 것이 강점입니다.

기하가 바뀌는 것을 이렇게 생각할 수도 있습니다. 앞에서의 내적으로부터 따르는 벡터 v의 길이 공식은 아래와 같습니다. (벡터의 길이는 일반적으로도 자신과의 내적의 제곱근입니다.)

$$\sqrt{g(v, v)} = \sqrt{\begin{array}{l} g_{11}v_1^2 + g_{22}v_2^2 + g_{33}v_3^2 + g_{12}v_1v_2 + g_{13}v_1v_3 \\ + g_{21}v_2v_1 + g_{23}v_2v_3 + g_{31}v_3v_1 + g_{32}v_3v_2 \end{array}}$$

보통의 길이 공식 $\sqrt{v_1^2 + v_2^2 + v_3^2}$은 피타고라스의 정리에서 따르는데 이 일반적인 길이 공식이 주어진 공간에서는 피타고라스의 정리가 성립하지 않을 수 있다는 사실을 위 공식이 표현하고 있습니다.

상대성이론에서는 시간까지 감안한 시공간 좌표를 (x_0, x_1, x_2, x_3)로 씁니다. 여기서 x_0이 시간 좌표입니다. 우리가 전에는 (t, x, y, z)라고 쓰기도 했지만 차원이 늘어날수록 $(x_0, x_1, x_2, x_3, x_4, \cdots)$ 이런 식으로 쓰는 것이 좀 더 체계적입니다.

약간 듣기 이상하겠지만 아인슈타인은 시공간 점을 '사건'이라고 불렀습니다. 어느 시간에 어느 위치에 있다는 사실만으로도 무슨 일이 일어난 것으로 해석하는 것이지요. 제가 여기 가만히 앉아 있어도 저의 시간 좌표는 계속 변하고 시공간 사건들을 일으키며 가고 있습니다. 4차원 시공간에서도 원점을 정하고 나면 벡터의 연산을 할 수 있게 됩니다. 그런데 아인슈타인 이론에서는 시공간 내적 역시 다음같이 시공간 점의 함수로 변할 수 있습니다.

$$
\begin{aligned}
& g_{00}V_0W_0 + g_{11}V_1W_1 + g_{22}V_2W_2 + g_{33}V_3W_3 \\
& + g_{01}V_0W_1 + g_{02}V_0W_2 + g_{03}V_0W_3 \\
& + g_{10}V_1W_0 + g_{12}V_1W_2 + g_{13}V_1W_3 \\
& + g_{20}V_2W_0 + g_{21}V_2W_1 + g_{23}V_2W_3 \\
& + g_{30}V_3W_0 + g_{31}V_3W_1 + g_{32}V_3W_2
\end{aligned}
$$

여기서 계수들 $g_{\mu\nu}$가 시간과 공간 점에 따라서 변할 수 있습니다. (사실 $g_{00}(x_0, x_1, x_2, x_3)$, $g_{11}(x_0, x_1, x_2, x_3)$, $g_{22}(x_0, x_1, x_2, x_3)$, … 이렇게 써야 되겠지만 저도 이제 다 명시하기가 벅차서 간략하게 줄였습니다.) 결론적으로 아인슈타인 방정식은 이 계수 $g_{\mu\nu}$들이 시공간상의 함수로서 만족해야 하는 방정식입니다.

조금 감을 잡아보자면, 일단 계수들의 값이 무엇인지, 또 어떻게 변하는지 당장 알 수는 없지만, 어쨌든 아인슈타인 방정식은 만족해야 한다는 말씀이지요?

그렇습니다. 방정식을 이해하고 나면 그것을 (아주아주 어렵게) 풀어야 하는데, 적당한 조건하에서 방정식을 풀면 블랙홀도 나오고 빅뱅도 나오게 되는 겁니다. 블랙홀이나 빅뱅 같은 것이 모두 기하적 형태가 함수로 표현된 아인슈타인 방정식의 해인 것입니다.

수학을 할 때 때로는 구체적으로 풀지 못하더라도 '해는 이런 성질을 가져야 한다'는 정리를 증명할 수도 있습니다. 펜로즈의 정리가 정확히 이런 꼴이었습니다. 많은 사람이 방정식의 풀이에만 끙끙대며 집중하고 있었을 때, 펜로즈는 그렇게 어렵지 않게 거시적인 시각으로 놀라운 정성적인 결론들을 이끌어낼 수 있다는 사실을 보인 것입니다.

'우주 모양의 방정식'이라는 것이 완전히 황당한 개념이 아니라는 느낌이 조금 드시나요?

음악과 수학, 그리고 현대주의

앞서 설명한 아인슈타인의 상대성이론은 과학의 조류를 바꿨을 뿐 아니라 20세기 초 많은 예술가의 상상력을 자극하기에 충분했습니다. 일반상대성이론에서 '시간이 상대적이다', '시공간이 휘어져 있다'는 종류의 문장은 정확히 이해하지 못해도 어딘가 심금을 울리는 신선함이 있지요. 에서 역시 수학을 전혀 모른 채 〈상대성〉을 그렸다는 사실을 자주 언급했습니다. 그러면서도 푸앵카레 원반의 기하를 정확하게 포착하는 직관을 가지고 있었던 것은 교육과 별 상관없는 다양한 수학적 재능을 보여주는 동시에 당대의 분위기를 묘하게 반영하는 것 같습니다.

상대성이론의 영향을 받은 또 다른 예술가로 그리스 작곡가 이안니스 크세나키스Iannis Xenakis를 들 수 있습니다. 엔지니어로서 교육받은 크세나키스는 수학과 물리학에 기초한 폭넓은 음악이론을 개발했는데, 동시에 건축가로서 활동하며 현대 건축 이론의 거장인 르코르뷔지에Le Corbusier와 협업을 하기도 했죠.

르코르뷔지에 역시 수학적 구조에 대한 깊은 관심을 가졌던 건축가로 알고 있습니다.

듣기 쉬운 곡은 아니겠지만, 크세나키스가 작곡한 곡 중 가장 유명한 〈메타스타시스Metastaseis〉를 한번 찾아서 들어보십시오. 61명의 연주자들이 각기 다른 파트를 맡아 주로 현악기의 글리산도glissando, 즉 시작음에서 끝음까지 손가락을 떼지 않고 움직이며 음을 연속적으로 변하게 하는 테크닉으로 악보를 채우는데, 이때 음 간의 복잡한 상호 작용이 우리 귀에 '아름답게' 들리지는 않습니다. 어디까지나 배경을 공부하면서 들어야 재미있는 곡입니다.

크세나키스는 작곡할 때 확률론을 굉장히 많이 사용했습니다. 단순하게 말하면, 피아노 곡을 쓸 때 먼저 88개의 음 가운데 '이 곡에서는 이 88개의 음을 다음과 같은 분포로 사용하겠다' 정한 뒤 작곡을 하는 겁니다. 가령 '도'는 전체 음의 12%가 나오고, '레'는 14%, '미'는 37% 나오게 하는 식으로 분포를 정한 다음 작곡을 하는 거죠. 음뿐 아니라 박자, 화음, 시간 등의 음악적 요소도 같은 방식으로 분포를 정합니다. 이는 음악적 요소들을 물리적인 입자와 유사하게 여기는 작곡 철학과 관계 있습니다. 〈확률의 작용Pithoprakta〉이라는 곡에서는 맥스웰 볼츠만Maxwell-Boltzmann 분포를 많이 사용했는데요, 이는 이상 기체 안에 있는 입자들의 속도 분포를 말합니다. 이를 작품에서 선율의 속도 분포에 사용한 것이죠.•

크세나키스는 이런 식으로 상당히 제약 조건을 많이 걸어놓고 작곡을 했는데, 그가 활발히 활동한 1960년대에는 이런 작곡을 하기가 굉장히 어려운 시대였습니다.

• 음악이 $f(v)=\left(\dfrac{m}{2\pi kT}\right)^{\frac{3}{2}} e^{-\frac{mv^2}{2kT}}$ 와 같은 복잡한 식을 반영한 것입니다. 여기서 k는 볼츠만 상수라는 특정 값이고 m은 입자의 질량, T는 기체의 온도를 의미합니다. 이 식은 자세히 이해하기엔 어렵지만, 그래프를 그리면 정규분포의 일종으로, 속도가 커지면서 입자의 수가 급격히 줄어든다거나 온도에 따라서 분포가 달라진다는 것을 나타냅니다. 크세나키스는 선율의 분포를 조정함으로써 오케스트라 전체의 '온도' 같은 개념을 포착하려고 했던 것이죠.

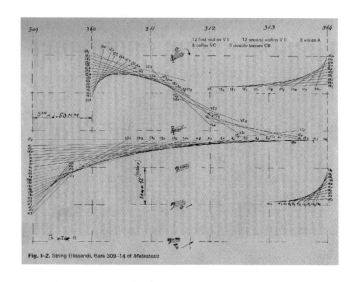

Fig. I–2. String Glissandi, Bars 309–14 of *Metastasis*

원시적인 컴퓨터밖에 없던 시절이니 많은 것을 손으로 쓰고 계산하고 교정하면서 작곡을 했을 것 같습니다.

그럼에도 그는 컴퓨터 음악의 선구자이기도 했습니다. 앞의 그림은 〈메타스타시스〉의 악보입니다. 어떤가요?

보통의 악보와는 달리 꼭 스트링아트처럼 보입니다.

네, 그렇죠. 악보 자체에 구조적인, 기하학적인 사고가 들어가 있는 것 같지요? 저 악보와 스트링아트에 나타나는 기하를 '선직면線織面, ruled surface'이라고 합니다. 직선이 움직이면서 쓸고 지나가는 점들로 이루어진 곡면을 말합니다. 이 경우는 다음 쌍곡포물면hyperbolic paraboloid 같은 곡면을 평면으로 투영한 모양입니다.

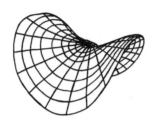

이런 기하는 그가 르코르뷔지에와 함께 1958년 세계엑스포를 위해서 만든 다음의 건축물 필립스관Philips pavillon에도 나타납니다.

크세나키스 악보에서 스트링아트같이 보이는 부분이 앞에서 언급한 현악기의 '글리산도'라고 하는 부분인데요, 악보에 나타나는 직선의 기울기가 손가락의 속도를 의미한다고 합니다. 건축가로서의 배경과 상대론에 대한 관심에서 시작된 시공간에 대한 깊은 통찰이 음악에 통합적으로 표현된 것이겠지요. 크세나키스는 특히 시간의 상대성에 관심이 많았고, 〈시간에 대하여〉라는 어려운 논문에서는 시간과 공간의 양자화가 음악에 부여하는 의미에 대한 어려운 이론을 펼치기도 했습니다.

악보로 보기에는 참 예뻐 보이는데 듣기에는 안 예쁜 음악입니다.

이런 음악은 개념적인 준비가 상당히 필요하기 때문에 그렇습니다. 사람들이 현대음악을 어려워하는 이유는 다양하겠지만, 특히 20세기 이후 음악은 19세기까지의 음악에 비해 추상 구조에 대한 직관과 이론이 많이 사용됩니다. 크세나키스 같은 작곡가는 그런 추세를 대표한다고도 할 수 있지요.

저는 개인적으로 현대음악이 인기가 없는 것을 오래전부터 안타까워했는데, 얼마 전 만난 한 음악 이론가가 저에게 이런 지적을 하더군요. "현대음악이 인기가 없다고 생각하겠지만, 사실은 우리에게 굉장히 가까운 미디어에서 많이 사용하고 있다"라고요. 무슨 미디어일까요? 바로 영화입니다.

대표적인 헝가리 현대음악 작곡가 리게티 죄르지는 영화 〈2001 스페이스 오디세이〉 중 한 장면에 쓰인 음악으로 매우 유명하죠. 우주선이 화려한 색채의 소용돌이 속으로 빠져드는 장면이 있는데, 그때 리게티의 음악이 굉장히 크게 연주됩니다. 리게티는 크세나키스만큼이나 수학의 영향을 강하게 받았다고 합니다. 자신에게 가장 큰 영감을 준 책으로 《괴델, 에서, 바흐》를 손꼽기도 했습니다. 이처럼 추상적인 모티프를 가진 여러 종류의 현대음악이 영화에 끊임없이 사용되고 있는데, 그런 종류의 작곡이라는 걸 우리가 모르고 들을 뿐이지요.

우리가 모르는 새 음악을 통해 수학적 사고의 표현을 즐기고 있는 거군요.

그렇죠. 어떻게 보면 더 성공적이라고 할 수도 있습니다. 즐기는지도 모르고 즐기니까요. 수학과 음악의 관계에 대한 다양한 이론 중에 허무 맹랑한 것들도 있지만, 근본적으로 음악의 주 관심사는 '어떤 원리로 조성된 구조를 사용해야 설득력 있는 소리의 배합이 나오는가?'일 것입니다. 다른 예술에서도 마찬가지였지만, 19세기 이후 작곡가들이 일종의 '순수

한' 음악을 추구하게 되면서 점점 추상적인 구조를 활용하려는 예술적 조류가 형성되기 시작했고, 그러한 풍토에서 수학과의 접촉이 흔해진 것은 우연이 아닐 겁니다.

음악을 통해 모든 것이 수라는 착안을 얻은 피타고라스부터 수학의 구조를 음악에 반영하려던 크세나키스까지, 음악과 수학은 서로 떼려야 뗄 수 없는 관계군요.

음악학자 마크 에반 본즈Mark Evan Bonds가 쓴《절대 음악》이라는 책 서두에 다음과 같은 문구가 나옵니다.

(그리스 신화에 나오는) 오르페우스와 학자 피타고라스의 이미지는 서양음악의 기반에 깔린 서로 다른 두 측면을 조명한다. 음악가로서 오르페우스는 음악의 효과를 표현했다. 철학자로서 피타고라스는 음악의 본질을 설명했다. 적어도 16세기까지는, 또 때로는 그 후에도 피타고라스는 음악의 본질을 발견한 사람으로 여겨졌다. 즉, 그는 '음악은 무엇인가'의 질문을 답한 것이다. 그런 반면 오르페우스는 음악의 영향을 직접 보여주었다.

이처럼 음악과 수학의 본질, 즉 현상의 핵심적인 형상을 포착하려는 공통된 노력의 관점에서 보면 둘 사이의 상호 작용이 20세기의 현대주의를 거치면서 상당히 심화된 느낌입니다. 그런 반면 음악이 사람(혹은 동식물)에게 미치는 영향에 대한 과학적인 설명은 당분간 어려울 것 같습니다.

선형함수

앞서 다룬 크세나키스는 〈시간에 대하여〉라는 논문을 쓸 정도로 시간의 상대성에 매료되었다고 했죠. 저는 여기서 시간 흐름의 '선형성linearity'에 대해 좀 더 자세히 다뤄보고 싶습니다.

'선형성'이 무슨 의미인가요? 선line과 관련 있는 표현인가요?

시간의 흐름이 선형함수라는 뜻입니다. 우리는 앞에서 원점에서 출발하는 화살표들을 벡터라고 불렀고, 벡터를 넣으면 벡터가 나오는 함수에 대해서 이야기했습니다. 선형함수는 벡터를 대입하면 벡터를 출력하는 함수 가운데 벡터의 덧셈과 실수 곱을 보존하는 함수를 말합니다.

선형함수에서 선은 직선을 이야기하는 건가요?

그렇습니다. 영어로는 linear function이라고 합니다. 이런 함수는 선을 입력하면 선이 나오기 때문에 붙인 이름입니다. 대학교 1~2학년 때 대부분의 이공계 학생이 배우는 선형대수라는 과목은 한마디로 선형함수의 공부입니다.

매우 어렵게 들리지만 식으로 보면 더 간단할 수 있습니다.

$$L(v+w) = L(v) + L(w)$$
$$L(av) = aL(v)$$

선형함수 L은 모든 벡터 v, w와 모든 실수 a에 대해서가 성립한다는 뜻입니다. 간단한 예로 회전함수를 생각할 수 있습니다. R_θ라고 표기하는 함수는 벡터를 각도 θ만큼 시계 반대방향으로 회전하는 함수입니다.

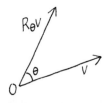

예를 들자면 $R_{90°}$라는 함수에 벡터를 대입하면 직각으로 이동한 벡터가 나오겠죠. 또 $R_{180°}$를 적용하면 반대방향으로

가는 벡터로 보내게 됩니다.

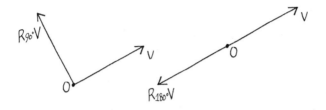

　벡터에 실수를 곱하고 회전을 하면, 회전한 다음에 실수를 곱하는 것과 값이 같습니다. 그리고 벡터 두 개를 더한 뒤 회전하는 것과 양쪽 다 회전한 다음에 더하는 것이 같습니다.

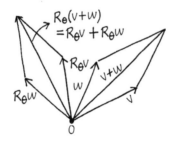

$$R_\theta(v+w) = R_\theta(v) + R_\theta(w)$$
$$R_\theta(aw) = aR_\theta(w)$$

　그러니까 정확히 수식으로 표현하면 위의 식이 성립한다는 뜻입니다. 예를 또 하나 들자면 반사함수를 생각할 수 있습니다. 원점을 지나가는 직선 L을 하나 고정시킨 다음에 그 직선의 반대편으로 벡터를 반사하는 함수 S_L입니다.

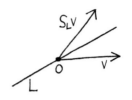

　　지금 우리는 선형함수를 그냥 화살표를 그려서 정의하고 간단한 증명조차 기하학적으로 설명하고 있습니다. 길이를 늘여서 회전하는 것과 회전하고 나서 길이를 늘이는 것은 당연히 같은 과정이고, 평행사변형 전체를 회전함으로써 덧셈을 보존한다는 것을 '그림'으로 보여드렸죠.

　　이처럼 선형함수를 그림으로 설명하는 것이 직관에는 도움이 되지만, 정보 처리하는 입장에서는 여러 가지로 불편합니다. 더군다나 현대 수학에서는 좌표를 이용해 기하학을 수로 표현하는 것이 굉장히 중요하다는 것을 이미 여러 번 강조했지요.

　　컴퓨터라는 테크놀로지 때문인 것이지요? 컴퓨터에 입력해서 계산할 수 있어야 하는데, 컴퓨터는 그림을 이해할 수 없으니 모든 것을 수로 표현해야 합니다.

　　그렇습니다. 기하학적 작용 역시 전부 수로 표현해야 하기 때문에 좌표가 중요해지고, 더 직관적인 기하학으로 묘사할 수 있는 수학적인 개체, 예를 들면 선형함수의 경우도 수로 표현하는 겁니다. 그렇다면 지금까지 배운 선형함수에 관해 수를 이용한 좌표로 다시 설명해볼까요? 벡터 두 개 v, w를 고정시키면 다른 벡터들의 v, w좌표가 결정된다는 이야기를 했습니다. 즉, 임의의 u를 $u=av+bw$ 꼴로 쓰면 (a, b)가 u의 v, w 좌표가 됩니다.

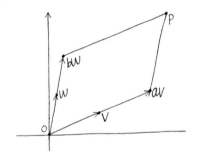

　　선형함수를 좌표로 표현하고 나면, 원래 입력좌표와 출력좌표 사이에 관계가 있어야 하겠죠? 쉽게 말하면 입력을 하면 어떤 공식을 거쳐 출력이 결정되도록 말입니다. 선형함수를 L이라고 할 때 v와 w 자체에 작용하면 나오는 벡터의 v, w 좌표를 (a, b), (c, d)라고 쓰겠습니다. 즉, 다음 등식이 성립한다는 이야기입니다.

$$L(v) = av + bw, \quad L(w) = cv + dw$$

그러면 $u = ev + fw$ 꼴의 벡터 출력값은 선형함수의 성질 때문에 아래와 같이 나옵니다.

$$L(u) = L(ev + fw) = L(ev) + L(fw) = eL(v) + fL(w)$$
$$= e(av + bw) + f(cv + dw)$$
$$= (ea + fc)v + (eb + fd)w$$

이런 복잡한 계산을 하는 이유가 대체 무엇인가요?

선형함수 L의 효과를 좌표로 나타낸 것입니다. 요점은 v와 w 자체의 출력 좌표 (a, b), (c, d)가 주어지면, 임의의 다른 벡터의 출력이 간단한 공식으로 주어진다는 것입니다.

$$(e \ f) \rightarrow (ea + fc, \ eb + fd)$$

이런 함수의 효과를 효율적으로 표현한 것이 행렬입니다. 행렬은 고등학교 1학년 때 배우지요? 처음에 v의 출력 좌표들을 다음과 같이 첫 번째 열에, w의 출력 좌표를 두 번째 열에 씁니다.

$$\begin{pmatrix} a & b \\ c & d \end{pmatrix}$$

그다음에 u의 입력 좌표 (e, f)를 왼쪽에 써줍니다.

$$(e \ \ f)\begin{pmatrix} a & b \\ c & d \end{pmatrix}$$

그리고 나서 곱하여 계산하면 이를 행렬 곱이라고 합니다. (e, f)와 첫 행 $\begin{pmatrix} a \\ c \end{pmatrix}$의 내적 $ea+fc$를 구해서 첫 좌표에 넣고, (e, f)와 두 번째 행 $\begin{pmatrix} b \\ d \end{pmatrix}$의 내적 $eb+fd$를 구해서 두 번째 좌표에 넣습니다. 결국 효과는 다음과 같습니다.

$$(e \ \ f)\begin{pmatrix} a & b \\ c & d \end{pmatrix} = (ea+fc, \ eb+fd)$$

이 식이 행렬 곱의 기본입니다. 행렬이 복잡해 보이지만 사실은 굉장히 간단한데요, 우선 쉬운 계산을 구체적으로 해볼까요?

$$(1 \ \ 3)\begin{pmatrix} 2 & 4 \\ 3 & 2 \end{pmatrix} = (1 \times 2 + 3 \times 3 \ \ 1 \times 4 + 3 \times 2) = (11 \ \ 10)$$

별로 안 어렵지요? 이번에는 v, w를 직각으로 길이가 1이 되게 잡은 다음에 몇 가지 계산을 해보겠습니다.

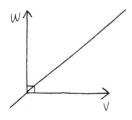

v와 w 사이를 45도 각도로 지나가는 선을 기준으로 반사하는 함수를 L이라고 하면, 그림에서 볼 수 있듯이 $L(v)=w$, $L(w)=v$입니다. 즉, $L(v)$의 v, w좌표는 $(0, 1)$, $L(w)$의 v, w좌표는 $(1, 0)$입니다. 따라서 행렬은 다음과 같습니다.

$$\begin{pmatrix} 0 & 1 \\ 1 & 0 \end{pmatrix}$$

L이 $u=ev+fw$에 작용한 결과의 v, w좌표는 두 좌표를 바꾸는 함수가 됩니다.

$$(e \quad f)\begin{pmatrix} 0 & 1 \\ 1 & 0 \end{pmatrix} = (f \quad e)$$

처음에 나왔던 회전함수 R_θ를 생각해보면 $v=i$, $w=j$로 잡았던 경우와 똑같이 다음이 성립합니다.

$$R_\theta(v) = \cos\theta v + \sin\theta w$$
$$R_\theta(w) = -\sin\theta v + \cos\theta w$$

R_θ를 $u=ev+fw$에 작용하면 좌표가 이렇게 됩니다.

$$(e \quad f)\begin{pmatrix} \cos\theta & \sin\theta \\ -\sin\theta & \cos\theta \end{pmatrix} = (e\cos\theta - f\sin\theta \quad e\sin\theta + f\cos\theta)$$

구체적으로 $\theta=45°$일 때는 행렬이 다음처럼 나옵니다.

$$\begin{pmatrix} \dfrac{1}{\sqrt{2}} & \dfrac{1}{\sqrt{2}} \\ -\dfrac{1}{\sqrt{2}} & \dfrac{1}{\sqrt{2}} \end{pmatrix}$$

요점은 좌표를 정의한 벡터 두 개에 대해서만 함수의 효과를 한 번 계산해주면 임의의 입력 벡터의 함숫값을 기계적으로 계산하는 방법을 행렬이 제공해준다는 것입니다.

행렬을 이용한 계산은 대부분 어려운 과정이 아닙니다. 사실 계산 자체는 많은 경우에 컴퓨터로 하면 됩니다. 단지, 실제 응용에서는 소위 '빅데이터'에서 나오는 굉장히 큰 정보량을 상대해야 합니다. 입력과 출력 벡터의 좌표가 100개쯤 되고 행렬도 항이 1만 개쯤 들어 있는 경우가 흔하죠. 이런 데이터를 효율적으로 처리하려면 정보량을 줄이는 이론도 필요하고, 최대한 계산을 줄이는 알고리즘도 생각해야 합니다.

선형함수는 어디에 쓰이나요? 빅데이터 시대에는 선형함수가 더 중요하게 쓰인다는 이야기를 듣곤 합니다.

선형함수는 너무나 많이 쓰이기 때문에 단시간에 설명하기가 어렵지만 핵심적인 것 두 가지는 이야기해야 할 것 같습니다.

우선 선형함수의 응용에서 가장 중요한 계산량이 함수의

고윳값과 고유 벡터입니다. 선형함수 L이 있을 때, L을 적용해도 방향이 바뀌지 않는 벡터들이 있습니다. 어떤 실수 c에 대해서 다음의 방정식이 만족한다는 뜻입니다.

$$L(u) = cu$$

여기서 u를 L의 고유 벡터[*]라고 하고 c를 L의 고윳값이라고 합니다. 그러니까 일종의 방정식인데 u와 c를 동시에 구해야 하는 방정식인 것이죠. 가령 앞에서 본 반사함수의 경우 반사 기준선 안에 있는 벡터 u는 아래와 같습니다.

$$S_L(u) = u$$

그리고 직각 방향의 벡터 n은 다음을 만족합니다.

$$S_L(n) = -n$$

이를 통해서 고윳값 1,-1, 그리고 고유 벡터 u, n을 찾았습니다.

고유 벡터와 고윳값이 중요하다고 하신 이유는 뭔가요?

간략히 설명하면 크게 두 가지 이유를 들 수 있습니다. 하나는 이미 언급한 '빅데이터' 처리 문제 때문입니다. 최근에는 인공지능을 포함한 머신러닝에서 사용되고 있어 그 중요도가 더 높아졌습니다. 구글 검색엔진의 시초도 고윳값과 고유 벡터의 연구에서 시작됐다고 하죠.

앞 장에서 잠깐 언급한 주성분 분석에서 찾는 정보공간의 좋은 좌표계는 사실은 '공분산 행렬'의 고유 벡터들 자체를 좌표계로 사용합니다. 공분산 행렬은 데이터 사이의 상관관계를 표현하는 통계량들로 이루어졌는데, 2차원의 경우 간단한

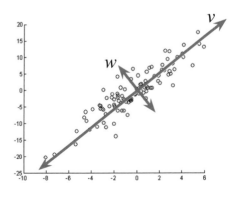

예를 보여드리면 공분산 행렬의 고유 벡터들의 방향은 대충 앞의 그림과 같습니다.

그것이 의미하는 바는 v, w좌표로 모든 데이터를 표현하면 w좌표는 v좌표보다 훨씬 작아진다는 것입니다. 따라서 w좌표는 무시해도 별 상관이 없습니다. 이런 2차원 정보에서는 별로 중요한 작업 같아 보이지 않지만, 유전인자 발현량을 나타내는 2만 차원 벡터일 경우 적당한 좌표로 데이터를 표현한 다음 큰 좌표 몇 개만 보존해서 처리하면 굉장히 효율성이 커집니다. 그런 좌표를 정확하게 공분산 행렬의 고유 벡터들이 제공합니다.

두 번째로는 자연 현상의 이해 때문인데요, 미세 현상을 기술하는 양자역학에서는 세상의 모든 물리량이 선형함수가 돼버린다는 놀라운 사실이 있습니다. 위치, 속도, 에너지, 이런 것들이 전부 선형함수이고, 그 물리량들이 취할 수 있는 값이 선형함수의 고윳값이 됩니다. 가령 원자 시스템이 가질 수 있는 에너지가 모두 에너지 선형함수의 고윳값이 된다는 것이 어찌 보면 양자역학의 가장 근본적인 착안이었습니다.

그러면 양자물리에서는 고윳값 계산을 많이 하겠군요.

그렇지요. 사실 관심 있는 물리량, 특히 에너지함수의 고

윷값 계산이 기본 물리의 가장 중요한 계산이라고 해도 과언이 아닙니다.

시간의 선형성

다시 시간 이야기로 돌아가봅시다. 질문은 바로 '시간에 따라 세상이 어떻게 변하느냐?'일 것입니다. 지금 이 모습의 세상이 10초 뒤 어떤 상태로 변하느냐. 물리학 이론은 지금 현재 상태에서 10초 후, 100초 후, 1만 년 후의 상태로 가는 함수들을 공부하는 것입니다. 우주의 모양에 대한 아인슈타인의 방정식도 마찬가지죠. 전부 어떤 주어진 시점의 상태에서 이후의 상태로 가는 함수에 대한 이론을 전개하고 있는 것입니다.

선형함수는 굉장히 중요하고도 가장 간단한 종류의 함수입니다. 평면에서 평면으로 가는 함수를 좌표로 표현하면 (x, y)를 넣으면 (x^2+y^2, xy)가 나오는 함수도 생각해볼 수 있겠죠. 그런데 이런 것은 선형함수가 아닙니다. 좌표들 사이에 곱셈, 제곱 같은 것이 들어가니까요. 그런데 앞에서 설명했듯이 선형함수의 좌표는 굉장히 간단한 함수들입니다. 좌표들끼리 곱하지 않고, 상수와 곱하거나, 덧셈이나 뺄셈밖에 일어나지 않습니다.

세상에는 굉장히 복잡한 함수가 많습니다. 가령 3차원 공간상의 함수를 수로 표현하려고 할 때는 좌표의 수가 몇 개 필요하죠? (x, y, z) 이렇게 세 개 필요합니다. x축, y축, z축을 아무렇게 세 개 그리면 원칙적으로는 현재 우리가 함께 있는 이 방 안의 모든 점을 좌표로 표현할 수 있습니다.

그런데 우리가 숨 쉬고 있는 이곳에는 모든 점마다 공기 분자가 있겠죠? 이 공기분자가 10초 후에 어디로 갔는지 각 점마다 표현을 해본다고 가정해봅시다. 그러면 당연히 함수가 생기겠죠? 10초 후에 공기 분자가 어디로 가느냐. 각 점 (x, y, z)에 있는 분자가 10초 뒤 어딘가로 이동하겠죠.

$$E(x, y, z) = (f(x, y, z), g(x, y, z), h(x, y, z))$$

그 함수를 이렇게 표현하면 f, g, h는 생각할 수 없을 만큼 복잡한, 도저히 파악할 수 없는 함수들이 될 겁니다. 그러니 이 함수는 선형일 가능성이 별로 없겠군요. 공기 분자의 움직임은 굉장히 복잡한 함수인데, 선형함수는 상당히 단순한 함수이니까요.

그런데 놀라운 점은 그런 복잡성에도 불구하고 우주의 현 상태를 10초 후의 상태로 가지고 가는 함수를 보면 이것도 선형함수가 된다는 사실입니다. 미세적인 구조를 들여다보면,

시간에 따라 우주가 진화하는 모양은 항상 선형함수의 구조를 가지고 있습니다. 이 놀라운 사실은 양자역학의 기초이기도 합니다. 그러니까 t라는 순간으로부터 $t+s$ 순간으로 가지고 가는 함수, 그것이 선형함수입니다.

그러면 10초 뒤 공기분자의 움직임을 나타낸 그 복잡한 $E(x, y, z)$가 선형함수가 된다는 이야기인가요?

좋은 질문입니다! 물론 그럴 리가 없습니다. $E(x, y, z)$의 정의는 '지금 (x, y, z) 위치에 있는 분자가 10초 후에 이동했을 위치'이니까요. 보통 생각하는 의미로 이런 함수가 선형일 수는 없습니다. 선형인 함수는 다음의 경우입니다.

[(x, y, z)에 있는 분자의 현 상태] → [10초 후 그 분자의 상태]

이 함수를 U라고 하겠습니다. E가 선형이라는 말을 할 때, 즉 $E(v+w)=E(v)+E(w)$라는 식을 쓸 때 덧셈은 위치벡터의 덧셈을 의미합니다.

여기서 U가 선형이라고 할 때는 분자의 상태가 다른 의미에서 벡터가 됩니다. 약간 부정확한 비교이지만 소리의 파동을 이야기할 때 생각했던 '정보벡터'와 비슷합니다. 먼저 상태를 결정하는 데 필요한 모든 측정량의 정보를 포착하는 벡터를 생각합니다.

$$\left(p_1, p_2, p_3, p_4, \cdots, \right)$$

그리고 그런 정보벡터의 좌표를 더하는 연산을 생각하면 됩니다.

$$\left(p_1, p_2, p_3, p_4, \cdots, \right) + \left(p_1', p_2', p_3', p_4', \cdots, \right)$$
$$= \left(p_1 + p_1', p_2 + p_2', p_3 + p_3', p_4 + p_4', \cdots, \right)$$

또, 정보 벡터의 실수 곱도 생각할 수 있겠지요.

$$a\left(p_1, p_2, p_3, p_4, \cdots, \right) = \left(a p_1, a p_2, a p_3, a p_4, \cdots, \right)$$

그러면 U는 이런 연산에 대해서 선형이라는 뜻입니다.

이 정보벡터가 무엇을 의미하는지 잘 모르겠습니다.

그렇지요. 조금 어려운 개념입니다. 정보벡터는 분자의 위치, 속도, 에너지 등의 정보를 다 포함하는 벡터입니다. 단지 여기서 두 가지 미스터리는 이런 정보벡터가 실제 측정하기도 전에 더 근본적인 실체를 가지고 있다는 사실과 정보량 p_1, $p_2, \cdots$ 등이 복소수가 될 수 있다는 사실입니다.

지금은 제가 분자 하나에 대해서만 이야기했지만 방 안에 있는 모든 분자에 대해서도 똑같은 이야기를 할 수 있습니다.

[방 안에 있는 모든 분자의 현 상태] → [방 안에 있는 모든 분자의 10초 후 상태]

즉, 위의 함수도 같은 의미에서 선형함수가 됩니다. 정말로 광대하게 나가서 다음 함수도 선형이란 말입니다.

[우주의 현 상태] → [우주의 10초 후 상태]

정보가 얼마나 많을지 상상이 가지 않습니다.

그렇지요? 그럼에도 불구하고 원리 자체는 상당히 심오하고 약간은 신비롭습니다.

20세기의 크세나키스 같은 작곡가가 상대론적인 시간에 관심을 가졌던 이유가 무엇일까요? 제가 짐작하기에는 우주의 상대론적인 변화를 기술하는 데 필요한 기하학의 복잡성이 음악가나 건축가의 미적 경이감을 자극한 것으로 보입니다. 일반상대성이론은 기초부터 선형함수 이론과는 상당히 거리가 멀 수밖에 없습니다. 우주의 모양이 휘어지는 현상은

'선'이라는 것을 보존할 수 없기 때문입니다.

상대론이 기술하는 우주의 모든 깊은 현상은 비선형적인 모양으로부터 우러나온다고 해도 과언이 아닙니다. 크세나키스가 시간에 대해서 쓴 글에 양자역학에 대한 이야기가 나오지만, 양자역학적으로는 시간의 흐름이 굉장히 단순하다는 사실을 언급하지 않습니다. 그래서 시간의 미스터리에 거의 도취돼서 살았던 창작가가 시간의 미세적인 선형 실체를 알고 있었더라면 어떤 음악이 나왔을까 궁금하기도 합니다. 충격적으로 단순한 구조도 복잡한 추상 구조만큼 미학적 상상력을 자극할 수 있는 법이니까요.

법칙과 방정식

아인슈타인 방정식의 자세한 내용을 완전히 이해하기는 어렵겠지만, 그 방정식에 들어가는 요소는 무엇인지 궁금합니다. 그에 관한 질문을 조금 더 해도 될까요? $R_{\mu\nu}$, R, G, $T_{\mu\nu}$, c 같은 것들은 다 무엇을 지칭하는 건가요?

$$R_{\mu\nu} - \frac{1}{2}Rg_{\mu\nu} = \frac{8\pi G}{c^4}T_{\mu\nu}$$

쉬운 것부터 답하자면 c는 빛의 속도이고 G는 뉴턴의 중력 법칙에도 나오는 중력 상수입니다. 그러니까 그 두 수는 어느 특정한 값입니다. (정확히 말하면 c는 초속 30만km이고 G는 $6.67430 \times 10^{-11} m^3/kgs^2$입니다.) $R_{\mu\nu}$, R은 둘 다 시공간이 휘어진 정도를 측정하는 '곡률'이라는 함수입니다. 둘 다 $g_{\mu\nu}$와 그의 미분을 이용해서 표현할 수 있습니다. 그러니까 거리가 어떻게 주어지느냐에 따라서 휘어진 정도가 결정된다는 것입니다.

거리가 휘어지는 것과 어떤 상관이 있지요?

간단한 예를 두 개 보지요. 구상에서 보면 삼각형이 다음과 같은 모양입니다.

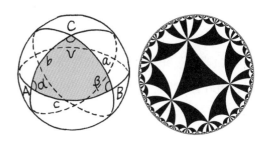

우리에게 익숙한 모양은 아니지만, 각 변이 꼭짓점을 잇는 최단 거리 경로이기 때문에 이를 삼각형이라 부릅니다. 그런 반면 오른쪽 그림은 푸앵카레 원판에서의 삼각형들을 나

타냅니다.

　두 그림에서 가장 큰 차이는, 구 위에서는 평면에서와는 달리 삼각형 내부 각의 합이 π보다 크고, 푸앵카레 원판에서는 삼각형 내부 각의 합이 π보다 작다는 점입니다. 다시 말해 거리 함수의 성질이 단순한 기하적 성질에 영향을 주고 있죠. 기하에서 공간도형이 휜 정도를 '곡률'이라고 부르는데, 가령 반지름이 R인 구는 곡률이 $1/R^2$이고, 푸앵카레 원판은 곡률이 $-1/4$입니다. 곡률의 양수와 음수 차이가 삼각형 내부 각도의 합과 밀접한 관계가 있습니다. 고차원으로 올라가면 곡률 자체가 함수 여러 개로 형성됩니다. 휘어지는 정도도 방향에 따라서 달라지기 때문이지요.

　$T_{\mu\nu}$는 약간 복잡한데, 물질이 중력에 미치는 작용을 표현하는 함수입니다. 그러니까 모든 물질의 분포가 이 속에 들어 있고, 기하학적인 각종 복잡한 함수가 방정식의 왼쪽에 들어가 있습니다. 그래서 물질이 중력에 미치는 영향이 이 방정식을 통해서 표현되고 있지요. 예를 들자면 별이나 행성 등 모든 물질로부터 굉장히 멀리 떨어져 있는 우주 어딘가는 $T_{\mu\nu}$가 0이라고 봐도 상관이 없습니다. (다만 아주 희미한 빛이 어디에나 있기 때문에 완전히 0은 아닙니다.) 그래서 그런 곳에서는 근사적으로 다음의 방정식이 되므로 더 풀기 쉬워집니다.

$$R_{\mu\nu} - \frac{1}{2}Rg_{\mu\nu} = 0$$

이때는 물질과 상관없는 일종의 순수한 시공간 기하가 나타나는 것입니다. 반대로 물질이 있는 곳으로 가면 $T_{\mu\nu}$가 아주 커질 수도 있습니다. 특히 블랙홀 같이 밀도가 높은 물질 근처가 그렇습니다. 그러니까 이것이 무엇인지 알려면 이론과 실제 측정을 결합해야 합니다. 원칙적으로는 어떤 공간 속에 들어 있는 모든 물질의 효과를 다 측정해서 이것이 어떤 함수인가를 알아내야 합니다. 그런데 중요한 점은 이 함수를 통해서 물질이 시공간의 모양을 좌우한다는 것입니다.

마치 천으로 만든 쇼핑백 같습니다. 그 안에 내용물을 뭘 채우느냐에 따라서 모양이 달라지니까요.

그것도 괜찮은 비유입니다. 아인슈타인 방정식은 가능한 우주의 모양에 강력한 제약조건을 줌으로써, 그 안에 물질이 있으면 그 물질이 또 방정식을 통해서 영향을 미친다는 것을 표현하고 있습니다.

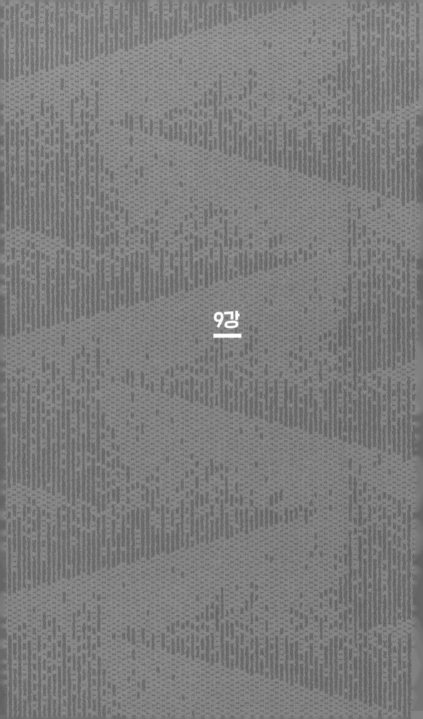

9강

수학으로 세상을 본다는 것

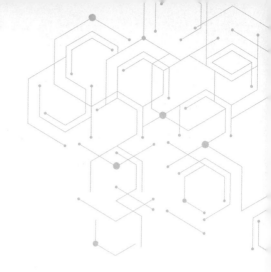

다시공리로

수학은 대부분 '증명'이라는 작업을 거칩니다. 아인슈타
인 방정식이 성립한다는 것은 어떻게 증명했습니까?

증명이라기보다 아인슈타인의 방정식은 수학적인 입장
에서 생각하면 증명을 하지 않았습니다. 무슨 뜻일까요?

그 역시 공리라는 것인가요?

그렇습니다. 아인슈타인의 방정식은 엄밀하게 따지면 공
리입니다. 물론 이 현상을 물리적으로 확인한 경우는 상당히
많습니다만, 근본적으로는 굉장히 복잡한 공리죠. (아인슈타

인 자신은 매우 간단하다고 말했지만요.) 물리적인 우주의 구조와 물질 사이의 작용에 대한 직관을 이용해서 '이것이 성립할 것이다'라고 가정한 것입니다. 이미 언급했듯이 물리학에서 보면 '원리', '법칙'이라고 하는 것은 수학적으로 표현하면 거의 항상 공리입니다. 다른 걸 이용해서 증명하는 게 아니라 '세상의 원리는 이럴 것이다'라고 가정하는 것입니다.

과학적인 이론은 대체로 이런 성질을 가지고 있습니다. 이론이란 증명하는 것이 아니고, 세상의 현실을 항상 관찰하면서 이론을 설득력 있게 만드는 증빙자료를 찾는 것이기 때문입니다.

아인슈타인의 공리 역시 실제 세상에서의 관찰을 통해 일관성이 있다는 사실을 확인했죠. 최근 발견한 중력파는 아인슈타인 방정식이 있었기에 관측 가능했습니다. 상대성이론이 어떤 종류의 실험을 하라는 지표를 제공해주었기 때문입니다. 아인슈타인 방정식을 공리로 받아들였을 때의 정리 중 하나가 이러이러한 상황에서는 중력파가 나온다는 것인데, 그 정리가 실현된 것입니다. 이렇게 공리로부터 추론한 결과가 세상에서 관측되고 나면 그 공리가 자연과 부합한다는 자신감을 얻게 되는 것입니다.

첫 번째 시간에 수학이란 자연에 가까워가는 것이며 완

벽이 아니라고 말씀하셨지만, 공리를 증명할 수가 없다니 사실 조금 충격입니다. 어떻게 보면 증명이라는 건 완벽할 수가 없는 것이군요?

거기에 대해서는 굉장히 다양한 의견이 가능한데요. 증명이라고 하는 건 '이런 가정으로부터 저런 결론이 따른다'는 논리가 전부라고 보통 생각합니다. 철학자들도 그렇고 수학자들도 어느 정도 그렇게 생각하는 경향이 있습니다. 그런데 증명에 대한 고정 관념이 지닌 문제점이 있습니다. 그중 하나는 그런 증명을 했을 때 언제부터 그것이 완벽하다는 자신감을 가질 수 있느냐는 것입니다. 보통 수학 논문에 나오는 증명은 굉장히 깁니다. 그런데 그것이 전부 다 논리적인 법칙을 따라서 완벽하게 전개된 것인지 아닌지에 대한 자신감을 갖기는 쉽지 않습니다.

학자들 사이에서도 '증명한다는 것이 무엇인가'에 대해서 일관성 있는 답을 얻어내기란 참 어렵습니다. 재미있는 사실 하나는 학술지에 수록되는 수많은 논문 대부분이 오류투성이라는 것입니다. 그렇지만 그중에서도 근본적인 착안이 맞으면 원칙적으로는 고칠 수 있다고 보는 논문이 있고, 완전히 틀린 논문도 있는 것이죠.

수학의 대가들도 대부분 오류를 저지릅니다. 유리 마닌

Yuri Manin이라는 영향력 있는 수학자는 "중요한 수학자일수록 오류를 많이 범한다"고 말했을 정도입니다. 무슨 뜻일까요? 모험적인 사고를 하기 때문에 오류를 범할 수도 있고, 동시에 대가일수록 오류가 많이 발견된다는 뜻이기도 합니다. 오류가 많이 발견되려면 그 사람이 쓴 논문을 많은 사람이 읽어야 하죠. 아무도 안 보는데 오류가 발견될 수 없으니, 중요한 수학자일수록 오류를 많이 범한다고 유머러스하게 표현한 것입니다.

철학자 가운데서 확실성 문제에 대해 심각하게 생각하는 이들은 논리적인 시스템 자체를 처음부터 부정하기도 했습니다. 익숙한 논리를 사용하는 것 자체가 가장 근본적인 철학적 고찰을 덮어두는 것이라고 본 것이죠. 그렇지만 자연과학에서는 전통적인 논리를 일단 받아들이고, 이론을 전개하는 데 필요한 가정들은 나름대로 다 다르게 세우죠. 그걸 원리나 법칙, 공리라고도 하는 겁니다.

하나의 논리를 인정하고 나서도 자신감이 생기는 데는 상당한 시간이 걸리지만, 그럼에도 불구하고 어느 중요성이 있는 수학적인 사실은 시간이 지나면서 간소화되기도 하고 더 명료해지기도 하고 더 확실성이 생기기도 합니다. 이러한 과정을 통해 수학의 전체적인 형체가 형성되어왔던 셈입니다. 그리고 그런 과정이 지금도 계속 거듭되고 있습니다. 이는 수학의 역사에서나 다른 학문의 역사에서나 마찬가지입니다.

이러한 공리 시스템의 한계를 명시한 사람이 바로 자주 언급한 괴델입니다. 공리적인 시스템을 굉장히 중요시하는 사람들은 적당한 공리만 설정하고 나면 사실은 전부 그 공리로부터 다 증명할 수 있어야 된다고 생각했습니다. 특히 힐베르트나 러셀 같은 이들은 수학의 한 영역에 있어서 만큼은 그게 가능해야 한다고 믿었습니다.

그러나 앞서 다뤘듯 괴델은 공리를 어떻게 정하더라도 적당한 공리가 유한 개 있다면 그것을 1,000개, 1만 개, 100만 개 받아들여도 그 공리로부터 증명되지 않는 참인 명제들이 있다고 보았습니다. '그러면 그게 사실이라는 걸 알면 그것도 공리로 사용하면 될 거 아니냐' 할 수도 있겠죠. 그런데 괴델의 정리가 말하는 것은 참인 명제들을 공리로 받아들이고 나면 그래도 증명 안 되는 사실들이 또 생겨난다는 사실이었습니다.

공리적인 시스템이 굉장히 중요한 것은 사실이고 수학 발전의 원동력이 되는 것도 사실이지만, 궁극적으로 수학적인 사실을 파악하는 과정에서 공리적인 시스템에 대한 절대적인 신뢰는 불가능하다는 걸 보여준 것이군요.

저는 이렇게 생각합니다. 어떤 사물을 공부할 때 밖으로부터 파고들어가는 방향이 있고, 안에서부터 시작해서 근본적인 요소로 어떻게 만들어져 있는지 파악하려는 방향이 있습니다. 그런데 보통 웬만한 복잡성을 가진 사물이라면 이 두 가지 방향의 공부가 서로 연결되지 않습니다.

예를 들어 양자역학이란 입자와 원자를 공부하는 것이지만, 양자역학을 이용해서 인간이 어떻게 만들어졌는지에 대해 설명하는 이론은 지금도 없습니다. 구성 요소building block의 이론은 맞는 것 같지만, 그런 것들이 합쳐져서 우리가 보통 관심 있는 물체들에 어떻게 나타나는지, 그 성질을 어떻게 표현하는지에 대한 연구는 굉장히 원시적인 상태에 머물러 있습니다. 기본적인 요소로부터 구축해나가는 과정과 밖에서부터 분해해가면서 저변에 깔린 게 무엇인가 파악하는 과정은 연결되지 않는 것입니다.

앞서 언급한 힐베르트 같은 수학자는 세상은 복잡하지만 수학이라면 그래도 기초적인 요소로부터 다 건설해나가는 것이 가능해야 한다는 신념, 직관을 가지고 있었습니다. 그런데 그게 아니라는 게 밝혀지면서 엄청난 좌절을 겪었다고 합니다.

교수님도 수학을 연구하면서 좌절하신 적이 많습니까?

아니요. 저는 좌절한 기억이 없습니다. 충분히 어떤 목적의식을 가지고 노력해본 일이 없기 때문이겠지요.

절대적인 진리는 참 파악하기 힘들죠. 그러니 우리가 학자로서 바랄 수 있는것은 세상에 대한 인사이트를 점점 깊이 만들어가는 과정 정도밖에 없는 듯합니다. 이를 쌓아가는 것만 해도 공부하는 과정에서 충분히 만족스럽거든요.

우주의 모양을 볼 수 있는가

제가 수학자로서 연구하고 있는 주제는 전문적으로 말하자면 Arithmetic Geometry, 우리말로 산술기하라고 합니다. 최근에는 특히 산술기하를 양자장론, 즉 물리학의 문제들과 연관지어 공부하고 있습니다. 평소에 언급하기 부끄러운 얘기지만 시공간의 구성 요소가 가장 궁금한 주제이기도 합니다. 가령 시공간이 양자로 만들어졌다면 거기에 필요한 수학적 구조는 어떤 구조일까 이런 것이 중요한 이슈입니다.

앞서 피타고라스 시대에 맞이하게 된 대수의 위기에 관해 이야기했습니다. "모든 것이 수"라고 설명하려던 노력이 수포로 돌아가자 대수 체계의 위기를 맞게 되고, 그 이후 수학적인 사고를 기하적으로 설명하고자 하는 추세가 지배적이 되었습니다. 그러다가 17세기에 기하를 대수적으로 바꾸어가는 과정이 체계적으로 진행되었고 시간이 흘러서 지금은 대수적인 파운데이션이 수학의 주류를 이루고 있습니다.

세르게이 구코프Sergei Gukov와 로버트 다이그라프Robert Dijkgraaf라는 두 물리학자가 2014년에 옥스퍼드에서 개최된 학회에 참석했을 때의 일입니다. 다이그라프는 수학과 물리학 사이의 관계에 대한 굉장히 모호한 강의를 진행하고 있었습니다. 강의의 마지막에 이르러 구코프는 디아그라프에게 "우주는 대수로 만들어졌을까? 기하로 만들어졌을까?"라는 이상한 질문을 했습니다. (네, 《수학이 필요한 순간》에서 언급한 적이 있습니다.) 그리고 결론적으로 우주는 "대수로 만들어졌다"는 답이 나왔습니다. 그게 과연 무슨 뜻일까요?

문제는 세상을 자세히 들여다보면 볼수록 모양이 모호해지는 현상, 거기로부터 시작하는 것 같습니다. 다음 사진은 2013년에 최초로 찍은 수소 원자의 사진입니다.

사진의 수소 원자를 보면 형체가 희미하고 보송보송한 느낌이 듭니다. 사진을 잘못 찍은 것이 아닌가요?

조금 더 선명하게 만들 수 있을지 몰라도 이는 수소 원자의 실제 모습입니다. 실험물리학자에 따르면 아마 강력한 엑

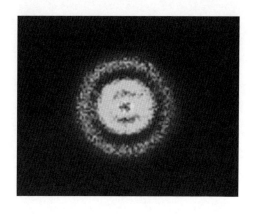

스레이로 찍었을 것이라고 합니다. 미세 물질에 관한 이론에서는 물질을 자세히 보면 볼수록 형태가 불분명해진다고 합니다. '모양이 없어지는 현상'과 대수적인 실체는 매우 관계가 깊습니다. 어떤 의미에서 그런 것일까? 여러분은 슈뢰딩거 고양이에 대해 많이 들어봤을 겁니다.

상자 안에 고양이가 살아 있을까? 죽어 있을까? 슈뢰딩거의 고양이는 산 상태와 죽은 상태가 공존한다는 의미였죠.

양자역학의 기본 틀에서 보면 사실 두 상태의 '덧셈'이 존재한다는 것이 요점입니다. 엄밀한 의미에서 보면 슈뢰딩거 고양이의 상태는 '산 상태'와 '죽은 상태'의 합이라는 뜻입니다.

여기서 '합'이란 무슨 의미입니까?

그렇습니다. 대체 합이라는 것이 무엇일까요? 앞서 설명했듯이 일종의 정보벡터의 합이라고 생각해도 좋습니다. 구체적인 수학은 복잡하지만, 직관적으로 생각하면 '모든 상태가 확률이기 때문'에 합을 할 수 있습니다. 물질의 상태를 미세하게 보면 '분명한 상태'라는 것은 전혀 존재하지 않고, 확률밖에 존재하지 않습니다. 그리고 확률은 합할 수 있죠. 이게 바로 요점입니다.

좀 더 구체적으로 설명해보겠습니다. 가령 점이 하나 있고, 또 다른 점이 하나 있습니다. 수 체계에서의 점이 아니라, 진짜 물질적인 점이 두 개 있다고 생각해보십시오. 그랬을 때 이 두 개는 합하지 못하겠지요. 그런데 함수는 어떤가요? 다음 그림처럼 점 근처에서는 1이고 점점 바깥으로 멀어질수록 0이 되는 함수가 있다고 합시다. 점 두 개를 합하는 것은 무엇이 될지 모르지만, 함수 두 개는 합할 수가 있습니다.

사실 우리가 점이라고 생각하는 것들이 다 이런 함수 같은 것이고, 함수는 합할 수 있기 때문에 상태도 합할 수 있습니다. 고양이도 대충 보면 윤곽이 분명한 것 같지만, 수소 원자처럼 자세히 보면 윤곽이 불분명해지는 함수들의 융합으로 이루어져 있습니다. 따라서 원칙적으로는 죽은 상태 더하기 산 상태도 가능합니다.

물론 합쳐진 상태가 우리한테 어떻게 보일지는 상상하기 어렵습니다. 중첩 현상, 즉 파동이 합쳐지는 것처럼 다양한 효과들이 있죠. 그런데 실제로는 실험실에서 저런 상태를 만드는 게 현실적으로는 불가능하기 때문에 원칙적으로는 가능하다고 해도 저게 어떤 상태인지 우리의 경험과 연결시키기는 어려울 겁니다.

슈뢰딩거의 고양이의 중첩 상태는 알기 어렵지만 실험실에서도 쉽게 만들 수 있는 종류의 중첩으로 빛의 중첩 예를 들어보겠습니다. 빛의 상태, 가령 A지점에서 빛을 뿌렸을 때 구멍 1을 지나가서 맞은편 스크린에 도달합니다. 그리고 구멍 2를 지나가서 화면에 도달한 상태가 있죠, 이때 구멍을 둘 다 열어놓으면 그 두 상태의 중첩이 나타나서 파동의 간섭 interference 무늬가 생긴다고 합니다.

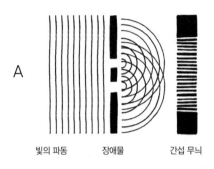

빛의 파동   장애물   간섭 무늬

미세 물질의 세상에서는 합뿐 아니라 곱도 존재합니다. 양자 하나가 전자 하나와 부딪쳐 서로 소멸시키고 빛을 발하는 광자로 변하는 현상. 이는 양자전자기학의 가장 기본적인 상호작용 중 하나입니다. 전자와 양자가 만나서 사라지고, 그 질량이 빛의 에너지로 바뀌는 현상을 곱으로 해석할 수 있습니다.

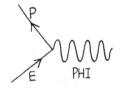

전자×양전자 = 광자

제가 왜 이런 이야기를 하고 있을까요? 바로 이처럼 우주 안에 있는 모든 것이 미시적으로 봤을 때는 더하고 곱할 수 있다. 따라서 대수가 가능하다는 것입니다. 피타고라스의 말대로 '모든 게 수'라는 격언이 실현되는 것이죠. 따라서 모든 것이 수이고 대수가 더 근본적이라는 다이그라프의 주장은 미시적인 세상의 현실과 굉장히 관계가 깊습니다.

그런데 대수가 근본이라는 기본 철학을 절대로 안 믿는 유명한 과학자가 한 사람 있었습니다. 누구였을까요?

앞에서 다룬 바에 의하면 아르키메데스 아닌가요?

아주 재미있는 답변인데요, 그 당시에도 대수에 대한 회의가 많았지만 지금 제가 생각한 것은 훨씬 최근 사람입니다. 바로 아인슈타인입니다. 아인슈타인은 우주 자체가 기하라고 생각했습니다. 일반상대성이론에 따르면 우주 전체가 모양이 있고 중력이 사실은 우주의 모양을 표현한다고 보았죠. 이 우주의 모양이 무엇이냐를 결정하는 것이 바로 아인슈타인의 방정식이었습니다.

어떻게 보면 아인슈타인은 피타고라스의 '모든 것은 수'라는 주장을 조심스럽게 바꿨다고 할 수 있습니다. '우주 안에 들어 있는 것은 전부 수다.' 아인슈타인은 우주 안에 있는 것이 모두 수일지라도, 우주 자체는 수가 아니라고 믿은 것입니다. 우주가 수가 아니라고 생각하는 입장에서는 물질도, 우주 안에 있는 것도 마찬가지겠죠? 그래서 아인슈타인은 양자역학에 대해 불만이 많았다고 하죠. 우주 자체가 기하라고 강하게 믿은 그는 물질을 대수적으로 분석하는 게 싫었을 것입니다.

그런 반면 물질이 대수적이라고 강하게 믿는 사람이라면 우주 자체도 대수적이라고 믿겠죠. 이런 점에서 다이그라프는 시공간 자체도 대수적이고, 대수가 모든 면에서 더 근본적이라고 주장한 셈입니다.

다시 요약하자면, 우주 안에 있는 모든 게 수라고 믿는 것이 스탠더드한 양자역학이고, 이 관점에서 우주나 시공간 자체도 수로 분석하는 것이 양자중력장론을 만들고자 하는 이들의 목적입니다. 그런 반면 아인슈타인은 우주 자체를 기하라고 강하게 믿었기 때문에 물질도 기하가 아닐까 하는 의심이 강했던 것입니다. 사실 이 문제는 아직 해결되지 않았기 때문에 피타고라스와 아인슈타인 사이에 일종의 대립 관계가 존재합니다. 대결이 끝나지 않은 셈이지요.

인간의 뇌에서 벌어지는 일

그렇다면 교수님은 우주는 수다, 아니다. 어느 쪽인가요?

저는 어떤 믿음도 표명하지 않았습니다. '기하라는 건 다 대수 아니냐.' 그것은 인식의 관점에서는 맞는 것 같습니다. 적어도 지금 전문가들이 믿는 인식의 모델에서는 그렇습니다. 가령 뇌는 무엇이라고 생각하시나요? 뇌가 근본적으로 복잡한 종류의 컴퓨터라는 것이 현재 인지과학의 주류 입장입니다. 그런데 컴퓨터 속에서 일어나는 건 다 일종의 계산이죠.

그런데 우리가 생각할 때는 머릿속에 어떤 이미지를 그리지 않나요?

그런데 그 이미지를 떠올릴 때 뇌 속에서는 무슨 일이 일어나나요? 가령 우리가 그림을 볼 때를 떠올려보십시오. 처음에는 빛이 망막에 부딪혀서 일종의 화학작용이 일어나기 시작할 겁니다. 이 화학작용은 일종의 전자 펄스로 바뀌어 뇌를 지나가면서 복잡한 계산이 일어나고, 그림을 경험하게 되는 것이죠. 마치 컴퓨터처럼 바깥에 있는 게 무엇이든 우리 머릿속에서 근본적으로 계산이 벌어진다는 사실입니다.

그렇게 뇌 속에서 벌어지는 작용을 계산이라고 부를 수 있을까요?

뇌 속에 있는 뇌세포, 뉴런이란 전류가 흐르거나 흐르지 않는 상태, 다시 말해 켜진 상태와 꺼진 상태로 작용합니다. 마치 반도체처럼, 모든 뇌 작용은 뉴런들의 상호 작용의 결과입니다. 뇌를 이와 같이 생각할 때 우리가 기억하거나 인식하거나 눈으로 보는 것이 다 컴퓨터처럼 일종의 계산을 통해 우리가 경험하게 된 것이라 생각할 수밖에 없습니다. 즉, 컴퓨터가 하는 것이 계산이면 우리 뇌의 작용도 분명히 계산이라는 것이죠.

또 하나 재미있는 사실은 우리가 논리를 전개하는 것도 일종의 대수라는 점입니다. 앞서 다룬 기호 논리의 기본적인 룰은 완전 대수적인 룰이었죠? A or B일 때 둘 중에 하나만 참이면 참이라는 식의 대수적인 법칙으로 가득 차 있는 게 논리의 기본 모델이었습니다. 그리고 실제 컴퓨터 프로그래밍할 때 이런 종류의 논리 대수가 활용되죠. 그렇게 본 논리 전개는 대수적인 연산이라고 생각할 수 있습니다. 결국 뇌 속에서 일어나는 일은 다 대수인 것이죠.

기하냐 대수냐. 사실 기하를 계산으로 표현하는 방법을 다양하게 다뤘습니다. 가장 기초가 피타고라스의 정리를 통해 두 점의 좌표만을 사용하여 점 사이의 거리를 계산하는 것이었습니다. 좌표 두 개만 있으면 거리의 '모양'을 다시 생각할 필요가 없죠. 그렇다면 머릿속에서 일어나는 것이 다 대수라는 것과 우주 자체가 대수라는 것은 같은 이야기인가? 당연히 아니겠지요? 따라서 양자역학을 주관의 이론이라고 의심할 수도 있습니다. 우리 머릿속에서 일어나는 계산을 실제 세상의 대수로 착각하는 게 아닌가, 다시 말해 우주 자체에 대한 이야기보다 우리의 경험과 인식에 대한 이론이 아닌가 하고 말이죠. 이 모든 것이 앞으로 밝혀져야 할 문제입니다.

세상을 '본다'는 것

물리학자인 고등과학원의 김재환 교수님이 저에게 한 가지 질문을 한 적이 있습니다. 기하학에 대한 수학 논문을 보면 그림이 하나도 나오지 않고 다 추상적이더라. 그렇다면 눈이 보이지 않는 사람도 기하를 할 수 있느냐? 눈이 보이지 않는 사람이 하는 기하는 상당히 다른 것인가? 매우 재미있는 질문이죠. 이에 대한 답을 하나의 예로 보여드리겠습니다. 바로 그동안 여러 번 언급한 아인슈타인의 일반상대성이론 논문의 한 페이지입니다.

$$\frac{\partial F_{22}}{\partial x_4} + \frac{\partial F_{24}}{\partial x_2} + \frac{\partial F_{42}}{\partial x_2} = 0$$
$$\frac{\partial F_{24}}{\partial x_1} + \frac{\partial F_{41}}{\partial x_2} + \frac{\partial F_{12}}{\partial x_4} = 0$$
$$\frac{\partial F_{41}}{\partial x_2} + \frac{\partial F_{12}}{\partial x_4} + \frac{\partial F_{24}}{\partial x_1} = 0$$
$$\frac{\partial F_{12}}{\partial x_2} + \frac{\partial F_{23}}{\partial x_1} + \frac{\partial F_{31}}{\partial x_2} = 0$$
$$\qquad \cdot \quad \cdot \quad (60a)$$

This system corresponds to the second of Maxwell's systems of equations. We recognize this at once by setting

$$F_{22} = H_x, \quad F_{14} = E_x$$
$$F_{31} = H_y, \quad F_{24} = E_y$$
$$F_{12} = H_z, \quad F_{34} = E_z$$
$$\qquad \cdot \quad \cdot \quad (61)$$

Then in place of (60a) we may set, in the usual notation of three-dimensional vector analysis,

$$-\frac{\partial H}{\partial t} = \text{curl } E$$
$$\text{div } H = 0$$
$$\qquad \cdot \quad \cdot \quad (60b)$$

We obtain Maxwell's first system by generalizing the form given by Minkowski. We introduce the contravariant six-vector associated with $F^{\alpha\beta}$

$$F^{\mu\nu} = g^{\mu\alpha}g^{\nu\beta}F_{\alpha\beta} \qquad \cdot \quad \cdot \quad (62)$$

　　논문의 본론으로 들어가면 4차원 시공간에 주어진 내적, 거리공식, 거리 함수의 미분, 이런 것이 있습니다. 그리고 중간 쯤에 아인슈타인 방정식이라고 부르는 등식이 등장합니다.

　　이 논문을 보여드리는 이유는 굉장히 복잡한 계산이 많이 나온다는 것을 강조하기 위해서입니다. 아인슈타인의 논문은 우주의 모양을 다루고 있는데, 논문을 보면 눈에 보이는 기하학은 하나도 나오지 않습니다. 온통 대수뿐이죠. 20세기 이후 기하를 수로 바꿔서 표현하는 것, 모든 기하적인 양이나 관계를 대수적으로 바꿔 생각하는 게 일상화되어버렸습니다. 그래서 현대 기하학에는 그림이 하나도 등장하지 않습니다.

그게 눈이 보이지 않는 사람이 기하를 이해할 수 있다는 의미가 될 수 있나요?

아마도 가능할 것입니다. 1960년대에 수학에서 기하의 개념을 대대적으로 개혁한 수학자로는 알렉산더 그로텐디크 A. Grothendieck가 있습니다. 굉장한 기인이었던 그는 1960년대 활발한 연구 활동을 한 후, 10여 년 뒤 프랑스 고등 과학 연구소를 사임하고, 남부에 있는 몽펠리에 대학교로 옮겼다가 1980년대에 이르러 피레네 산맥의 작은 마을에서 은둔생활을 하게 됩니다. 그런 그가 1960년대에 기하의 파운데이션을 완전히 바꾸고 수학 전체에 크나큰 영향을 미쳤습니다. 그는 기하학자였지만 그림을 전혀 그리지 않았을 겁니다. 우리가 보통 생각하는 종류의 기하학이 전혀 아니었기 때문이죠. 다음 장에 그로텐디크 논문의 한 페이지를 보면 이해가 갈 겁니다.

저는 이런 종류의 기하학이 바로 앞을 못 보는 사람의 기하학과 비슷할 거라는 생각이 듭니다. 그로텐디크에게 기하란 직감할 수 있는 모양의 공부라기보다는 온갖 수학적 구조 사이의 관계를 생각하는 하나의 관점 체계●라고 해도 좋습니다.

$$\mathscr{K}^{\cdot} = \Omega_X^{\cdot}(*Y), \qquad \mathscr{K}'^{\cdot} = \Omega_{X'}^{\cdot}(*Y'),$$

Let $U' = g^{-1}(U)$, we can assume that g induces an *isomorphism*

$$g' : U' \to U.$$

Let $\mathscr{L}^{\cdot}$ be an injective resolution of $\mathbf{C}_U$, hence an injective resolution $\mathscr{L}'^{\cdot}$ of $\mathbf{C}_{U'}$. The homomorphism (7) is deduced from a homomorphism of complexes

(10) $$\mathscr{K}^{\cdot} \to f_*(\mathscr{L}^{\cdot}),$$

and the homomorphism analogous to (7) for (X', Y') is deduced from a homomorphism of complexes

(10') $$\mathscr{K}'^{\cdot} \to f'_*(\mathscr{L}'^{\cdot}),$$

where $f' : U' \to X'$ is the canonical embedding. Besides, one has natural isomorphisms

$$g_*(\mathscr{K}'^{\cdot}) \overset{\sim}{\to} \mathscr{K}^{\cdot}, \qquad g_*(f'_*(\mathscr{L}'^{\cdot})) \overset{\sim}{\to} f_*(\mathscr{L}^{\cdot}),$$

and we can assume (10) deduced from (10') by applying g_*. I contend we have moreover:

(11) $$\mathrm{R}^q g_*(\mathscr{K}'^p) = \mathrm{R}^q g_*(f'_*(\mathscr{L}'^p)) = 0 \quad \text{for } q > 0, \text{ any } p.$$

This is trivial for the second relation, as $f'_*(\mathscr{L}'^p)$ is flasque. As for the first, we have more generally, for any coherent sheaf $\mathscr{E}'$ on X', and denoting by $\mathscr{E}'(*Y')$ the "sheaf of meromorphic sections of $\mathscr{E}'$ holomorphic on $X' - Y' = U'$", the relations

$$\mathrm{R}^q g_*(\mathscr{E}'(*Y')) = 0 \quad \text{for } q > 0.$$

To see this, write

$$\mathscr{E}'(*Y') \simeq \varinjlim_n \mathscr{H}om_{\mathscr{O}_X}(\mathscr{J}'^n, \mathscr{E}'),$$

그래서 그의 세계에서는 점, 곡면, 거리, 이런 것들이 완전히 대수적인 추상 구조로 대체됩니다. 불행히도 아직까지 그의 기하학이 물리학에는 큰 영향을 미치지 못했지만, 앞으로 점점 더 영향이 커질 것이라 생각합니다.

눈으로 본다는 것과 박쥐가 '본다'는 것은 어떻게 다를까요? 박쥐는 초음파로 사물을 봅니다. 어두운 공간에서 소리가 사방에 부딪혀서 돌아오면 그걸 통해 주위 공간의 모양을 파

• '관점'이라는 말 자체도 원래는 실제 눈으로 보는 위치의 뉘앙스가 강했겠지만, 지금은 상당히 추상적으로 쓰입니다.

악합니다. 우리의 시각과는 다르지만 주위의 모양을 파악한다는 점에서는 비슷한 경험입니다.

그런데 앞서 수소 원자의 사진만 봐도 '본다'는 말의 난해함이 이해가 됩니다. 사진을 강력한 엑스레이로 찍었을 것이라고 했죠. 이는 곧 주파수가 굉장히 빠른 엑스레이, 다시 말해 파장이 매우 짧은 엑스레이라는 의미입니다. 수소 원자의 사진을 찍기 위해 파장이 짧아야 하는 이유는 무엇일까요?

원자가 매우 작기 때문에 그런 것 아닐까요?

그렇습니다. 사물이 작을수록 그것의 윤곽을 드러내려면 굉장히 짧은 파장의 빛을 사용해야 합니다. 그런데 굉장히 강력한 엑스레이로 찍은 사진을 인간의 눈으로 보려면 가시광선으로 옮겨야 합니다. 다시 말해 엑스레이로 채취한 정보를 해석하는 과정이 필요한 겁니다. 엑스레이는 빛이지만 가시광선은 분명히 아니니까요. 인간의 눈으로 볼 수 없는 범위의 빛이죠. 그럼에도 불구하고 사진을 보면 어떤 의미에선가 원자의 모양을 본다는 느낌이 듭니다. '본다는 것' 자체를 눈으로 직접 보는 것에 국한하여 생각할 것이 아니라는 의미이기도 합니다.

본다는 것은 근본적으로 주위 환경과의 특정한 상호 작

용이 일어나는 것입니다. 빛이 반사되든, 초음파가 부딪히든, 손으로 만져서든, 사물과 부딪쳐 파악하는 게 바로 '모양'입니다. 이와 같이 상호 작용을 이용하여 주위의 모양을 파악해가는 우리 경험 속 다양한 과정을 생각하면, 모양에 대한 전반적인 이해와 공부에 있어서 눈으로 보는 것은 상당히 협소한 일부에 불과합니다.

더 나아가 모양이 우리 사고에 미치는 영향도 근본적인 상호 작용 중에 하나인 것 같습니다. 조금 추상적이고 어렵게 느껴지겠지만, 그로텐디크처럼 이런 다이어그램이나 이상한 기호들을 가지고 사고를 전개하는 것이 모양에 대한 공부가 아니라고 주장할 필요는 없을 겁니다. 단지 모양에 대한 공부가 보통 생각하는 식의 그림으로 나타날 필요는 전혀 없는 것이죠.

만약에 태어나기 전부터 빛을 못 봤던 사람이라면 기하를 상상할 수 있을까요?

눈으로 보지 못하는 사람은 만져서 모양을 파악하지 않습니까? 만져서 파악하는 것과 초음파로 파악하는 것은 아예 다른 걸까요? 하나는 기하이고 하나는 아닌 걸까요? 훨씬 더 기초적인 물리학적의 관점에서는 손으로 만지는 게 빛과 훨썬 가까운 작용입니다.

어떤 초등학생이 이런 질문을 했습니다. 보통 물건들이 원자로 이루어졌다고 하죠? 그런데 원자는 근본적으로 '비어 있는' 구조입니다. 원자핵이 있고 원자핵 주위에 전자가 있다고 하지만, 대부분 다 허공이고 전자들은 굉장히 얇게 전자층 같은 걸로 이루어져 있습니다. 그런데 그렇게 생각하면 이런 책상 같은 물건의 형태가 좀 이상하지 않아요?

원자는 비어 있는데 그것이 결합되어 만들어진 우리가 어째서 마찬가지로 비어 있는 책상을 통과하지 않는가, 그런 건가요?

그렇습니다. 초등학생이 그렇게 물었습니다. 대부분 아무것도 없다면서 우리는 왜 책상을 통과하지 않는가. 보통 답은 전자기력 때문이라고 합니다. 전자기력 때문에 원자들의 결합은 지금 차지하고 있는 위치를 유지하려고 하고, 다른 물체의 침투를 저항합니다. 그런데 전자기력은 무엇인가요? 바로 빛입니다. 양자역학적 관점에서는 전자기장 자체가 광자光子, photon로 이루어져 있습니다. 광자란 바로 빛 입자를 말합니다. 그러니까 비어 있는데 왜 통과를 못하느냐에 대한 답은 '비어 있지 않다'가 답입니다. 그렇다면 무엇으로 차 있느냐?

공간은 광자로 가득 차 있습니다.

우리 눈에 안 보이는 것 같지만 핵과 전자 사이, 원자와 원자 사이가 비어 있는 것이 아니고 광자로 가득 차 있기 때문에 광자의 압력 때문에 통과하지 못하는 것이다. 이게 바로 적당한 설명인 듯합니다. 이런 관점에서는 손으로 만지는 것이 귀로 듣는 것보다는 눈으로 보는 것에 훨씬 더 가깝습니다. 물체가 손으로 느껴지는 이유가 빛 때문이라는 의미에서입니다.

모양을 파악한다는 것 자체가 이런 상호 작용, 다시 말해 가다가 저항을 느끼는 일입니다. 빛이든 초음파이든 손이든 진행하는 곳과 진행하지 못하는 곳이 있는 거죠. 그러니까 이 관점에서 보면 사실은 아인슈타인 이론의 구체적인 수학을 이해 못하더라도 우주가 모양이 있다는 게 무슨 뜻인지 약간씩 파악이 됩니다. "공간에 모양이 있다." 여러 가지 상호 작용에 의해 각종 움직임에 대한 저항이 주위 환경의 모양을 느끼게 하는 것이라면, 공간이 모양이 있다는 게 당연하게 다가옵니다. 어떤 의미에서 일까요?

빈 공간도 어디든 갈 수 있는 것은 아니죠. 중력 때문에 하늘로 올라갈 수도 없으니까요.

네, 지금 답을 말하셨습니다. 바로 중력이 바로 기초적인 저항입니다. 중력이라는 저항 때문에 우리는 모양의 존재를 느낄 수 있습니다. 우리가 화성 쪽으로 향하려고 해도 우리 힘으로는 중력 때문에 도달할 수 없습니다. 빠른 속도로 태양을 지나간다고 해도 어떤 특정한 궤적을 따라서만 흘러갈 수 있습니다. 이 공간에서의 저항을 중력이라는 힘의 작용으로 생각하는 것이 뉴턴의 관점이었고, 아인슈타인은 같은 저항을 모양으로 해석했으며, 그 해석이 훨씬 정확한 이론으로 이어졌습니다.

사실 아인슈타인의 방정식을 해석하지 않더라도 시공간을 한꺼번에 생각하면 상식적으로 저항이 많죠. 예를 들면 시간을 역행할 수 없습니다. 그러니까 우리가 굳이 아인슈타인 이론을 공부하지 않더라도 모양을 인식하게 되는 다양한 종류의 경험을 고려해보면 시공간의 모양이 있다는 표현을 쓰는 것이 자연스럽게 느껴질 수도 있는 것입니다.

어떻게 보면 물리학의 가장 근본적인 사고 틀이 모든 현상을 상호 작용의 입장에서 분석하는 것입니다. 그렇기 때문에 우리가 시공간 속에서 움직이거나 움직이지 못하는 것도 우리를 이루고 있는 입자들과 시공간 입자들 사이의 상호 작용, 다시 말해 양자적인 시공간이 계속 매개하고 있는 것으로 분석하고 싶은 것입니다. 우리가 수학을 통해 세상의 실체를 파악해나갈 때 보통 생각하던 그림이 하나도 나타나지 않더라도 그렇게 놀랍지 않다는 설명을 드리고 싶었습니다.

기하 뒤에 대수 뒤에 기하 뒤에 대수…

끝으로 수수께끼를 하나 풀어봅시다. A×B×C라는 곱셈을 하는 연산 두 개가 있습니다. 첫 번째 연산을 가지고 (A×B)×C와 A×(B×C)를 계산한 결과를 그림으로 보여드리겠습니다. A와 B, C가 원이라고 생각하고, 원 두 개가 합쳐져서 하나가 되고, 그게 또다른 원과 합쳐지는 경로를 보여주며 원통형으로 이어집니다.

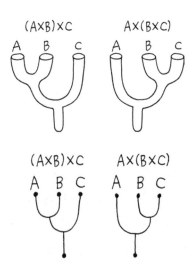

두 번째 연산은 원이 아니라 점 두 개가 충돌해서 합쳐지는 것입니다. 점의 연산이라고 할 때, 다음 그림은 그 점들이 진행하는 경로를 한꺼번에 보여줍니다.

자, 여기서 질문입니다. 이 두 개의 그림 중에 하나는 결합법칙이 성립하고 하나는 성립하지 않습니다. 어느 쪽이 성립할까요? 한번 알아맞혀 보십시오.

직관적으로, 원의 연산은 결합법칙이 성립하지 않을 것 같습니다

왜 그렇죠? 약간만 그 직관을 다듬어봅시다.

우선 결합법칙이 뭔가를 다시 생각했으면 합니다.

결합법칙은 (A×B)×C와 A×(B×C)가 같다는 것입니다.

원의 연산은 기하적이고 점의 연산은 대수 같습니다. 그런데 이런 문제에 답이 있나요?

답이 있습니다. 사실 원의 연산은 결합법칙이 성립합니다. 한번 모양을 보시죠. 제가 위상수학에 대한 얘기를 여러

번 했지만, 원 연산 그림에서 (A×B)×C와 A×(B×C)는 모양을 보면 위상이 같습니다. A×B와 B×C 부분을 좀 잡아 늘이기만 하면 사실은 둘 다 다음 모양과 같다고 생각해도 되겠지요?

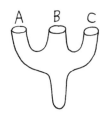

정확히 말해 원들이 충돌해서 합쳐지는 연산은 결합법칙이 성립하고, 점들이 합쳐지는 연산은 결합법칙이 성립하지 않습니다. 여기서 (A×B)×C=A×(B×C)등식이 의미하는 바는 '두 연산 경로의 위상이 같다'는 뜻입니다. 처음에 정확한 설명을 하지 않고 다짜고짜 물은 것은 직관을 시험하고자 하는 의도에서였습니다.

점 연산의 경우 A×(B×C) 그림을 뒤집으면 (A×B)×C와 위상이 같아지는 것 같지만, 그러면 사실은 (C×B)×A가 되어버립니다. 자세히 이해하지 않아도 좋지만, 우리가 대수적인 성질들을 얘기할 때, 그러니까 '연산의 이런 법칙, 저런 법칙이 성립한다'를 결정할 때도 사실은 어떤 기하적인 직관이 이미 그 안에 숨어 있을 수 있다는 사실을 암시하는 예입니다.

　요즘 수학 연구의 여러 분야에서 나타나는 중요한 현상을 보여드렸습니다. 다시 말하면 기하 뒤에 대수가 숨어 있을 수도 있지만, 대수 뒤에 또 기하가 숨어 있는 경우도 많다는 사실입니다. 양자장론의 과제 중 하나가 '기본 물리량의 기하와 대수'가 과연 어떤 성격을 가지고 있고 둘 사이에는 어떤 상호 작용이 일어나는지 근본적으로 파악하는 것입니다.

새로운 여정을 떠나는 이들에게

오늘 어떠셨습니까? 마지막 모임이라 하고 싶었던 이야기들을 정신없이 쏟아낸 것 같아 죄송합니다.

수학이 역피라미드라는 느낌이 확신으로 이어졌습니다.

죄송합니다.

그런데 계속 올라가보고 싶은 역피라미드입니다.

그건 참 다행입니다. 저에게도 수학은 꼭대기에 도달하지 못해도 상관없는 역피라미드입니다. 목적지에 도달하는 것보다 여행이 중요하다는 말이 여기저기 참 많지요? 우리 대화가 지중해에서 시작했으니까 이집트 알렉산드리아의 시인 콘

스탄틴 카바피C.P. Cavafy의 시 〈이타카Ithaka〉가 적절할 것 같습니다. 트로이아 전쟁을 끝내고 바다 건너 집으로 돌아가는 긴 여정을 시작하는 영웅 오딧세우스 이야기지요.

이타카로 가는 길을 나설 때,
기도하라, 그 길이 모험과 배움으로 가득한
오랜 여정이 되기를,
라이스트리곤과 키클롭스
포세이돈의 진노를 두려워 마라

네 생각이 고결하고
네 육신과 정신에 숭고한 감동이 깃들면
그것들은 너의 길을 가로막지 못할지니
네가 그들을 영혼 속에 들이지 않고
네 영혼이 그들을 따르지 않는다면
라이스트리곤과 키클롭스와 사나운 포세이돈
그 무엇과도 마주치지 않으리

기도하라, 너의 길이 오랜 여정이 되기를
크나큰 즐거움과 커다란 기쁨을 안고
미지의 항구로 들어설 때까지

네가 맞이할 여름날의 아침은 수도 없으니

페니키아의 시장에서 잠시 길을 멈추고

어여쁜 물건들을 사라

자개와 산호와 호박과 흑단

온갖 관능적인 향수들을

무엇보다도 향수를, 주머니 사정이 허락하는 최대한

이집트의 여러 도시들을 찾아가

현자들로부터 배우고 또 배우라

언제나 이타카를 마음에 두라

너의 목표는 그곳에 이르는 것이니

그러나 서두르지는 마라

비록 네 갈 길이 오래더라도

늙고 나서야 그 섬에 이르는 것이 더 나으니

길 위에서 너는 이미 풍요로워졌으니

이타카가 너를 풍요롭게 해주기를 기대하지 마라

이타카는 아름다운 모험을 선사했고

이타카가 없었다면 네 여정은 시작되지도 않았으리니

이제 이타카는 너에게 줄 것이 하나도 없다

설령 그 땅이 불모지라 해도,

세미나를 마치며

이타카는 너를 속인 적이 없고

길 위에서 너는 지혜로운 자가 되었으니

마침내 이타카가 가르친 것을 이해하리라

이 시를 보면 현장법사의 이야기가 생각납니다. 629년 장안에서 출발하여 17년에 걸친 인도 여행을 떠난 그는 유가행파瑜伽行派 불교를 깊이 공부하려는 구체적인 목표가 있었습니다. 그래서 상당한 성공을 거두고 불교 법전의 번역가로 명성을 얻기도 했지만 지금 그런 업적을 기억하는 사람은 거의 없습니다. 다만 여행에서의 모험을 각색한 《서유기》는 엄청난 인기를 누렸지요.

우리도 이번에 일종의 여행을 같이 했습니다. 생각해보면 수학적 문명의 역사 자체가 긴 여정으로 느껴집니다. 여정의 끝에 당연히 도달할 수 없음에도 불구하고 계속 의미를 느끼며 역사의 흐름 속에서 세대마다 약간의 진전을 위해서 노력하고 있으니까요.

그 과정에서 여러분처럼 수학을 배우고자 하는 사람들의 역할이 절대적으로 중요합니다. 구체적으로 우리 대화에서 꿈틀거리며 살아난 생각의 씨앗이 여러 단계의 진화를 거치면서 다른 먼 곳에서 학문적인 열매로 이어질 가능성이 항상 있기 때문입니다. 대학에 학생이 없으면 학문적인 연구가 쇠퇴하는 것과 같은 이치입니다. 그리고 그렇게 진화하고 축적된 생각들이 인간 문명의 도약으로 이어지는 법입니다.

저는 학문을 할 때에도, 우리가 인생을 살아갈 때에도 달성할 수 없는 목표는 굉장히 중요하다고 생각합니다. 러셀과 힐베르트처럼 완벽한 확신을 향한 노력도 영웅적인 면이 많고 우주의 형성 원리를 찾고자 하는 사람들도 대단합니다. 공리를 하나 더할 때마다 불확실성이 생기고, 대수 뒤에 기하 뒤에 대수가 계속 숨어 있어서 절대적인 실체의 환영만 비치는 가운데 실패를 감수하고 진리를 찾으려는 사람들이야말로 학문의 발전에 가장 크게 기여하는 것 같습니다. 그것은 정신병이 생길 정도로 창의적인 예술가가 가장 숭고한 아름다움을 발견하는 것과 비슷한 현상이 아닐까요.

따라서 여러분도 계속 수학 여행을 즐기되, 스스로를 괴롭힐 목표를 한두 개 가지고 떠나보는 것을 권장하겠습니다.

교수님도 그런 목표가 있으신가요?

아니요. 저는 게을러서…….

세미나를 마치며

실수의 파운데이션

무한급수를 조금만 더 섬세하게 다루어보겠습니다. 무한급수란 무한히 많은 수의 덧셈을 의미하지만, 이것이 성립할 때와 성립하지 않을 때를 조심해서 구분해야 합니다. 이를 위해 코시 이후로 여러 수학자가 건립한 실수 체계의 기반을 조금 자세히 설명해보겠습니다. 어렵고 재미없는 내용이 될까봐 걱정이지만, 수학의 파운데이션에 대해 너무 걱정할 필요가 없다고 말을 꺼냈으니, 파운데이션이란 무엇인가 조금은 설명이 필요해 보입니다. 조금 읽기 까다로워 보인다면 흘려 읽고 잊어버려도 아무 상관이 없습니다.

다음의 등식을 살펴봅시다.

$$0.9999\cdots = 1$$

이 등식을 보통 어떻게 설명하죠? "왼쪽 수보다도 1에 가까이 있는 수는 없다." 수학에서는 '수 A와 B가 있을 때 둘 사이에 다른 수가 있을 수 없다면 A = B일 수밖에 없다'라는 약간 이상하게 들릴지 모르는 논리를 가끔 사용합니다. 같은 논리를 활용하여 위 등식을 생각하면 어떨까요? 좌변 $0.999999\cdots$를 A라고 할 때 $A \le 1$인데,

둘이 같다는 사실을 보이려면 '$A < 1$가 안 됨'을 보여야 하겠죠?

그런데 만약 소수점 이하의 수를 유한 개만 택하면 다음이 항상 성립합니다.

$$0.9999\cdots 9 < A$$

$0.9999\cdots 9$ 꼴의 수는 얼마든지 1에 가깝게 만들 수 있습니다. 따라서 A는 1일 수밖에 없습니다. 그래도 좀 불분명하죠? 좀 더 분명하게 이야기하기 위해서 $0.9999\cdots 9$에서 소수점 자리의 9가 n개인 수를 A_n이라고 쓰겠습니다. 그러니까 n이 커지면 A_n도 점점 커집니다.

$$A_1 = 0.9 < A_2 = 0.99 < A_3 = 0.999 < \cdots$$

위에서 설명했듯, 항상 $A_n < A \leq 1$이 성립합니다. 그러면 1에서 A_n을 빼봅시다. $1 - A_n$은 $0.0000\cdots 01$ 꼴이 되는데, 이 수에서 0의 개수는 n-1개가 됩니다. 따라서 $1 - A_n = 1/10^n$입니다. 그러니 n을 크게 잡으면 A_n은 계속 1에 가까워집니다.

$$1 - \frac{1}{10^n} < A \leq 1$$

부등식으로 표현하면 모든 n에 대해서 위 부등식이 성립하므로 $A = 1$일 수밖에 없습니다. 수식으로 보면 당연히 성립하는 것 같지만 이 등식은 상당히 혼란스럽습니다. 제가 아는 수학자 가운데 어릴 때 이 등식 때문에 선생님과 싸웠다는 사람도 몇 명 있을 정도니까요. 이런 혼란이 벌어지는 이유는 보통 실수 체계에 대해 정확하게 생각하지 않기 때문이지요. 물론 대부분의 상황에서는 직관적으로 '실수는 직선상의 점과 대응된다'고 생각해도 큰 문제가 없습니다.

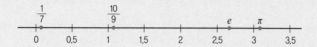

조금 더 정확하게 이야기하자면 0과 1 두 점만 찍으면 모든 유리수의 위치가 결정되고 나머지 점들도 다 실수로 채워진다고 생각하면 됩니다. 그런데 이런 까다로운 등식이 등장하면 한 번씩 점검을 요합니다.

$$0.9999\cdots = 1$$

제 생각에 위 등식에서 좌변의 수가 무엇을 의미하는지 보통은 설명하지 않는다는 것이 혼란의 시작입니다. 소수점 이하의 수가 무한히 계속되는 것은 무슨 의미일까요? 가령 1/3을 계산해보라고 하면 뭐라고 답하겠습니까? 0.33333… 이런 패턴이 나오니 그런 게 있나 보다 하고 넘어가게 되겠죠?

쉬운 경우부터 시작합시다. 9872라는 수를 초등학교에서는 이런 식으로 설명합니다.

$$9872 = 9000 + 800 + 70 + 2$$
$$= 9 \times 1000 + 8 \times 100 + 7 \times 10 + 2 \times 1$$

1000이 9개, 100이 8개, 10이 7개, 1이 2개 있다는 의미죠. 1, 10, 100, 1000 등 10의 n제곱 꼴의 수를 기본 단위로 정하고, 그것들을 몇 개 모아놓았는지 명시하는 표기법입니다. 그러면 0.99라는 수를 이와 같은 방식으로 해석해볼까요? 기본 단위가 작아지는 방향으로 1을 10번 나눈 것이 1/10이고, 100번 나눈 것이 1/100… 그런 식으로 일단 단위를 정한 다음, 1/10을 9개, 1/100을 9개 모은 수를 0.99라고 씁니다.

$$0.999 = 9 \times \frac{1}{10} + 9 \times \frac{1}{100} + 9 \times \frac{1}{1000}$$
$$0.9999 = 9 \times \frac{1}{10} + 9 \times \frac{1}{100} + 9 \times \frac{1}{1000} + 9 \times \frac{1}{10000}$$
$$0.99999 \cdots = 9 \times \frac{1}{10} + 9 \times \frac{1}{100} + 9 \times \frac{1}{1000} + 9 \times \frac{1}{10000}$$
$$+ 9 \times \frac{1}{100000} + \cdots$$

이렇게 계속 나가는 급수, 0.999999…라고 표기하는 순환소수의 정확한 정의는 이 무한 개의 수를 더한 급수입니다. 그래서 0.9999999… = 1이라고 썼을 때는 '이렇게 주어진 무한급수의 합이 1이다'라는 뜻입니다.

그런데 불행히도 무한급수라는 개념 없이 설명하려고 할 때

의미가 분명치 않은 경우가 많습니다. 가령 0.3333 = 1/3의 양쪽에 3을 곱하면 1이 나오므로, 0.9999 = 1이라고 설명하기도 합니다. 계산해보면 맞는 말 같은데, 그럼에도 불구하고 다루고 있는 수들이 도대체 무엇인지 설명이 없는 상태에서는 불안을 느끼기 쉽습니다.

0.9999⋯ = 1이나 0.3333 = 1/3보다 더 불안한 경우가 일반적인 실수를 소수로 표현할 때 나타납니다. 왜냐하면 직관적으로 소수점 이하의 자리에 수를 아무렇게 집어넣어도 수가 된다는 가정을 암시적으로 이용하기 때문입니다.

$$a_0. \, a_1 \, a_2 \, a_3 \, a_4 \cdots$$

위와 같이 표기하면 a_0을 임의의 자연수로 놓고 각 a_1, a_2, a_3⋯에 0부터 9까지 아무 수나 집어넣어도 괜찮다고 간주하거든요. 가령 0.123456789101112⋯ 같은 경우를 생각할 수 있습니다. 우리는 그동안 이런 사실을 증명할 필요도 없었고 이런 수의 정확한 정의도 하지 않았습니다.

$$a_0 + a_1 \times \frac{1}{10} + a_2 \times \frac{1}{100} + a_3 \times \frac{1}{1000} + a_4 \times \frac{1}{10000} + \cdots$$

그런데 지금은 그 수를 무한급수의 합으로 정확하게 정의하면서 그 합 자체가 특정한 실수가 된다는 주장을 동시에 하고 있습니다.

그런데 이에 관련하여 사실은 두 가지 걱정이 있습니다. 첫째는 합이 무한할지도 모른다는 걱정이고, 또 하나는 무한하지 않더라도 무한 개 수의 합과 대응되는 실수가 진짜로 존재하느냐는 걱정입니다. 가령 1/2+1/4+1/8+…의 경우에 합이 1이라는 것을 어느 정도 설득력 있게 주장할 수 있지만, 임의의 소수에 대응되는 수는 무언가 이상할 것입니다.

$$b_0 + b_1 + b_2 + b_3 + \cdots = L$$

이 난관을 극복하기 위해서는 다시 한번 위 등식이 의미하는 바가 무엇인지 되새겨야 합니다. 그것은 정의상 수열 $b_0 + b_1 + b_2 + b_3 + \cdots b_n$이 점점 L에 다가간다는 뜻입니다.

$$L - (b_0 + b_1 + b_2 + b_3 + \cdots b_n)$$

또는 위와 같이 n이 커짐에 따라 0으로 간다는 뜻이기도 합니다. 정의를 이렇게 하면 L을 $b_1, b_2, b_3, \cdots$ 무한 개 수의 합으로 해석하는 것이 합당하다는 논의를 제논의 역설과 관련해서 앞서 설명했습니다. 이 해석이 자연 현상과 부합되기 때문이라고 말이죠. 그런데 주어진 상황에서 그런 L이 언제 존재하는지가 의문입니다. 그런 L이 존재하면 '급숫값이 존재한다', 혹은 '급수의 합이 존재한다'고도 표현하겠습니다. 가령 고등학교에서 배우는 급수 공식, 1보다 작은 양수 r이 주어지면 아래식이 성립한다는 것을 증명해봅시다.

$$1 + r + r^2 + r^3 + r^4 + \cdots = \frac{1}{1-r}$$

$$(1-r)(1+r+r^2+r^3+r^4+\cdots+r^n)$$

$$= (1+r+r^2+r^3+r^4+\cdots+r^n)-r(1+r+r^2+r^3+r^4+\cdots r^n)$$

$$= 1+r+r^2+r^3+r^4+\cdots r^n-(r+r^2+r^3+\cdots r^{(n+1)})$$

$$= 1-r^{n+1}$$

여기서 양변을 r로 나누면 항상 다음과 같이 성립합니다.

$$1+r+r^2+r^3+r^4+\cdots+r^n = \frac{1-r^{n+1}}{1-r}$$

$$\frac{1}{1-r}-(1+r+r^2+r^3+r^4+\cdots+r^n) = \frac{1}{1-r}-\frac{1-r^{n+1}}{1-r}$$

$$= \frac{r^{n+1}}{1-r}$$

여기서 $0 < r < 1$이므로, n이 커짐에 따라 이 차이는 0으로 갑니다. 그래서 우리의 정의에 따르면 다음이 성립합니다.

$$1+r+r^2+r^3+r^4+\cdots = \frac{1}{1-r}$$

그런데 물론 이 경우는 상당히 규칙성이 강한 특별한 급수입니다. 이제 위에서 이야기한 일반적인 소수를 정의하는 다음 급숫값이 어째서 존재하는가 설명하겠습니다.

$$a_0+a_1\times\frac{1}{10}+a_2\times\frac{1}{100}+a_3\times\frac{1}{1000}+a_4\times\frac{1}{10000}+\cdots$$

중요한 사실 하나는 항을 하나씩 더해나갔을 때 생기는 수열은 증가한다는 것입니다.

$$a_0$$

$$a_0 + a_1 \times \frac{1}{10}$$

$$a_0 + a_1 \times \frac{1}{10} + a_2 \times \frac{1}{100}$$

$$a_0 + a_1 \times \frac{1}{10} + a_2 \times \frac{1}{100} + a_3 \times \frac{1}{1000}$$

계속 양수를 더하니까 당연하지요. 그런데 단계를 거칠수록 더해나가는 양이 점점 작아지고 있습니다. 위 수열을 소수로 쓰면 이렇게 나가지요.

$$a_0, \quad a_0.a_1, \quad a_0.a_1a_2, \quad a_0.a_1a_2a_3, \cdots$$

그래서 두 번째 중요한 사실을 이야기하자면 유한개의 항을 아무리 더해도 $a_0.a_1a_2a_3 \cdots a_n$은 항상 $a_0 + 1$보다 작다는 것입니다. 이것에 착안해서 무한급수 이론을 개발하는 작업에 가장 중요한 사실을 기술하겠습니다.

실수 체계의 기본 성질[•] **[C]:**
무한 개의 양수 b_0, b_1, b_2, $b_3 \cdots$가 주어지고 모든 n에 대해서 $b_0 + b_1 + b_2 + b_3 + \cdots + b_n$이 상한선을 가지면 급수

• Completeness라는 성질이기 때문에 C라고 표기합니다.

$b_0 + b_1 + b_2 + b_3 + b_4 + \cdots$ 는 유한 실숫값을 갖는다.

여기서 상한선을 갖는다는 것은 어떤 수 M이 있어서 $b_0 + b_1 + b_2 + b_3 + \cdots + b_n$이 항상 M보다 작다는 것을 뜻합니다. 그러니까 항을 계속 더해나갈 때 점점 커지면서도 한계가 있으면 다음 무한 개 항의 합도 유한하다는 뜻입니다.

$$b_0 + b_1 + b_2 + b_3 + b_4 + \cdots$$

다르게 표현해보겠습니다. 유한 개 항의 합으로 이루어진 수열이 무한대로 가지 않으면 급수는 유한 실숫값을 갖는다.[*] 제논이 원래 걱정했던 경우가 대표적입니다.

$$\frac{1}{2}, \quad \frac{1}{2} + \frac{1}{4}, \quad \frac{1}{2} + \frac{1}{4} + \frac{1}{8}, \quad \frac{1}{2} + \frac{1}{4} + \frac{1}{8} + \frac{1}{16}, \cdots$$

위 경우에는 항상 1이라는 상한선을 갖습니다. 다음 급수도 항상 1을 상한선으로 갖습니다.

0.9

0.9 + 0.09 = 0.99

0.9 + 0.09 + 0.009 = 0.999

0.9 + 0.09 + 0.009 + 0.0009 + \cdots

---

[*] 혹시 수학을 공부하는 학생이 이것을 읽다가 혼돈이 일어날까봐 주의를 주자면 여기서는 양수 항으로 이루어진 급수만 다루고 있습니다.

사실 2도 상한선, 1000도 상한선 선입니다. 그러니까 이 두 경우는 1이 상한선이기도 하고 실제 급수의 더한 값이기도 합니다. 중요한 점은 계산하기도 전에, 혹은 명백하게 계산할 수 없어도 그런 합이 존재한다는 것을 성질 [C]는 보장한다는 것입니다. 예를 들어 이렇게 나가는 급수가 있습니다.

$$1 + \frac{1}{4} + \frac{1}{9} + \frac{1}{16} + \frac{1}{25} + \cdots$$

여기서 증명하지 않을 약간 어려운 사실 하나는 다음 부등식이 항상 성립한다는 것입니다.

$$1 + \frac{1}{4} + \frac{1}{9} + \frac{1}{16} + \frac{1}{25} + \cdots + \frac{1}{n^2} < 2$$

따라서 성질 [C]에 의해서 급숫값은 존재합니다. 그런데 값을 달리 표현하는 방법이 눈에 띄지는 않을 것입니다.

앞에서 잠깐 본 임의의 소수를 다시 보지요.

a_0

$$a_0 + a_1 \times \frac{1}{10} = a_0.a_1$$

$$a_0 + a_1 \times \frac{1}{10} + a_2 \times \frac{1}{100} = a_0.a_1a_2$$

$$a_0 + a_1 \times \frac{1}{10} + a_2 \times \frac{1}{100} + a_3 \times \frac{1}{1000} = a_0.a_1a_2a_3$$

앞에서 지적했듯이 모두 $a_0 + 1$보다 작습니다. 따라서 실수 체계의 기본 성질에 따라서 다음 급수는 존재할 수밖에 없습니다.

$$a_0 + a_1 \times \frac{1}{10} + a_2 \times \frac{1}{100} + a_3 \times \frac{1}{1000} + a_4 \times \frac{1}{10000} + \cdots$$

이 일반적인 경우는 달리 합한 값을 표기할 방법이 없으니까 그냥 수의 정의 차체를 이 급수로 놓고 $a_0. a_1 a_2 a_3 a_4 \cdots$ 라고 표기합니다. 그런 반면 이렇게 나가면 상한선이 있을 수가 없겠지요.

$$1, \quad 1+1, \quad 1+1+1, \quad 1+1+1+1, \cdots$$

따라서 합이 유한하지 않습니다.

$$1, \quad 1 + \frac{1}{2}, \quad 1 + \frac{1}{2} + \frac{1}{3}, \quad 1 + \frac{1}{2} + \frac{1}{3} + \frac{1}{4}, \cdots$$

어려운 예로 위 급수도 상한선을 갖지 않지만 그것을 파악하려면 약간의 노력이 필요합니다.[*] 따라서 $1 + 1/2 + 1/3 + 1/4 + \cdots$ 는 급숫값이 없습니다. (값이 무한대라고도 표현할 수 있습니다.) $1 + 1/4 + 1/9 + 1/16 + 1/25 + \cdots$에 비하면 더해가는 양이 줄어드는 속도가 너무 느리다는 것이 직관입니다. 물론 이 직관을 정확하게 확인하려면 더 노력이 필요합니다. 사실은 대부분 경우에 무한급수가 합이 존재한다는 것을 알고도 그 합을 달리 표현할 길이 없습니

---

[*] 《수학의 수학》 97~99쪽을 참조하십시오

다. 가령 아까 이야기한 1.234567891011121314… 역시 상한선 2
를 가지므로 급숫값이 존재하지만, 저 합을 달리 구할 방법이 눈에
띄지 않을 것입니다. 그러면 급수 자체가 수를 정의하는 것 이상 할
말이 없지요. 가끔 신기하게 계산이 되는 경우들이 있는데 예를 들
자면 앞서 이야기한 어려운 급수의 값을 사실은 수학자 오일러가
교묘하게 발견했습니다.

$$1 + \frac{1}{4} + \frac{1}{9} + \frac{1}{16} + \frac{1}{25} + \cdots = \frac{\pi^2}{6}$$

또 이런 식도 있습니다.

$$1 + 1 + \frac{1}{2!} + \frac{1}{3!} + \frac{1}{3!} + \cdots = e$$

그리고 다음 꼴의 급수 들은 k가 2 이상이면 항상 값을 갖습니다.

$$1 + \frac{1}{2^k} + \frac{1}{3^k} + \frac{1}{4^k} + \cdots$$

유명한 사실이 k가 짝수인 경우는 다음 꼴의 값이 계산돼 있
다는 것입니다.

$$1 + \frac{1}{2^k} + \frac{1}{3^k} + \frac{1}{4^k} + \cdots = 유리수 \times \pi^{\frac{k}{2}}$$

k가 홀수이면 알려진 것이 거의 없어서 몇 개의 예를 제외하고는 유리수인지 무리수인지조차 모르는 상태입니다.

실용적인 측면에서는 계산한다는 것 자체가 무의미한 면이 있습니다. 어떻게 보면 위 사례들을 다 계산했다는 의미가 '이미 이름을 붙인 수를 이용해서 표현했다'고 볼 수 있기 때문입니다. 계산기에 넣어서 실제로 수를 다루는 문제를 생각하면 급수로 표현한 것이 소수로 효율적인 근사를 하는 데 오히려 편리하기도 하지요. 자연 로그의 계산에 등장하는 e라는 수는 위의 급수를 이용해서 근사한 값을 많이 사용합니다. 가령 $1+1+1/2!+1/3!+1/4!+1/5!+1/6!$까지의 합이 약 2.71806인데, 근삿값으로 2.718을 많이 씁니다. 급수를 이용하는 것은 실숫값을 정의하는 효율적인 방법이죠.

상한선이 있으면 급숫값이 있다고 했는데, 역으로 상한선이 없으면 급숫값이 없을까? 이런 질문도 가능합니다. 사실은 $b_0+b_1+b_2+b_3+\cdots+b_n$이 상한선을 갖는 것이 급수 합이 존재하기 위한 필요충분 조건입니다. $b_0+b_1+b_2+b_3+\cdots+b_n$이 어떤 특정 수 L로 가면 무한대로 갈 수는 없겠지요? 실수 체계의 기본 성질로 유한 합에 상한선이 있기만 하면 무한급수의 합이 존재합니다. 이것은 왜 그럴까요? 우리가 그 합을 구체적으로 계산할 수 있든 없든 합은 항상 존재한다는 사실. 그건 어디서 왔을까, 그게 지금 우리가 나누는 이야기의 핵심입니다. 어디서 왔을까요?

바로 직선의 성질 때문입니다. 실수 체계란 빈틈없이 직선을 메우는 수들의 집합의 성질을 가지고 있습니다. b_1부터 시작해서

$b_1 + b_2, b_1 + b_2 + b_3$ 이런 식으로 더해 나가면 점점 직선의 오른쪽으로 가고, 이를 n번 계산하면 $b_1 + b_2 + b_3 + \cdots + b_n$ 이라고 할 때, 상한선이 있다는 건 어딘가 M이 있어서 아무리 더해도 이 M을 안 넘어간다는 의미죠.

그러면 반드시 $b_1 + b_2 + b_3 + \cdots + b_n$ 이 다가가는 점이 M 이하 어딘가에 있어야 한다는 직관을 반영합니다.

그런데 약간 조심해야 할 점은 유리수 체계만 봐도 [C] 같은 성질이 없습니다. π 같은 수는 유리수들의 합으로 이루어진다는 걸 알지요.

$$\pi = 3.141592 \cdots = 3 + 0.1 + 0.04 + 0.001 + 0.0005 + \cdots$$

이렇게 유리수들만의 합으로 이뤄져 있지만 파이는 유리수가 아닙니다. 2의 제곱근도 마찬가지지요.

$$\sqrt{2} = 1.414213 \cdots = 1 + 0.4 + 0.01 + 0.004 + 0.0002 + \cdots$$

그렇지만 실수에서는 이런 일이 일어나지 않습니다. 어떻게 보면 상한선을 갖는다는 조건으로부터 급수의 유한성은 당연하다고 느낄 수도 있습니다. 그런데 그 유한성을 가진 값이 실수 체계 안에 있다는 뜻이 성질 [C]로 표현됩니다.

길고 긴 설명 끝에 문제의 핵심에 도달했습니다. 흥미로운 것은 제가 실수 체계의 기본 성질이라고 표현한 것이 사실은 공리라는 것입니다. 다른 것으로부터 증명하는 것이 아닙니다. 이때는 증명이 안 된다기보다, 증명을 하지 않고 받아들인다는 것입니다. 다시 말해 실수란 직선의 연속성을 반영하는 수 체계인데, 우리가 그런 수 체계로부터 원하는 모든 성질이 정확히 이 공리 안에 들어 있습니다. '점점 쌓아 올라가는 데 상한선이 있는 급수가 있으면 반드시 합을 가진다.' 그것이 공리입니다. 유리수 이상으로 뭔가 수들이 빽빽하게 차 있는 성질이 [C]입니다.

여기서 주의할 것은 0.9999⋯ = 1이라는 식 자체가 공리라는 뜻이 아니라, 앞서 말한 성질 [C]가 공리라는 사실입니다. 그다음부터는 계산을 해서 나오는 것이죠. 공리가 해주는 것은 어떤 경우에 답이 존재함을 보장해주고, 실제 답을 찾는 것은 이런 저런 계산을 해보아야 하는 경우가 많습니다. 공리와 정의를 받아들인 후 무한급수의 성질들을 여러 방법으로 탐구하다 보면 무한급수도 우리가 흔히 사용하는 연산을 자연스럽게 적용할 수 있다는 사실을 깨닫게 됩니다. 우리가 처음에 고민하던 등식을 다시 한 번 증명해봅시다.

$$0.999999\cdots$$

$$= 9 \times \frac{1}{10} + 9 \times \frac{1}{100} + 9 \times \frac{1}{1000} + 9 \times \frac{1}{10000}$$

$$+ 9 \times \frac{1}{100000} + 9 \times \frac{1}{1000000}$$

$$= \frac{9}{10}(1 + \frac{1}{10} + \frac{1}{100} + \frac{1}{1000} + \frac{1}{10000} + \frac{1}{100000} + \cdots)$$

$$= \frac{9}{10}(1 + \frac{1}{10} + \frac{1}{10^2} + \frac{1}{10^3} + \frac{1}{10^4} + \cdots)$$

$$= \frac{9}{10}\left(\frac{1}{1 - \frac{1}{10}}\right) = \frac{9}{10} \cdot \frac{10}{9} = 1$$

여기서 앞서 이야기한 다음 등식을 한 번 사용했습니다.

$$1 + r + r^2 + r^3 + r^4 + \cdots = \frac{1}{1-r}$$

이것도 다시 증명해볼까요? 합이 존재한다는 사실만 알면 사실은 쉽게 계산하는 방법이 있습니다. 급숫값을 S라고 하면 다음이 성립합니다.

$$rS = r(1 + r + r^2 + r^3 + r^4 + \cdots) = r + r^2 + r^3 + r^4 + r^5 + \cdots = S-1$$

그러면 $1 = S - rS = (1-r)S$이니까 원하는 대로 $S = 1/(1-r)$입니다. 그런데 이 증명에서도 몇 가지 성질을 이용하고 있습니다. 가령 무한급수의 경우도 배분 법칙이 성립함을 한 번 썼습니다. 그런 종류의 사실은 공리가 아니고 주어진 파운데이션 위에서 증명하는 '정리'입니다.

또 하나의 수를 봅시다. 0.121212⋯라는 소수가 존재합니다. 왜 그렇지요? 0.1, 0.12, 0.121, 0.1212, 이런 것들이 다 1보다 작기 때문입니다. 이제 0.12121212⋯를 R이라고 놓고 100을 곱합니다. 그럼 이렇게 되겠죠.

$$R = 0.12121212\cdots, \quad 100R = 12.12121212\cdots$$

그다음 $100R$에서 R을 뺍니다.

$$100R-R = 12.12121212\cdots-0.1212121212\cdots = 12$$

따라서 $99R = 12$가 되므로 R은 12/99입니다. 여기서도 무한
급수 연산의 성질을 몇 가지 사용했는데 그것은 다 증명할 수 있는
것들입니다. 여기서 가장 핵심을 반복하자면, 우리의 논리는 이런
급수가 진짜 수라는 것을 보장하는 공리에 기반한다는 것입니다.
그리고 나서 이 급수를 보통 수처럼 자유롭게 연산할 수 있다는 정
리가 몇 개 필요합니다.

결론적으로 무한급수 이론을 개발하려면 실수 체계 자체가
연속적인 직선의 성질을 반영하여야 합니다. 이때 '실수 체계의 기
본 성질'이라는 공리 하나만 있으면 우리가 원하는 종류의 직선 같
은 실수 체계가 완전히 규정됩니다. 그런 수 체계 속에서 어떤 무한
개의 수는 더할 수가 있고 어떤 것은 더할 수 없는데 그 차이가 체
계적으로 분류되고 그렇게 해서 생기는 이론은 자연에서 관찰되는
현상과 항상 부합됩니다.

한 가지 중요한 점은 실수들이 직선상의 점과 대응된다는 직
관을 이용한다고 했지 실제 대응된다고 하지 않았습니다. 실제 그
렇다는 것과 공리의 차이는 무엇일까요? 질문을 바꿔서, 그렇다면
직선은 무엇입니까? 그것도 이야기하기가 어렵습니다. 바로 거기

서 파운데이션의 필요를 느낍니다. 이러이러한 성질을 갖는 수 체계가 존재한다고 실수를 정의한 다음, 직선을 아예 실수 체계로 엄밀하게 정의하는 것이 오히려 현대 수학의 관점입니다. 우리가 실수라는 집합이 무엇이냐는 질문에 대해서 원하는 답은 '직선'인데 그 직관과 부합이 되는 답이 나오게끔 만든 수 체계의 성질이 [C]인 것입니다

지금까지 실수 체계의 성질에 대해서만 이야기하고 실수라는 것이 도대체 무엇인지는 설명하지 않았습니다. 직선의 점들과 대응되는 수 체계가 있을 텐데 그런 집합의 성질만 살펴볼 뿐이지요. 그 질문을 대체로 피하면서 이야기하느라 불분명한 설명을 이어왔습니다. '실수의 정의' 같은 표현을 쓰면서도 사실은 '실수의 기본적 성질을 표현하는 공리'만 이야기한 것이죠. 여담이지만 사실 수학자들 사이에서는 '정의'와 '공리'가 잘 구분되지 않습니다. 요새 사용되는 수학 교재나 연구 논문 역시 '공리'라는 단어는 거의 볼 수 없죠. 그러나 '정의definition'는 수두룩합니다.

집합으로 보는 실수

그렇다면 집합론적인 관점에서 실수는 무엇일까요? 자연수에서 실수까지 나가려면 작업을 많이 해야 하기 때문에 여기서는 간단히 다루겠습니다. 우선 유리수를 집합으로 정의해야 하는데 가

령 유리수 b/a를 순서쌍 (a, b)로 정의합니다. 그런데 두가지 어려움이 '순서쌍'이라는 것은 무슨 집합인가'를 답해야 하고, 또, 하나의 유리수를 $b/a = d/c = \cdots$ 등 분수로 표현하는 방법이 여러 가지인 사실은 어떻게 하는가도 답해야 합니다.

첫 번째 질문에 대한 답은 순서쌍 (a, b)를 $\{\{a\}, \{a, b\}\}$로 정의 합니다. 두 번째 질문에 대한 답은 b/a를 같은 유리수 값을 갖는 모든 순서쌍의 집합 $\{\{a\}, \{a, b\}\}, \{\{c\}, \{c, d\}\}, \cdots\}$로 정의해버립니다. 마지막으로 실수는 근사하는 유리수들의 수열로 정의할 수가 있는데, 그때도 물론 수열이라는 것을 집합으로 정의해야 하는 등 복잡한 작업을 다루어야 합니다. 개념적인 어려움은 실수를 모르는 상황에서 '근사하는 유리수의 수열'이 무슨 뜻인지 분명하게 하는 이론이 필요합니다. 이걸 다 하고 나면 π 같은 수는 집합의 집합의 집합의 집합, 이런 것들이 겹겹이 쌓여 종잡을 수 없이 복잡한 내부 구조를 가지게 되겠죠. 결과적으로 수 하나가 굉장히 정교한 기계 같은 형상을 갖추게 됩니다.

순서쌍 (a, b)를 $\{\{a\}, \{a, b\}\}$로 정의하는 이유는 무엇일까요? a와 b의 정보를 다 포함하는 집합이 필요한 것은 알겠는데 $\{a, b\}$면 충분하다고 생각할 수도 있습니다. 보통 수학에서 순서쌍 이야기를 할 때는 (a, b)와 (b, a)가 다릅니다. 가령 $(1, 2)$와 $(2, 1)$은 다른 순서쌍이지요. 구체적으로 사용되는 상황을 보면 알 수 있는 것이 평면상의 점을 두 좌표의 순서쌍으로 표현하는데 당연히 $(1, 2)$와 $(2, 1)$은 다른 점입니다. 특히 우리 경우에는 수 둘이 하나는 분모이고 다른 하나는 분자이니까 당연히 구분해야 합니다.

그런데 집합을 $\{a, b\}$ 이렇게 쓰면 'a와 b 두 원소를 가진 집합'이란 뜻이죠? 그런데 'a와 b 두 원소를 가진 집합'이나 'b와 a 두 원소를 가진 집합'이나 차이가 없습니다. 그러니까 우리가 한 원소를 먼저 쓰는 것이 집합을 정의하는 데 중요하지 않습니다. 즉, $\{a, b\}$와 $\{b, a\}$는 같은 집합입니다. 그런데 $\{\{a\}, \{a, b\}\}$라는 집합 안에는 첫째 원소 a와 둘째 원소 b를 구분할 수 있는 정보가 다 들어있습니다. 이 사실도 증명은 조금 까다롭습니다. (한번 연습삼아 해보십시오!)

집합론에서 이것보다 더 이해하기 어려운 것은 그러니까 2/3를 $\{\{3, \{3, 2\}\}, \{6, \{6, 4\}\}, \{9, \{9, 6\}\}, \cdots\}$과 같은 무한집합으로 정의하는 것입니다. 그것이 말하자면 집합론의 위력이라고 볼 수도 있습니다. 2/3를 순서쌍으로 표현하는 방법이 여러 가지여서 그중에 하나를 골라야 하는 문제가 일어날 수 있지만, 집합론에서는 그들을 다 모아도 집합을 이루니까 그 모임 자체를 2/3로 정의하는 것입니다. 이런 면에서 집합론의 파운데이션이 개념적으로 상당히 편리한 것은 사실입니다. 실수 하나를 근사하는 유리수의 수열로 정의할 때도 마찬가지입니다. 같은 실수를 근사하는 유리수 수열이 여러 개 있을 수 있으니까 그 수열들을 다 모아놓은 집합을 실수 하나로 정의합니다.

수학적인 현실과 거리가 멀기 때문에 제가 집합론을 조금 비판적으로 이야기했을 수도 있습니다. 그런데 모든 수학적 개체, 특히 집합의 원소도 집합으로 보자는 아이디어는 참으로 기발한 착상이었습니다. 또, 방금 보았듯이 어떤 정의가 모호해질 때마다 '가능한 모든 정의'를 모아놓은 집합을 형성할 수 있기 때문에 이는 상당히 고등한 개념적 도구라고 볼 수 있습니다.

| 이미지 출처 |

52쪽 O. Von Corven, "The Great Library of Alexandria", 19세기경. (위키피디아)

54쪽 Yale Babylonian Collection 7289. (위키피디아)

58쪽 Fyodor Bronnikov, "Pythagoreans celebrate sunrise", 1869. (위키피디아)

76쪽 © 1997–2020 CERN, CMS: "Simulated Higgs to two jets and two electrons".

203쪽 Jordan Pierce, "Logistic Bifurcation map", 2011.

292쪽 Wei-Yu Chen, Yu-Ting Lin, 'Reference equations for predicting standing height of children by using arm span or forearm length as an index', *Journal of the Chinese Medical Association*, 2018.

295쪽 Charlotte M Wright, Tim D. Cheetham, 'The strengths and limitations of parental heights as a predictor of attained height', *Archives of Disease in Childhood*, 1999.

320쪽 © Foster86, "A series of photos of various frequencies on a Chladni plate", 2014.

334쪽 M.C. Escher, "Relativity." Copyright 2017 The M.C. Escher Company, The Netherlands.

338쪽 R L Gregory, *Perceptual illusions and brain models*, Proc.Royal society B 171.

354쪽 String Glissandi, Bars 309–14 of Metastasis. (위키피디아)

355쪽 Wouter Hagens, Expo 1958 Philips Pavilion, 1958. (위키피디아)

"수학으로 울타리 치는 법에서 우주의 모양을 상상하는 법까지 안내하는 책. 꼭 세 번 읽으세요"_방순호(스타트업 CTO)

강의를 들으면서 내가 왜 수학을 포기했는지 깨달았다. 입시 중심의 수학 공부를 하며 문제를 틀려서는 안 된다고 믿었기 때문이었다. 점 하나에서 시작해 우주의 모양까지 뻗어나가는 교수님의 강의는 우리에게 필요한 교양 수학 그 자체였다. 손바닥만 한 일상만 들여다보던 우리에게 우주를 상상하게 만들어준 짜릿한 시간이었다. 가끔은 우리 주변의 자연과 우주를 설명해주는 수학이라는 언어를 배우고 사용해본다면, 좀 더 재밌는 삶을 살 수 있지 않을까? 지금도 금요일만 되면 그 순간들이 떠오른다.

"두려워 말고 수학의 세계로 한 걸음 내딛기를, 마음껏 질문하고 상상하기를!"_김혜진(고등학교 수학교사)

세계적인 수학자로서의 권위보다 동네 아저씨 같은 친근함, 직업과 나이를 불문한 학습자들의 질문을 통해 전개되는 지식의 방대함, 어떠한 질문도 허용되는 편안한 분위기, 구성원 누구나 가르칠 수도 있고 배울 수도 있는 역할의 유연함으로 이루어진 수업이었다. 기계적인 스킬이 아니라 학습자의 삶에서 나오는 다양한 질문 속에서 수학을 발견하게 하는 이 세미나에서 교사로서 지향해야 할 수업을 찾은 것 같다. 수학에 대한 문해력과 상상력의 중요성을 깨닫게 된 계기이기도 하다. 거인의 어깨에 올라가 세상을 바라본 뉴턴처럼 수학을 좀 더 거시적으로 바라보고, 동시에 일상에 스며든 수학과 수학적 사고를 인지하는 것의 중요성 말이다. 앞으로도 수학에 대한 대화를 지속하고 싶다.

"한 편의 드라마를 보는 듯, 다양하고 깊은 수학 세계로의 여행"_박동현(고등학생)

연이은 수학 성적 하락으로 수학에 대한 흥미마저 잃었던 내게 수학이 아름답다는 것을 느끼게 해준 고마운 세미나였다. 처음에는 낯선 사람들과 만나 수학을 이야기한다는 것이 어색했지만, 시간이 지날수록 계속 질문을 하게 될 정도로 푹 빠져들었다. 학교에서 배우는 수학과는 다소 다르지만 깊은 수학의 매력에 빠져드는 시간이었고, 아홉 번의 세미나 모두 매일 다시 듣고 싶을 정도로 즐겁고 흥미진진했다. 그중에서도 우리의 눈에 비친 세계는 완전한 모습이 아닌 한 단계 낮은 차원에 투영된 상태라는 점이 가장 신기하고 기억에 남는다.

"배움의 진정한 재미를 일깨우는 시간"_문지현(취업준비생)

학창시절, 학년이 올라갈수록 수학 시간에 질문하기는 점점 두려웠다. 정해진 진도에 맞추기 급급해 경직된 수업 분위기를 기억하고 있던 나로서는, 김민형 교수님의 어디로 튈지 모르는 세미나 방식이 너무나도 신선했다. 우리의 질문이 우리를 어떤 곳으로 인도할지 전혀 알 수 없어도, 그 자체로 재미를 느꼈다. 교수님의 "좋은 질문이네요"라는 대답은 카타르시스마저 느끼게 했다. 수학 지식, 나이, 직업에 상관없이 소외된 이 하나 없는 수업을 경험해봤다는 데 감사하다. 만약 학교 안과 밖에서 이러한 방식으로 수학을 접했다면 조금 더 수학을 가까이하지 않았을까?

"수학의 언어를 통해 나와 자연을 이해하다"_최준석(前《주간조선》편집장)

지난해 수십 명의 물리학자들을 만나 취재했다. 일반인에게 과학의 최전선에서 벌어지고 있는 일을 전달하는 게 내가 하는 일이다. 자연과 우주를 좀 더 이해하기 위해 수학을 공부하면 좋겠다 생각하게 되었다. 그래서 지인들과 수학책을 함께 읽고 있고, 그게 인연이 되어 김민형 교수의 강의를 듣게 되었다. 이름 있는 수학자로부터 듣는 이야기가 흥미로웠다. 김 교수는 그냥 수학적 구조물을 연구하는 수학자가 아니라, 수학이라는 언어로 자연을 이해하려는 데 관심을 갖고 있었다. 그는 매번 흥미로운 얘기를 들려줬다. 당시는 이 특별한 세미나가 어디로 향하는지 잘 몰랐다. 책을 통해 보이지 않던 목표지가 어디였는지 확인할 수 있을 듯하다.

"단지 수학만이 아니라 인간과 사회의 작동 원리, 그 관계에 대한 통찰을 준 강의!"_박지수(미디어아트 작가)

이 수업에서 진정한 수포자는 내가 아니었을까? 김민형 교수님의 강의는 우리가 사는 사회와 자연의 시작이자 모든 것인 수학의 세계를 체험할 수 있는 시간이었고, 개인적으로 마침 그 이후에 있는 전시회를 준비하는 데 자신감을 주었다. 교수님은 수학뿐 아니라 미술, 음악, 문학, 교육, 사회, 우주에 이르기까지 우리의 거의 모든 질문에 끊임없이 대답해주셨고 그 대답은 또다른 질문으로 꼬리를 물고 계속 이어졌다. 수학에 대하여, 각자 속해 있는 세상에 대하여 세미나 시간 내내 열정적으로 서로에게 묻고 답하던 우리였다. 지금도 여름수학학교 세미나가 진행되는 연구실 창문 너머 보이던 푸르른 나무와 변화무쌍한 여름 하늘의 풍경이 아련하다.

"학교에서 배운 단편적인 지식을 하나로 연결시켜주는 강의"_이진우(중학생)

나는 평범한 중학생이고, 수학에 관한 한 학교나 학원에서 배우는 한정적인 수학 지식만 가지고 있었다. 그런 나에게 이 세미나는 독립적이고 단편적으로 배운 수학 지식을 하나로 연결시켜주는 강의였다. 아직 배우지 않은 미적분이나 위상수학, 벡터 등을 조금이나마 접할 수 있게 되어 즐거웠다. 수학을 숫자와 수식이 아닌 역사와 이야기로 서술하는 것이 가장 흥미롭고 재미있었다.

시험시간이 끝나도록 못 채운 답안지로 괴로워하는 악몽에서 언제나 과목은 수학이었습니다. 이렇듯 많은 사람에게 좌절과 트라우마로 남은 수학이 다시 찾아옵니다. 누구나 문해력을 넘어 데이터 해석력Data Literacy을 가져야 하는 시대가 도래하고 있기 때문입니다.

수학은 우리 생활 도처에서 점점 더 그 쓰임이 커지고 있습니다. 특히 경제 분야에서는 과거 제품 생산이나 품질 검사를 위해 측정·계획하던 단계를 지나, 개인의 선호나 의견을 취합·반영하는 것은 물론 이제는 각자의 욕망과 행위를 이해하고 먼저 최선을 제안하는 단계로까지 진화하고 있으며, 여기에 수학의 역할은 필수적입니다. 뿐만 아니라 보건 분야에서는 전염성 질병의 전파 경로를 추적하고 백신을 어떤 우선순위로 투여하는 것이 효율적인지 분석하는 단계까지 역시 수학이 빛을 발합니다. 수십억 인구가 초고속 네트워크로 연결된 초연결 사회의 대용량 커뮤니케이션에도 수학이 전제되며, 지금도 생성되는 수많은 데이터의 군집인 빅데이터의 저장과 분석에서도 수학은 필수 학문으로 자리잡고 있습니다. 개별적 지능의 네트워크화를 통해 집단 지성을 형성하여 전인미답의 문제를 풀기 위해 협력하는 이 시대, 수학은 누구에게나 필요한 필수적이고 명료한 언어로 다시 다가오고 있습니다.

　김민형 교수는 효용의 측면을 넘어 우주의 생성과 음악의 이해, 창작과 철학의 다양한 분야에서 진리를 탐색하는 데 수학이 어떻게 우리를 좀 더 깊은 이해의 단계로 이끌어줄 수 있는지 다양한 관점과 모색의 방법을 알려줍니다. '수포자'의 아픈 기억을 가진 많은 이들에게 수학의 악몽을 없애줄 수 있는 친절한 가이드북이 나오게 된 것을 반기며, 빅데이터와 인공지능 시대를 살아갈 여러분 모두에게 일독을 권합니다.

ー 송길영(마인드마이너)

　역시 김민형이다. 무려 '수학'이라는 언어로 대중과 소통하는 희한한 수학자! 이 책은 수학이란 무엇인가라는 어려운 질문에 대한 실마리를 찾기 위해 떠나는 경이로운 여행 그 자체다. 고대 그리스의 기하학에서 시작해 양자역학과 인공지능, 그리고 우주 모양에 이르기까지, 시공간을 넘어 수학적 사고를 통해 이룩한 문명의 방대한 역사가 이 책에 담겨 있다. 김민형 교수는 이 책의 세미나에서 학생들과 질문과 답을 끊임없이 이어가며 수학과 물리학, 예술과 인문학을 종횡무진한다. 모든 것이 연결되는 21세기, 초연결 시대에 갖추어야 할 융합적 사고란 무엇인지 보여주는 최고의 수학 강의다.

ー 정하웅(KAIST 물리학과 석좌교수, 《구글 신은 모든 것을 알고 있다》 저자)

저는 '오리지널 수포자'입니다. 초등학교 저학년, 두 자리 덧셈을 넘어가는 순간 머리 회전이 멈췄고, 중학교 때부터는 수학 시험지를 제대로 들여다본 적도 없었습니다. '이번 생에 수학은 글렀다'라고 생각하며 30년 가까이 살아왔습니다. 그런 제가 얼마 전 김민형 교수님을 만나 교수님과 음악과 수학에 대해 대화를 나누었습니다. 그리고 제 얘기를 듣던 교수님이, 제가 하는 모든 생각이 바로 '수학적 사고'라고 하시네요. 이게 대체 무슨 얘긴지, 여러분도 궁금하시죠? 이 책에서 답을 찾으시는 동안, 나도 모르는 사이 내 곁에 한뼘 정도는 더 다가와 있는 '수학'을 체험하실 수 있을 겁니다.

— 손열음(피아니스트, 《하노버에서 온 음악 편지》 저자)

수학자 김민형에 따르면 수학은 언어다. 좀 특별하지만 썩 괜찮은 언어. 2012년부터 우리는 함께 수학 대중 강연을 무대에 올렸다. 당시 그는 수학이라는 언어로 과학과 공학, 인문사회, 심지어 예술에 대해 얘기했다. 그에게 수학은 소통의 언어이며, 그는 수학을 계산할 뿐 아니라 사유한다. 그래서 김민형은 철학자이기도 하다.

— 김남식(카오스재단 사무국장)

인류 역사상 지금처럼 수학적인 시대는 없었습니다. 인류 문명의 첨단에는 어김없이 수학이 자리해 있습니다. 수학의 정밀한 사고방식은 지성과 산업을 넘나들며 우리의 지평을 넓혀줍니다. 언어로서의 수학은 특유의 명료함으로 시대와 문화를 넘나들며 사람들을 거인의 어깨에 태웁니다. 그렇지만 저를 포함한 많은 '일반적인' 사람들은 수학을 교양으로서 즐기기 어렵습니다. 수학 자체가 어렵기 때문이기도 하지만, 수학과 우리를 연결해주는 친절한 채널이 드물기 때문입니다. 그래서 김민형 교수님의 새 책이 반갑습니다. 이 책은 겸손하고 합리적인 언어로 수학이라는 언어 또는 사고방식에 대해 이야기합니다. 조금 어렵다 싶으면 술술 넘기면서 읽어도 됩니다. 이 책을 통해 수학의 재미와 의미에 대해 조금만 더 잘 느끼게 되는 것으로도 충분합니다.

– 윤수영(트레바리 대표)

| 지은이 **김민형** |

현재 영국 에든버러 국제수리과학연구소장, 에든버러대학교 수리과학 석학 교수로 재직 중이다. 워릭대학교 제이만Zeeman 석좌교수 및 세계 최초의 수학대중교육 석좌교수를 역임했다. 서울대학교 수학과를 졸업, 미국 예일대학교에서 박사학위를 받았다. 매사추세츠공과대학 연구원, 컬럼비아대학 조교수, 퍼듀대학교 교수, 유니버시티칼리지 런던 석좌교수를 거쳤으며, 한국인 최초의 옥스퍼드대학교 수학과 교수를 지냈다. 국내에서는 포스텍의 석좌교수, 서울대학교와 이화여자대학교 초빙 석좌교수를 역임하였으며, 현 서울고등과학원 석학교수이다.

김민형 교수는 '페르마의 마지막 정리'에서 유래된 산술대수기하학의 고전적인 난제를 위상수학의 혁신적인 방식으로 해결하여 세계적 수학자의 반열에 올랐고, 2012년 호암과학상을 수상했다. 오일러 도서상을 수상한 수학자 조던 엘렌버그는 그를 두고 "약 3,000년간이나 수와 수체계의 이론을 연구해왔지만 실제 탄생한 이론은 많지 않다. 누군가 진짜 새로운 방식으로 그 작업을 해낼 때마다 큰 사건이 된다. 김민형이 그 일을 실제로 해냈다"고 평했다.

대중을 위한 과학 커뮤니케이션이 화두로 떠오른 시대, 김민형 교수는 영국과 한국을 오가며 일반인들에게 수학의 세계를 안내하는 교육 실험에 헌신하고 있다. 카오스재단의 메인마스터로 활동하며, 웅진재단, 네이버커넥트재단 등에서 수학영재를 위한 강의 및 멘토링 프로그램을 기획하고 참여했다.

2018년 출간된 《수학이 필요한 순간》은 15만 독자의 환호를 받았고, 바야흐로 수학 교양서 시대를 열었다. 지은 책으로 《수학의 수학》, 《소수 공상》, 《아빠의 수학여행》, 《수학자들》(공저) 등이 있다.

다시, 수학이 필요한 순간

질문은 어떻게 세상을 움직이는가

초판 1쇄   2020년 8월 12일
초판 14쇄 2024년 5월 20일

지은이 | 김민형

발행인 | 문태진
본부장 | 서금선
편집 2팀 | 임은선 원지연
디자인 | design co*kkiri   일러스트 | 최민정

기획편집팀 | 한성수 임선아 허문선 최지인 이준환 송은하 송현경 이은지 유진영 장서원
마케팅팀 | 김동준 이재성 박병국 문무현 김윤희 김은지 이지현 조용환 전지혜
디자인팀 | 김현철 손성규   저작권팀 | 정선주
경영지원팀 | 노강희 윤현성 정헌준 조샘 이지연 조희연 김기현
강연팀 | 장진항 조은빛 신유리 김수연

펴낸곳 | ㈜인플루엔셜
출판신고 | 2012년 5월 18일 제300-2012-1043호
주소 | (06619) 서울특별시 서초구 서초대로 398 BnK디지털타워 11층
전화 | 02)720-1034(기획편집) 02)720-1024(마케팅) 02)720-1042(강연섭외)
팩스 | 02)720-1043   전자우편 | books@influential.co.kr
홈페이지 | www.influential.co.kr

ⓒ 김민형, 2020

ISBN   979-11-89995-99-7 (03400)

• 이 책은 저작권법에 따라 보호받는 저작물이므로 무단 전재와 무단 복제를 금하며, 이 책 내용의
  전부 또는 일부를 이용하려면 반드시 저작권자와 ㈜인플루엔셜의 서면 동의를 받아야 합니다.
• 잘못된 책은 구입처에서 바꿔 드립니다.
• 책값은 뒤표지에 있습니다.
• ㈜인플루엔셜은 세상에 영향력 있는 지혜를 전달하고자 합니다. 참신한 아이디어와 원고가 있으신 분은
  연락처와 함께 letter@influential.co.kr로 보내주세요. 지혜를 더하는 일에 함께하겠습니다.